AutoCAD 2020 中文版
入门、精通与实战

胡春红 冯国雨 李 雷 编著

电子工业出版社
Publishing House of Electronics Industry
北京·BEIJING

内 容 简 介

本书以目前最新版本 AutoCAD 2020 为平台，从实际操作和应用的角度出发，全面讲述了 AutoCAD 2020 功能指令的具体应用，并详细地介绍了其在机械设计、建筑制图等方面的行业设计与制图技巧。

全书共 11 章，从 AutoCAD 2020 的基础操作到实际应用，都做了详细、全面的讲解，使读者通过学习本书，快速入门并能轻松掌握 AutoCAD 2020 的基本操作技能与实际应用技能。

本书语言通俗易懂，内容讲解到位，书中操作实例具有很强的实用性和代表性，专业性和技巧性等特点也比较突出。

本书不仅可以作为高等学校、高职高专院校的教材，还可以作为各类 AutoCAD 培训班的教材，同时也可作为从事 CAD 工作的技术人员的学习参考书。

未经许可，不得以任何方式复制或抄袭本书之部分或全部内容。
版权所有，侵权必究。

图书在版编目（CIP）数据

AutoCAD 2020 中文版入门、精通与实战 / 胡春红，冯国雨，李雷编著. -- 北京：
电子工业出版社，2020.1
ISBN 978-7-121-37162-2

I. ①A… II. ①胡… ②冯… ③李… III. ①AutoCAD 软件 IV. ①TP391.72

中国版本图书馆 CIP 数据核字(2019)第 160866 号

责任编辑：赵英华
印　　刷：三河市鑫金马印装有限公司
装　　订：三河市鑫金马印装有限公司
出版发行：电子工业出版社
　　　　　北京市海淀区万寿路 173 信箱　邮编：100036
开　　本：787×1092　1/16　印张：23　字数：666.9 千字
版　　次：2020 年 1 月第 1 版
印　　次：2020 年 1 月第 1 次印刷
定　　价：79.00 元

凡所购买电子工业出版社图书有缺损问题，请向购买书店调换。若书店售缺，请与本社发行部联系，联系及邮购电话：（010）88254888，88258888。
质量投诉请发邮件至 zlts@phei.com.cn，盗版侵权举报请发邮件至 dbqq@phei.com.cn。
本书咨询联系方式：（010）88254161~88254167 转 1897。

前言

　　AutoCAD 是 Autodesk 公司开发的通用计算机辅助绘图和设计软件，广泛应用于机械、建筑、电子、航天、造船、石油化工、土木工程、冶金、气象、纺织、轻工等领域。AutoCAD 2020 是适应当今科学技术的快速发展和用户需要而开发的面向 21 世纪的 CAD 软件包，它贯彻了 Autodesk 公司一贯为广大用户考虑的方便性和高效率，为多用户合作提供了便捷的工具、规范和标准，以及方便的管理功能，因此用户可以与设计组密切而高效地共享信息。

本书内容

　　本书以目前最新版本 AutoCAD 2020 为平台，从实际操作和应用的角度出发，全面讲述了 AutoCAD 2020 的功能，其内容涉及机械设计、建筑制图、室内装饰设计、服装设计、模具设计等方面的应用技巧。

　　全书共 11 章，从 AutoCAD 2020 软件的基础操作、作图技巧、尺寸标注与注释到实际工程制图的设计，都做了详细、全面的讲解，使读者通过学习本书，掌握 AutoCAD 2020 的操作技能与行业设计与应用。

- 第 1 章：主要介绍 AutoCAD 2020 软件、命令行的作图方法、坐标输入作图方法及其他辅助作图技巧等。
- 第 2 章：使用 AutoCAD 2020 常用的线型工具命令来绘制二维平面图形。
- 第 3 章：介绍 AutoCAD 2020 众多的图形编辑命令，如复制、移动、旋转、镜像、偏移、阵列、拉伸及修剪等，使用这些命令修改已有图形或通过已有图形构造新的复杂图形。
- 第 4 章：利用 AutoCAD 2020 的修改图形工具，对复杂图形进行后期处理。这些修改图形工具可以单独使用，也可以结合图形变换操作工具来处理图形对象。
- 第 5 章：学习 AutoCAD 2020 带给用户的设计新理念——图形尺寸的参数化设计功能，可以帮助用户快速绘制出复杂图形。
- 第 6 章：详细介绍 AutoCAD 2020 注释功能和尺寸标注的基本知识、尺寸标注的基本应用。
- 第 7 章：标注尺寸以后，还要添加说明文字和明细表格，这样才算一幅完整的工程图。本章将着重介绍 AutoCAD 2020 文字和表格的添加与编辑，并让读者详细了解文字样式、表格样式的编辑方法。
- 第 8 章：主要介绍图层与块在工程制图中的作用及其详细创建过程。
- 第 9 章：主要介绍 AutoCAD 2020 的图形布局与图纸的打印输出内容。
- 第 10 章：主要介绍利用 AutoCAD 2020 在机械工程中的完整设计与制图流程。
- 第 11 章：主要介绍利用 AutoCAD 2020 在建筑工程中的完整设计与制图流程。

PREFACE

本书特色

本书从软件的基本应用及行业知识入手,以 AutoCAD 2020 软件的模块和插件程序的应用为主线,以实例为引导,按照由浅入深、循序渐进的方式,讲解软件的新特性和软件操作方法,使读者能快速掌握 AutoCAD 2020 的软件设计技巧。

本书最大特色在于:

- 功能指令全。
- 穿插大量典型实例。
- 附赠大量的教学视频,帮助读者轻松学习。
- 附赠大量有价值的学习资料及练习内容,帮助读者充分利用软件功能进行相关设计。

作者信息

本书由空军航空大学的胡春红、冯国雨和李雷老师编著。由于时间仓促,本书难免有不足和错漏之处,还望广大读者批评和指正!

读者服务

读者在阅读本书的过程中如果遇到问题,可以关注"有艺"公众号,通过公众号与我们取得联系。此外,通过关注"有艺"公众号,您还可以获取更多的新书资讯、书单推荐、优惠活动等相关信息。

资源下载方法:关注"有艺"公众号,在"有艺学堂"的"资源下载"中获取下载链接,如果遇到无法下载的情况,可以通过以下三种方式与我们取得联系。

扫一扫关注"有艺"

1. 关注"有艺"公众号,通过"读者反馈"功能提交相关信息;
2. 请发邮件至art@phei.com.cn,邮件标题命名方式:资源下载+书名;
3. 读者服务热线:(010)88254161~88254167转1897。

投稿、团购合作:请发邮件至art@phei.com.cn。

视频教学

随书附赠 96 集实操教学视频,扫描右侧二维码关注公众号即可在线观看全书视频(扫描每一章章首的二维码可在线观看相应章节的视频)。

扫码看视频

目 录

CHAPTER 1
AutoCAD 2020 绘图入门 1

1.1 AutoCAD 2020 界面介绍 2
- 1.1.1　AutoCAD 2020 的开始界面 2
- 1.1.2　AutoCAD 2020 的工作界面 ... 10

1.2 掌握命令行输入作图方法 11
- 1.2.1　系统变量 12
- 1.2.2　命令行输入命令作图 12

1.3 掌握坐标输入作图方法 13
- 1.3.1　使用 AutoCAD 坐标系 13
- 1.3.2　笛卡儿坐标输入作图 14
- 1.3.3　极坐标系输入作图 16

1.4 掌握动态输入作图技巧 18
- 1.4.1　锁定角度 18
- 1.4.2　动态输入 18

1.5 掌握捕捉、追踪与正交绘图方法 22
- 1.5.1　设置捕捉选项 22
- 1.5.2　栅格显示 22
- 1.5.3　对象捕捉 23
- 1.5.4　对象追踪 28
- 1.5.5　正交模式 33

1.6 拓展训练 36
- 1.6.1　训练一：利用极轴追踪绘制零件视图 36
- 1.6.2　训练二：利用栅格绘制茶几... 40
- 1.6.3　训练三：利用对象捕捉绘制大理石拼花 42
- 1.6.4　训练四：利用交点和平行捕捉绘制防护栏 44

CHAPTER 2
基本作图方法 47

2.1 基本线性作图技巧 48
- 2.1.1　绘制点 48
- 2.1.2　绘制直线 49
- 2.1.3　绘制射线 50
- 2.1.4　绘制构造线 51
- 2.1.5　绘制矩形 51
- 2.1.6　绘制正多边形 52
- 2.1.7　绘制圆 52
- 2.1.8　绘制圆弧 54
- 2.1.9　绘制椭圆 58
- 2.1.10　绘制圆环 59

2.2 其他线性作图技巧 60
- 2.2.1　绘制多线 60
- 2.2.2　绘制多段线 63
- 2.2.3　绘制样条曲线 66

2.3 拓展训练 69
- 2.3.1　训练一：绘制减速器透视孔盖 69
- 2.3.2　训练二：绘制曲柄 72
- 2.3.3　训练三：绘制洗手池 75

CHAPTER 3
变换作图方法 79

3.1 利用夹点变换操作图形 80
- 3.1.1　夹点定义和设置 80
- 3.1.2　利用夹点拉伸对象 81
- 3.1.3　利用夹点移动对象 82
- 3.1.4　利用夹点修改对象 83
- 3.1.5　利用夹点缩放图形 84

3.2 删除图形 85

3.3 移动与旋转 85
- 3.3.1　移动对象 85
- 3.3.2　旋转对象 88

3.4 副本的变换操作 89
- 3.4.1　复制对象 90
- 3.4.2　镜像对象 90
- 3.4.3　阵列对象 92
- 3.4.4　偏移对象 95

CONTENTS

3.5 拓展训练 ... 98
    3.5.1 训练一：绘制法兰盘 ... 99
    3.5.2 训练二：绘制机制夹具 ... 102

CHAPTER 4
图形的修改 ... 109

4.1 对象的常规修改 ... 110
    4.1.1 缩放对象 ... 110
    4.1.2 拉伸对象 ... 110
    4.1.3 修剪对象 ... 112
    4.1.4 延伸对象 ... 114
    4.1.5 拉长对象 ... 116
    4.1.6 倒角 ... 118
    4.1.7 倒圆角 ... 121
4.2 分解与合并对象 ... 122
    4.2.1 打断对象 ... 122
    4.2.2 合并对象 ... 123
    4.2.3 分解对象 ... 124
4.3 图形特性修改 ... 124
    4.3.1 修改对象特性 ... 124
    4.3.2 匹配对象特性 ... 125
4.4 拓展训练 ... 127
    4.4.1 训练一：将辅助线转化为
           图形轮廓线 ... 128
    4.4.2 训练二：绘制凸轮 ... 130
    4.4.3 训练三：绘制定位板 ... 132
    4.4.4 训练四：绘制垫片 ... 135

CHAPTER 5
参数化作图方法 ... 139

5.1 图形参数化功能介绍 ... 140
    5.1.1 何为几何约束 ... 140
    5.1.2 何为标注约束 ... 140
5.2 几何约束操作 ... 141
    5.2.1 手动几何约束 ... 141
    5.2.2 自动几何约束 ... 145
    5.2.3 约束设置 ... 146
    5.2.4 几何约束的显示与隐藏 ... 148
5.3 标注约束操作 ... 149
    5.3.1 标注约束类型 ... 149

    5.3.2 约束模式 ... 150
    5.3.3 标注约束的显示与隐藏 ... 151
5.4 约束管理 ... 151
    5.4.1 删除约束 ... 151
    5.4.2 参数管理器 ... 151
5.5 拓展训练 ... 153
    5.5.1 训练一：绘制减速器透视
           孔盖 ... 153
    5.5.2 训练二：绘制三角形内的
           圆 ... 156
    5.5.3 训练三：绘制正多边形中
           的圆 ... 158

CHAPTER 6
图形尺寸标注方法 ... 161

6.1 AutoCAD 图纸尺寸标注
    常识 ... 162
    6.1.1 尺寸的组成 ... 162
    6.1.2 尺寸标注类型 ... 163
    6.1.3 标注样式管理器 ... 164
6.2 标注样式的创建与修改 ... 166
6.3 基本尺寸标注 ... 168
    6.3.1 线性标注 ... 168
    6.3.2 角度标注 ... 169
    6.3.3 半径或直径标注 ... 169
    6.3.4 弧长标注 ... 170
    6.3.5 坐标标注 ... 170
    6.3.6 对齐标注 ... 171
    6.3.7 折弯标注 ... 171
    6.3.8 折断标注 ... 171
    6.3.9 倾斜标注 ... 172
6.4 快速标注工具 ... 174
    6.4.1 快速标注 ... 174
    6.4.2 基线标注 ... 174
    6.4.3 连续标注 ... 175
    6.4.4 等距标注 ... 175
6.5 公差与引线标注 ... 179
    6.5.1 形位公差标注 ... 180
    6.5.2 多重引线标注 ... 181
6.6 编辑标注 ... 181

	6.7	拓展训练	183
		6.7.1 训练一：标注曲柄零件尺寸	183
		6.7.2 训练二：标注泵轴尺寸	192

CHAPTER 7
图纸的注释 197

7.1	图纸中的文字注释	198
7.2	使用文字样式	198
	7.2.1 创建文字样式	198
	7.2.2 修改文字样式	199
7.3	单行文字	199
	7.3.1 创建单行文字	200
	7.3.2 编辑单行文字	201
7.4	多行文字	203
	7.4.1 创建多行文字	203
	7.4.2 编辑多行文字	208
7.5	符号与特殊字符	209
7.6	图纸中的表格	210
	7.6.1 新建表格样式	210
	7.6.2 创建表格	213
	7.6.3 修改表格	215
	7.6.4 【表格单元】选项卡	218
7.7	拓展训练	222
	7.7.1 训练一：在机械零件图纸中建立表格	222
	7.7.2 训练二：在建筑立面图中添加文字注释	226

CHAPTER 8
图层应用 229

8.1	图层概述	230
	8.1.1 图层特性管理器	230
	8.1.2 图层工具	234
8.2	操作图层	240
	8.2.1 打开/关闭图层	240
	8.2.2 冻结/解冻图层	241
	8.2.3 锁定/解锁图层	241

8.3	CAD标准图纸样板	244
8.4	图块的应用	248
	8.4.1 块的创建	249
	8.4.2 插入块	252
	8.4.3 创建块库	255
	8.4.4 定义动态块	256
	8.4.5 块属性	260
	8.4.6 块的编辑	265
8.5	综合范例：标注零件图表面粗糙度	267

CHAPTER 9
图纸布局与打印出图 271

9.1	添加和配置打印设备	272
9.2	布局空间的使用	276
	9.2.1 模型空间与布局空间	276
	9.2.2 创建布局	276
9.3	输出设置	279
	9.3.1 页面设置	279
	9.3.2 打印设置	281
	9.3.3 输出图形	282
	9.3.4 从模型空间输出图形	283
	9.3.5 从布局空间输出图形	284

CHAPTER 10
机械工程制图全案例 287

10.1	绘制机械轴测图	288
	10.1.1 设置绘图环境	289
	10.1.2 轴测图的绘制方法	290
	10.1.3 轴测图的尺寸标注	293
10.2	绘制机械零件图	299
	10.2.1 零件图的作业及内容	299
	10.2.2 零件图的技术要求	300
10.3	绘制机械装配图	310
	10.3.1 装配图的作用及内容	310
	10.3.2 装配图的尺寸标注	311

CONTENTS

CHAPTER 11
建筑工程制图全案例 317
- 11.1 建筑制图的尺寸标注方法 318
- 11.2 绘制建筑平面图 322
  - 11.2.1 建筑平面图绘制规范............323
  - 11.2.2 上机实践：绘制居室平面图 326
- 11.3 绘制建筑立面图 334
  - 11.3.1 建筑立面图的内容及要求 334
  - 11.3.2 上机实践：绘制办公楼立面图 335
- 11.4 绘制建筑剖面图 348
  - 11.4.1 建筑剖面图的形成与作用 348
  - 11.4.2 上机实践：绘制居民楼建筑剖面图 349

AutoCAD 2020 绘图入门

本章导读

本章内容比较关键，如果熟练掌握本章内容，对于今后的绘图习惯以及工作效率的把握都很有帮助。

学习要点

- ☑ AutoCAD 2020 界面介绍
- ☑ 掌握命令行输入作图方法
- ☑ 掌握坐标输入作图方法
- ☑ 掌握动态输入作图技巧
- ☑ 掌握捕捉、追踪与正交绘图方法

扫码看视频

1.1 AutoCAD 2020 界面介绍

AutoCAD 2020 软件的界面分开始界面和工作界面，下面做进一步的介绍。

1.1.1 AutoCAD 2020 的开始界面

AutoCAD 2020 的开始界面可以帮助新用户快速了解软件的新增功能、图纸文件的创建、样板文件的使用及相关入门操作视频。启动 AutoCAD 2020 后会打开如图 1-1 所示的开始界面。

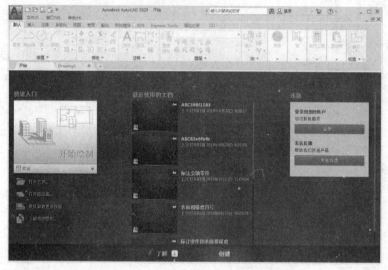

图 1-1 AutoCAD 2020 开始界面

软件界面以选项卡形式进行操作，启动软件、打开新选项卡 (+) 或关闭上一个图形时，将显示新选项卡。

开始界面中为用户提供便捷的绘图入门功能介绍：【了解】页面和【创建】页面。默认打开的状态为【创建】页面。下面我们来熟悉一下两个页面的基本功能。

1.【了解】页面

在【了解】页面，可以看到【新特性】、【快递入门视频】、【功能视频】、【安全更新】和【联机资源】等功能。

上机实践——熟悉【了解】页面的基本操作

① 熟悉【新特性】功能。【新特性】能帮助用户观看 AutoCAD 2020 软件中新增的部分功能视频，如果你是新手，那么请务必观看该视频。单击【新特性】中的视频播放按钮，会打开 AutoCAD 2020 自带的视频播放器来播放【新功能概述】画面，如图 1-2 所示。

CHAPTER 1　AutoCAD 2020 绘图入门

图 1-2　观看版本新增功能视频

② 当播放完成或者中途需要关闭播放器时，在播放器右上角单击关闭按钮 即可，如图 1-3 所示。

图 1-3　关闭播放器

③ 熟悉【快速入门视频】功能。在【快速入门视频】列表中，可以选择其中的视频观看，这些视频可帮助你快速熟悉 AutoCAD 2020 工作空间界面及相关操作的功能指令。例如单击【漫游用户界面】视频进行播放，会打开【漫游用户界面】演示视频，如图 1-4 所示。【漫游用户界面】主要介绍 AutoCAD 2020 视图、视口及模型的操控方法。

图 1-4　观看【漫游用户界面】演示视频

④ 熟悉【功能视频】功能。【功能视频】是帮助新手了解 AutoCAD 2020 高级功能的视频。当你具有 AutoCAD 2020 的基础设计能力后，观看这些视频能让你提升软件的操作水平。例如单击【改进的图形】视频进行观看，会看到 AutoCAD 2020 的新增功能——平滑线显示图形。在旧版本中绘制圆形或斜线时，会显示极不美观的"锯齿"，有了【平滑线显示图形】功能后，能很清晰、平滑地显示图形了，如图 1-5 所示。

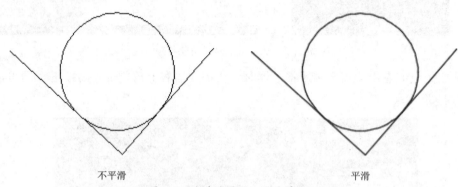

不平滑　　　　　　　　　　平滑

图 1-5　改进的图形——平滑显示

⑤ 熟悉【安全更新】功能。【安全更新】是发布 AutoCAD 及其插件程序的补丁程序和软件更新信息的窗口。单击【单击此处以获取修补程序和详细信息】链接地址，可以打开 Autodesk 官方网站的补丁程序的信息发布页面，如图 1-6 所示。

图 1-6　AutoCAD 及其插件程序的补丁下载信息

> **提醒一下：**
> 默认是英文页面，要想切换为中文页面，有两种方法：一种是使用 Google Chrome 浏览器打开完成自动翻译；另一种就是在此网页右侧语言下拉列表中选择【Chinese (Simplified)】语言，再单击【View Original】按钮，切换成简体中文页面，如图 1-7 所示。

CHAPTER 1　AutoCAD 2020 绘图入门

图 1-7　切换成简体中文界面

⑥ 熟悉【联机资源】功能。【联机资源】是进入 AutoCAD 2020 联机帮助的窗口。在【AutoCAD 基础知识漫游】图标处单击，即可打开联机帮助文档网页，如图 1-8 所示。

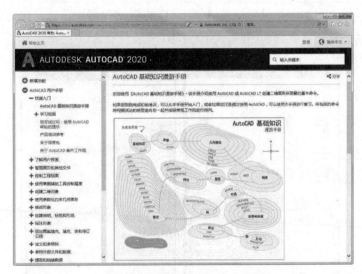

图 1-8　打开联机帮助文档网页

2.【创建】页面

在【创建】页面中，包括【快速入门】、【最近使用的文档】和【连接】3 个引导功能，下面通过操作来演示如何使用这些引导功能。

上机实践——熟悉【创建】页面的功能应用

① 【快速入门】功能，是新用户进入 AutoCAD 2020 的关键一步，作用是教会你选择样板文件、打开已有文件、打开已创建的图纸集、获取更多联机的样板文件和了解样例图形等。

② 如果直接单击【开始绘制】大图标，随后将进入 AutoCAD 2020 的工作空间，如图 1-9

所示。

 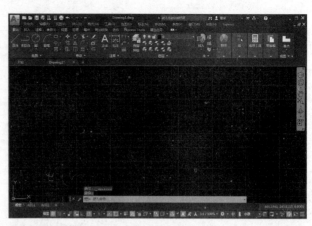

图 1-9　直接进入 AutoCAD 2020 工作空间

> 提醒一下：
> 直接单击【开始绘制】图标，AutoCAD 2020 将自动选择公制的样板进入到工作空间中。

③ 若展开样板列表，你会发现有很多 AutoCAD 样板文件可供选择，选择何种样板将取决于即将绘制公制还是英制的图纸，如图 1-10 所示。

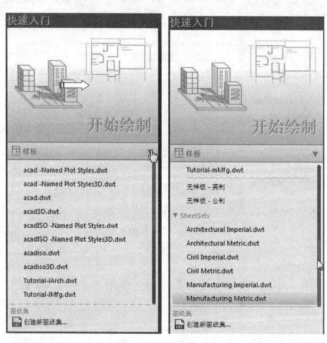

图 1-10　展开样板列表

> 提醒一下：
> 样板列表中包含 AutoCAD 所有的样板文件，大致分为 3 种。首先是英制和公制的常见样板文件，样板文件名中包含 iso 的是公制样板，反之是英制样板。其次是无样板的空模板文件，最后是机械图纸和建筑图纸的模板，如图 1-11 所示。

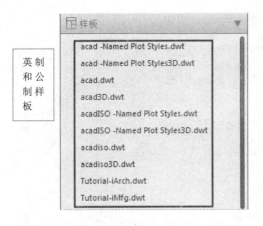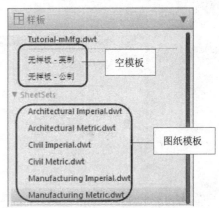

图 1-11 AutoCAD 样板文件

④ 如果单击【打开文件】选项，会弹出【选择文件】对话框。从系统路径中找到 AutoCAD 文件并打开，如图 1-12 所示。

⑤ 单击【打开图纸集】选项，可以打开【打开图纸集】对话框，然后选择用户先前创建的图纸集打开即可，如图 1-13 所示。

> 提醒一下：
> 关于图纸集的作用以及如何创建图纸集，我们将在后面一章中详细介绍。

图 1-12 打开文件　　　　　　　　图 1-13 打开图纸集

⑥ 单击【联机获取更多样板】选项，可以到 Autodesk 官方网站下载各种符合设计要求的样板文件，如图 1-14 所示。

⑦ 单击【了解样例图形】选项，可以在随后弹出的【选择文件】对话框中打开 AutoCAD 自带的样例文件，这些样例文件包括建筑、机械、室内等图纸样例和图块样例。如图 1-15 所示的为在（AutoCAD 2020 软件安装盘符）:\Program Files\Autodesk\AutoCAD 2020\Sample\Sheet Sets\Manufacturing 路径下打开的机械图纸样例 VW252-02-0200.dwg。

⑧ 使用【最近使用的文档】功能，可以快速打开之前建立的图纸文件，而不用通过【打开文件】方式去寻找文件，如图 1-16 所示。

图 1-14 联机获取更多样板

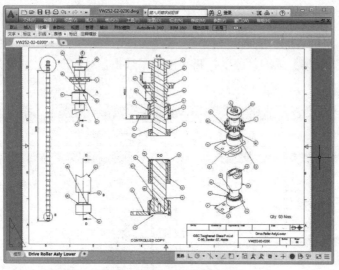

图 1-15 打开的图纸样例文件

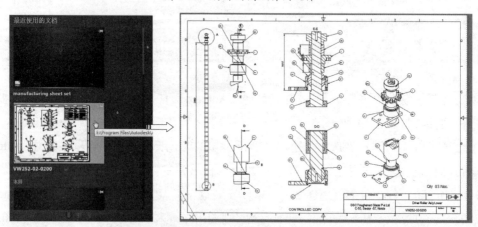

图 1-16 打开最近使用的文档

提醒一下：

【最近使用文档】最下方的 3 个按钮：大图标■、小图标■和列表■，可以分别显示大小不同的文档预览图片，如图 1-17 所示。

CHAPTER 1　AutoCAD 2020 绘图入门

图 1-19　不同大小的文档图标显示

⑨ 使用【连接】功能，除了可以登录 Autodesk 360，还可以将使用 AutoCAD 2020 过程中所遇到的困难或者发现的软件自身的缺陷，发送反馈给 Autodesk 公司。单击【登录】按钮，将弹出【Autodesk - 登录】对话框，如图 1-18 所示。

图 1-18　登录到 Autodesk 360

⑩ 如果你没有账户，可以单击【Autodesk-登录】对话框下方的【需要 Autodesk ID？】选项，在打开的【Autodesk-创建账户】对话框中创建属于自己的新账户，如图 1-19 所示。

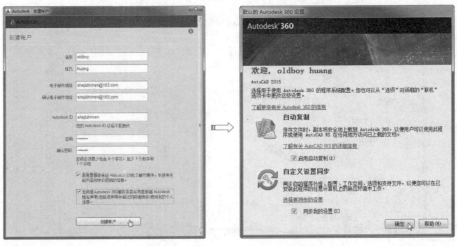

图 1-19　注册 Autodesk 360 新账户

提醒一下：

Autodesk 360 是一个可以提供一系列广泛特性、云服务和产品的云计算平台。可随时随地帮助客户显著优化设计、可视化、仿真以及共享流程。通过登录到 Autodesk 帐户，可以从任何计算机渲染 AutoCAD DWG 或 Revit 文件。通过联机渲染库，可以访问多个渲染版本、将图像渲染为全景、修改渲染质量，以及将背景环境应用到渲染场景。通过 Autodesk 360 帐户联机存储设计文件，你可以随时随地访问它们。只要创建帐户即可立即获得 5GB 的免费存储。使用 Subscription 账户存储容量将从 5GB 增加到 25GB。

1.1.2 AutoCAD 2020 的工作界面

前面介绍了从【创建】页面中进入 AutoCAD 2020 工作界面的常用方式，也可以单击【新图形】按钮，创建新的图纸页而进入到工作界面中，如图 1-20 所示。

AutoCAD 2020 提供了【二维草图与注释】、【三维建模】和【AutoCAD 经典】三种工作空间模式，用户在工作状态下可随时切换工作空间。

在程序默认状态下，窗口中打开的是【二维草图与注释】工作空间。【二维草图与注释】工作空间的工作界面主要由菜单浏览、快速访问工具栏、信息搜索中心、菜单栏、功能区、文件选项卡、绘图区、命令行、状态栏等元素组成，如图 1-21 所示。

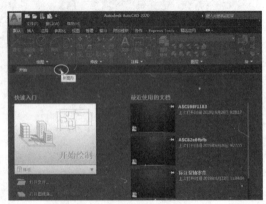

图 1-20　创建新图形

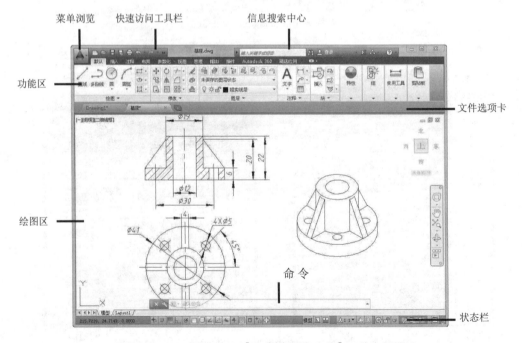

图 1-21　AutoCAD 2020【二维草图与注释】工作空间界面

提醒一下：
　　初始打开 AutoCAD 2020 软件显示的界面为黑色背景，跟绘图区的背景颜色一致，如果你觉得黑色不美观，可以通过在菜单栏中执行【工具】|【选项】命令，打开【选项】对话框，然后在【显示】选项卡设置窗口的配色方案为【明】，如图 1-22 所示。

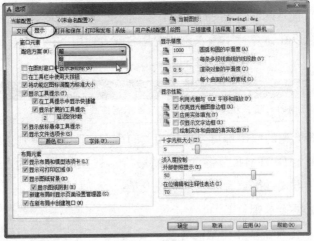

图 1-22　设置功能区窗口的背景颜色

提醒一下：
　　同样，如果需要设置绘图区的背景颜色，那么也是在【选项】对话框的【显示】选项卡中进行，如图 1-23 所示。

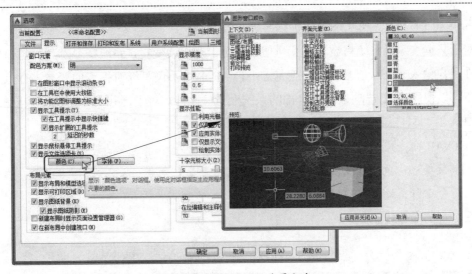

图 1-23　设置绘图区背景颜色

1.2　掌握命令行输入作图方法

　　在 AutoCAD 中提供了各种系统变量（System Variables），用于存储操作环境设置、图形信息和一些命令的设置（或值）等。利用系统变量可以显示当前状态，也可控制 AutoCAD

的某些功能和设计环境、命令的工作方式。

1.2.1 系统变量

有些系统变量具有只读属性，用户只能查看而不能修改只读变量。而对于没有只读属性的系统变量，用户可以在命令行中输入系统变量名或者使用 SETVAR 命令来改变这些变量的值。

> **提醒一下：**
> DATE 是存储当前日期的只读系统变量，可以显示但不能修改该值。

通常，一个系统变量的取值都可以通过相关的命令来改变。例如当使用 DIST 命令查询距离时，只读系统变量 DISTANCE 将自动保持最后一个 DIST 命令的查询结果。除此之外，用户可通过如下两种方式直接查看和设置系统变量：

- 在命令行直接输入变量名
- 使用 SETVAR 命令来指定系统变量

1. 在命令行直接输入变量名

对于只读变量，系统将显示其变量值。而对于非只读变量，系统在显示其变量值的同时还允许用户输入一个新值来设置该变量。

2. 使用 SETVAR 命令来指定系统变量

对于只读变量，系统将显示其变量值。而对于非只读变量，系统在显示其变量值的同时还允许用户输入一个新值来设置该变量。SETVAR 命令不仅可以对指定的变量进行查看和设置，还可以使用【?】选项来查看全部的系统变量。此外，对于一些与系统命令相同的变量，如 AREA 等，只能用 SETVAR 来查看。

SETVAR 命令可通过以下方式来执行：

- 菜单栏：执行【工具】|【查询】|【设置变量】命令
- 命令行：输入 SETVAR

命令行的操作提示如下：

```
命令：
SETVAR 输入变量名或 [?]：                //输入变量以查看或设置
```

> **提醒一下：**
> SETVAR 命令可透明使用。

1.2.2 命令行输入命令作图

除了前面介绍的几种命令执行方式，在 AutoCAD 中，还可以通过键盘来执行，如使用键盘快捷键来执行绘图命令。

1. 在命令行中输入替代命令

在命令行中输入命令条目,需输入全名,然后通过按 Enter 键或空格键来执行。也可以自定义命令的别名来替代。例如,在命令行中可以输入 C 代替 circle 来启动 CIRCLE(圆)命令,并以此来绘制一个圆。命令行的操作提示如下:

```
命令: c                                             //输入命令别名
CIRCLE 指定圆的圆心或 [三点(3P)/两点(2P)/切点、切点、半径(T)]:  //在图形窗口中指定圆心
指定圆的半径或 [直径(D)]: 200                        //输入圆的半径值并按 Enter 键
```

绘制的圆如图 1-24 所示。

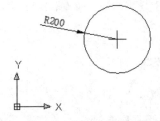

图 1-24 输入命令别名来绘制的圆

> **提醒一下:**
> 命令的别名不同于键盘的快捷键,例如 U(放弃)的键盘快捷键是 Ctrl+Z。

2. 在命令行中输入系统变量

用户可通过在命令行中直接输入系统变量来设置命令的工作方式。例如 GRIDMODE 系统变量用来控制打开或关闭点栅格显示。在这种情况下,GRIDMODE 系统变量在功能上等价于 GRID 命令。当命令行显示如下操作提示时:

```
命令: :GRIDMODE                                     //输入变量
输入 GRIDMODE 的新值 <0>:                            //输入变量值
```

按命令提示输入【0】,可以关闭栅格显示;若输入【1】,可以打开栅格显示。

1.3 掌握坐标输入作图方法

用户在绘制精度要求较高的图形时,常使用用户坐标系 UCS 的二维坐标系、三维坐标系来输入坐标值,以满足设计需要。

1.3.1 使用 AutoCAD 坐标系

坐标 (x, y) 是表示点的最基本的方法。为了输入坐标及建立工作平面,需要使用坐标系。在 AutoCAD 中,坐标系由世界坐标系(简称 WCS)和用户坐标系(简称 UCS)构成。

1. 世界坐标系(WCS)

世界坐标系是一个固定的坐标系,也是一个绝对坐标系。通常在二维视图中,WCS 的 X

轴水平，Y轴垂直。WCS 的原点为 X 轴和 Y 轴的交点（0,0）。图形文件中的所有对象均由 WCS 坐标来定义。WCS 是不能进行操作的，也是看不见的。在屏幕左下角看到的坐标系其实是 UCS。

2. 用户坐标系（UCS）

用户坐标系是可移动的坐标系，也是一个相对坐标系。一般情形下，所有坐标输入以及其他许多工具和操作，均参照当前的 UCS。使用可移动的用户坐标系 UCS 创建和编辑对象通常更方便。

在默认情况下，UCS 和 WCS 是重合的。如图 1-25 所示为用户坐标系在绘图操作中的定义。

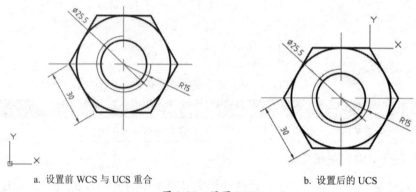

a. 设置前 WCS 与 UCS 重合　　　　　　b. 设置后的 UCS

图 1-25　设置 UCS

1.3.2　笛卡儿坐标输入作图

笛卡儿坐标系有三个轴，即 X、Y 和 Z 轴。输入坐标值时，需要指示沿 X、Y 和 Z 轴相对于坐标系原点（0,0,0）的距离（以单位表示）及其方向（正或负）。在二维视图中，在 XY 平面（也称为工作平面）上指定点。工作平面类似于平铺的网格纸。笛卡儿坐标的 X 值指定水平距离，Y 值指定垂直距离，原点（0,0）表示两轴相交的位置。

在二维视图中输入笛卡儿坐标，在命令行中输入以逗号分隔的 X 值和 Y 值即可。笛卡儿坐标输入分为绝对坐标输入和相对坐标输入。

1. 绝对坐标输入

是以世界坐标系原点作为参照的坐标，坐标格式为（X,Y）。如图 1-26 所示，从原点（A 点）引出一条斜线 AB，A 点坐标为（0,0），AB 走势为在水平方向 X 轴向右移动 300，在垂直方向 Y 轴向上移动 400，B 点坐标用绝对坐标表示为 X=0+300（正方向）=300，Y=0+400（正方向）=400，即 B 点绝对坐标为（300,400）。

2. 相对坐标输入

相对坐标可以以任意一点作为参照的坐标，表示符号为@。如图 1-27 所示，从任一点 C 点引出一条斜线 CD，C 点坐标假定为（0,0），CD 走势为在水平方向 X 轴向右移动 300，在垂直方向 Y 轴向上移动 400，D 点坐标用相对坐标表示为 X=0+300（正方向）=300，Y=0+400（正方向）=400，这都是相对的，即 D 点相对坐标为（@300,400）。

在实际应用中，绝对坐标有明显的局限性，不够灵活，大多数情况下还是采用相对坐标。

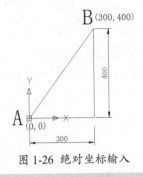

图 1-26 绝对坐标输入

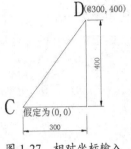

图 1-27 相对坐标输入

上机实践——利用笛卡儿坐标绘制五角星和多边形

使用笛卡儿相对坐标输入方式绘制五角星，如图 1-28 所示。

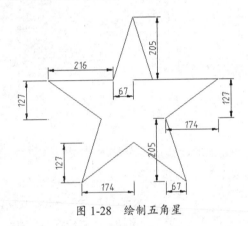

图 1-28 绘制五角星

绘制五角星的步骤如下：

① 新建文件进入到 AutoCAD 绘图环境中。

② 使用直线命令，在命令行中输入 L，然后按空格键确定，在绘图窗口指定第一点，提示下一点时输入坐标（@216,0），确定后即可绘制五角星左上边的第一条横线；

③ 再次输入坐标（@67,205），确定后即可绘制第二条斜线；

④ 再次输入坐标（@67,-205），确定后即可绘制第三条斜线；

⑤ 再次输入坐标（@216,0），确定后即可绘制第四条横线；

⑥ 再次输入坐标（@-174,-127），确定后即可绘制第五条斜线；

⑦ 再次输入坐标（@67,-205），确定后即可绘制第六条斜线；

⑧ 再次输入坐标（@-174,127），确定后即可绘制第七条斜线；

⑨ 再次输入坐标（@-174,-127），确定后即可绘制第八条斜线；

⑩ 再次输入坐标（@67,205），确定后即可绘制第九条斜线；

⑪ 再次输入坐标（@-174,127），确定后即可绘制第十条斜线。

1.3.3　极坐标系输入作图

极坐标使用距离和角度来定位点。格式为（长度<角度），当用相对坐标表示时则为（@长度<角度）。使用笛卡儿坐标和极坐标，均可以基于原点 (0,0) 输入绝对坐标，或基于上一指定点输入相对坐标。在学习极坐标之前先来了解一下角度的概念。系统默认逆时针为正，正东为 0° 起始线。所谓 0° 起始线，也就是从某个点开始，这个点称为起点，向东即水平向右的直线为 0° 起始线。有时图中没有这样的线，根据需要可另外绘制出这样的辅助线，如图 1-29 所示。

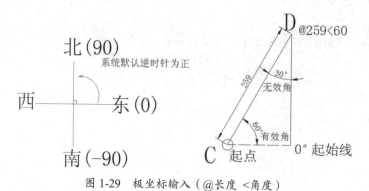

图 1-29　极坐标输入（@长度 <角度）

1. 绝对极坐标输入

当知道点的准确距离和角度坐标时，一般情况下使用绝对极坐标。绝对极坐标从 UCS 原点 (0,0) 开始测量，此原点是 X 轴和 Y 轴的交点。

使用动态输入，可以使用 "#" 前缀指定绝对坐标。如果在命令行而不是工具提示中输入【动态输入】坐标，则不使用 "#" 前缀。例如，输入 #3<45 指定一点，此点距离原点有 3 个单位，并且与 X 轴成 45° 角。命令行操作提示如下：

```
命令: line
指定第一点: 0,0                              //指定直线起点
指定下一点或 [放弃(U)]: 4<120                //指定第二点
指定下一点或 [放弃(U)]: 5<30                 //指定第三点
指定下一点或 [闭合(C)/放弃(U)]: *取消*       //按 Esc 键或 Enter 键
```

绘制的线段如图 1-30 所示。

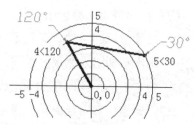

图 1-30　以绝对极坐标方式绘制线段

2. 相对极坐标输入

相对极坐标是基于上一输入点而确定的。如果知道某点与前一点的位置关系，可使用相对（X,Y）极坐标来输入。

要输入相对极坐标，需在坐标前面添加一个"@"符号。例如，输入@1<45 来指定一点，此点距离上一指定点有 1 个单位，并且与 X 轴成 45°角。

例如，使用相对极坐标来绘制两条线段，线段都是从标有上一点的位置开始。在命令行中输入以下提示命令：

```
命令: line
指定第一点: -2, 3                        //指定直线起点
指定下一点或 [放弃(U)]: 2, 4              //指定第二点
指定下一点或 [放弃(U)]: @3<45             //指定第三点
指定下一点或 [放弃(U)]: @5<285            //指定第四点
指定下一点或 [闭合(C)/放弃(U)]: *取消*    //按 Esc 键或 Enter 键
```

绘制的两条线段如图 1-31 所示。

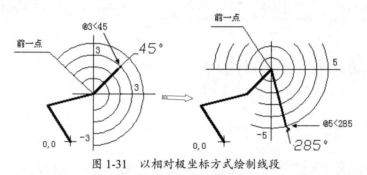

图 1-31　以相对极坐标方式绘制线段

上机实践——利用极坐标绘制五角星

使用相对极坐标输入方式绘制五角星，如图 1-32 所示。

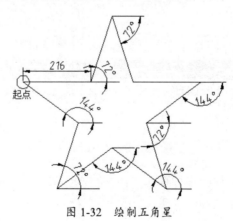

图 1-32　绘制五角星

绘制五角星的步骤如下：

① 新建文件进入到 AutoCAD 绘图环境中。

② 使用直线命令，在命令行中输入 L，然后按空格键确定，在绘图窗口指定第一点，提示

下一点时输入坐标（@216<0），确定后即可绘制五角星左上边的第一条横线；

③ 再次输入坐标（@216<72），确定后即可绘制第二条斜线；
④ 再次输入坐标（@216<-72），确定后即可绘制第三条斜线；
⑤ 再次输入坐标（@216<0），确定后即可绘制第四条横线；
⑥ 再次输入坐标（@216<-144），确定后即可绘制第五条斜线；
⑦ 再次输入坐标（@216<-72），确定后即可绘制第六条斜线；
⑧ 再次输入坐标（@216<144），确定后即可绘制第七条斜线；
⑨ 再次输入坐标（@216<-144），确定后即可绘制第八条斜线；
⑩ 再次输入坐标（@216<72），确定后即可绘制第九条斜线；
⑪ 再次输入坐标（@216<144），确定后即可绘制第十条斜线。

> **提醒一下：**
> 在输入笛卡儿坐标时，绘制直线可启用正交模式，如五角星上边两条直线，在打开正交模式的状态下，用光标指引向右的方向，直接输入 216 代替（@216,0）更加方便快捷。

1.4 掌握动态输入作图技巧

1.4.1 锁定角度

用户在绘制几何图形时，有时需要指定角度替代，以锁定光标来精确输入下一个点。通常，指定角度替代，是在命令提示指定点时输入左尖括号（<），其后输入一个角度。

例如，如下所示的命令行操作提示中显示了在 LINE 命令过程中输入 30 替代。

```
命令：line
指定第一点：                        //指定直线的起点
指定下一点或 [放弃(U)]: <30↵        //输入符号及角度值
角度替代：30
指定下一点或 [放弃(U)]:              //指定直线下一点
```

> **提醒一下：**
> 所指定的角度将锁定光标，替代【栅格捕捉】和【正交】模式。坐标输入和对象捕捉优先于角度替代。

1.4.2 动态输入

【动态输入】功能可以控制指针输入、标注输入、动态提示以及绘图工具提示的外观。
用户可通过以下方式来执行此操作：

● 【草图设置】对话框：在【动态输入】选项卡中勾选或取消勾选【启用指针输入】等复选框
● 状态栏：单击【动态输入】按钮 ➕

- 键盘快捷键：按 F12 键

> **提醒一下：**
> 启用【动态输入】时，工具提示将在光标附近显示信息，该信息会随着光标的移动而动态更新。当某命令处于活动状态时，工具提示将为用户提供输入的位置。如图 1-33 所示为绘图时动态和非动态输入比较。
> 动态输入有三个组件：指针输入、标注输入和动态提示。用户可通过【草图设置】对话框来设置动态输入显示时的内容。

图 1-33　动态和非动态输入比较

1. 指针输入

当启用指针输入且有命令在执行时，十字光标的位置将在光标附近的工具提示中显示为坐标。绘制图形时，用户可在工具提示中直接输入坐标值来创建对象，而不用在命令行中另行输入，如图 1-34 所示。

图 1-34　指针输入

> **提醒一下：**
> 在启用指针输入时，如果是相对坐标输入或绝对坐标输入，其输入格式与在命令行中输入相同。

2. 标注输入

若启用标注输入，当命令提示输入第二点时，工具提示将显示距离（第二点与起点的长度值）和角度值，且在工具提示中的值将随光标的移动而发生改变，如图 1-35 所示。

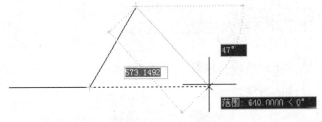

图 1-35　标注输入

> **提醒一下：**
> 在启用标注输入时，按 Tab 键可以交换动态显示长度值和角度值。

用户在使用夹点编辑图形时，标注输入的工具提示框中可能会显示旧的长度、移动夹点时更新的长度、长度的变化、角度、移动夹点时角度的变化、圆弧的半径等信息，如图1-36所示。

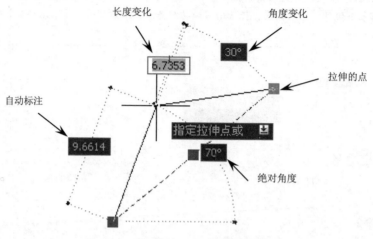

图1-36 使用夹点编辑时的标注输入

> **提醒一下：**
> 使用标注输入设置，工具提示框中显示的是用户希望看到的信息。要精确指定点，在工具提示框中输入精确数值即可。

3. 动态提示

启用动态提示时，命令提示和命令输入会显示在光标附近的工具提示中。用户可以在工具提示（而不是在命令行）中直接输入坐标值，如图1-37所示。

图1-37 使用动态提示

> **提醒一下：**
> 按键盘上的↓键可以查看和选择选项，按↑键可以显示最近的输入。要在动态提示中使用PASTECLIP（粘贴），可在输入字母之后、粘贴输入之前用空格键将其删除。否则，输入将作为文字粘贴到图形中。

上机实践——使用动态输入功能绘制图形

打开动态输入，通过指定线段长度及角度画线，如图1-38所示。这个实例的目的是掌握使用动态输入功能画线的方法。

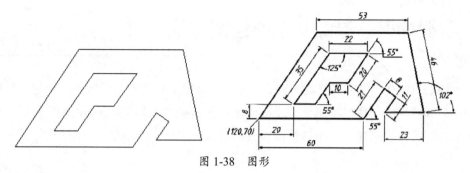

图 1-38　图形

① 新建文件。

② 打开动态输入，设定动态输入方式为【指针输入】、【标注输入】及【动态显示】。

③ 绘制线段 AB、BC 等，如图 1-39 所示。

```
命令: _line 指定第一点: 120,70              //在动态框中先输入 A 点的 x 坐标值，再按 Tab 键，
输入 A 点的 y 坐标值
    指定下一点或 [放弃(U)]: 0                 //输入线段 AB 的长度 60，按 Tab 键，输入线段 AB
的角度 0°
    指定下一点或 [放弃(U)]: 55                //输入线段 BC 的长度 21，按 Tab 键，输入线段 BC
的角度 55°
    指定下一点或 [闭合(C)/放弃(U)]: 35        //输入线段 CD 的长度 8，按 Tab 键，输入线段 CD 的
角度 35°
    指定下一点或 [闭合(C)/放弃(U)]: 125       //输入线段 DE 的长度 11，按 Tab 键，输入线段 DE
的角度 125°
    指定下一点或 [闭合(C)/放弃(U)]: 0         //输入线段 EF 的长度 23，按 Tab 键，输入线段 EF
的角度 0°
    指定下一点或 [闭合(C)/放弃(U)]: 102       //输入线段 FG 的长度 46，按 Tab 键，输入线段 FG
的角度 102°
    指定下一点或 [闭合(C)/放弃(U)]: 180       //输入线段 GH 的长度 53，按 Tab 键，输入线段 GH
的角度 180°
    指定下一点或 [闭合(C)/放弃(U)]: C↙        //选择【闭合】选项，并按 Enter 键
```

④ 绘制线段 IJ、JK 等，如图 1-40 所示。

```
命令: _line 指定第一点: 140,78              //输入 I 点的 x 坐标值，按 Tab 键，输入 I 点的 y 坐标值
    指定下一点或 [放弃(U)]: 55                //输入线段 IJ 的长度 35，按 Tab 键，输入线段 IJ 的角度 55°
    指定下一点或 [放弃(U)]: 0                 //输入线段 JK 的长度 22，按 Tab 键，输入线段 JK 的角度 0°
    指定下一点或 [闭合(C)/放弃(U)]: 125       //输入线段 KL 的长度 20，按 Tab 键，输入线段 KL 的角度 125°
    指定下一点或 [闭合(C)/放弃(U)]: 180       //输入线段 LM 的长度 10，按 Tab 键，输入线段 LM 的角度 180°
    指定下一点或 [闭合(C)/放弃(U)]: 125       //输入线段 MN 的长度 15，按 Tab 键，输入线段 MN 的角度 125°
    指定下一点或 [闭合(C)/放弃(U)]: C↙        //选择【闭合】选项，按 Enter 键
```

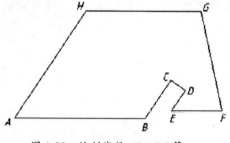
图 1-39　绘制线段 AB、BC 等

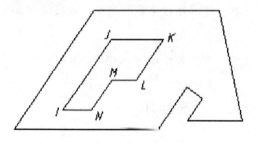
图 1-40　绘制线段 IJ、JK 等

⑤ 保存图形。

1.5 掌握捕捉、追踪与正交绘图方法

在绘图的过程中，经常要指定一些已有对象上的点，例如端点、圆心和两个对象的交点等。如果只凭观察来拾取，不可能非常准确地找到这些点。为此，AutoCAD 提供了精确绘制图形的功能，可以迅速、准确地捕捉到某些特殊点，从而能精确地绘制图形。

1.5.1 设置捕捉选项

在绘制图形时，尽管可以通过移动光标来指定点的位置，却很难精确指定点的某一位置。因此，要精确定位点，必须使用坐标输入或启用捕捉功能。

> 提醒一下：
> 【捕捉模式】可以单独打开，也可以和其他模式一同打开。

【捕捉模式】用于设定鼠标光标移动的间距。使用【捕捉模式】功能，可以提高绘图效率。如图 1-41 所示，启用捕捉模式后，光标按设定的移动间距来捕捉点的位置，并绘制出图形。

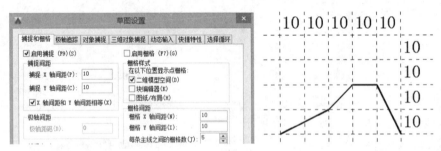

图 1-41 启用捕捉模式来绘制的图形

用户可通过以下方式来打开或关闭【捕捉】功能：

- 状态栏：单击【捕捉模式】按钮
- 键盘快捷键：按 F9 键
- 【草图设置】对话框：在【捕捉和栅格】选项卡中，勾选或取消勾选【启用捕捉】复选框
- 命令行：输入 SNAPMODE

1.5.2 栅格显示

【栅格】是一些标定位置的小点，起坐标纸的作用，可以提供直观的距离和位置参照。利用栅格可以对齐对象并直观显示对象之间的距离。若要提高绘图的速度和效率，可以显示并捕捉矩形栅格，还可以控制其间距、角度和对齐。

用户可通过以下命令方式来打开或关闭【栅格】功能：
- 状态栏：单击【栅格】按钮
- 键盘快捷键：按F7键
- 【草图设置】对话框：在【捕捉和栅格】选项卡中，勾选或取消勾选【启用栅格】复选框
- 命令行：输入 GRIDDISPLAY

栅格的显示可以为点矩阵，也可以为线矩阵。仅在当前视觉样式设置为【二维线框】时栅格才显示为点，否则栅格将显示为线，如图 1-42 所示。在三维视图中工作时，所有视觉样式都显示为线栅格。

> **提醒一下：**
> 默认情况下，UCS 的 X 轴和 Y 轴以不同于栅格线的颜色显示。用户可在【图形窗口颜色】对话框控制颜色，此对话框可以从【选项】对话框的【草图】选项卡中访问。

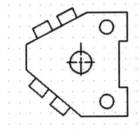 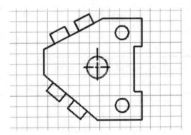

栅格显示为点　　　　　　　　栅格显示为线

图 1-42　栅格的显示

1.5.3　对象捕捉

在绘图的过程中，经常要指定一些已有对象上的点，例如端点、中点、圆心、节点等来进行精确定位。因此，对象捕捉功能可以迅速、准确地捕捉到某些特殊点，从而精确地绘制图形。

不论何时提示输入点，都可以指定对象捕捉。默认情况下，当光标移动到对象的对象捕捉位置时，将显示标记和工具提示。此功能称为 AutoSnap™（自动捕捉），提供了视觉提示，指示哪些对象捕捉正在使用。

1. 特殊点的对象捕捉

AutoCAD 提供了工具栏和右键快捷菜单两种执行特殊点对象捕捉命令的方式。

（1）使用如图 1-43 所示工具栏中的【对象捕捉】工具。

（2）同时按下 Shift 键和鼠标右键，弹出如图 1-44 所示的快捷菜单。快捷菜单中列出了 AutoCAD 提供的对象捕捉模式。

图 1-43　【对象捕捉】工具栏　　　　　　　图 1-44　对象捕捉快捷菜单

表 1-1 列出了对象捕捉的模式及其功能,与【对象捕捉】工具栏图标及对象捕捉快捷菜单命令相对应,下面将对其中一部分捕捉模式进行介绍。

表 1-1　特殊位置点捕捉

捕捉模式	快捷命令	功　　能
临时追踪点	TT	建立临时追踪点
两点之间的中点	M2P	捕捉两个独立点之间的中点
捕捉自	FRO	与其他捕捉方式配合使用建立一个临时参考点,作为指出后继点的基点
端点	ENDP	用来捕捉对象(如线段或圆弧等)的端点
中点	MID	用来捕捉对象(如线段或圆弧等)的中点
圆心	CEN	用来捕捉圆或圆弧的圆心
节点	NOD	捕捉用 POINT 或 DIVIDE 等命令生成的点
象限点	QUA	用来捕捉距光标最近的圆或圆弧上可见部分的象限点,即圆周上 0°、90°、180°、270°位置上的点
交点	INT	用来捕捉对象(如线、圆弧或圆等)的交点
延长线	EXT	用来捕捉对象延长路径上的点
插入点	INS	用于捕捉块、形、文字、属性或属性定义等对象的插入点
垂足	PER	在线段、圆、圆弧或它们的延长线上捕捉一个点,使之与最后生成的点的连线与该线段、圆或圆弧正交
切点	TAN	最后生成的一个点到选中的圆或圆弧上引切线的切点位置
最近点	NEA	用于捕捉距拾取点最近的线段、圆、圆弧等对象上的点
外观交点	APP	用来捕捉两个对象在视图平面上的交点。若两个对象没有直接相交,则系统自动计算其延长后的交点;若两对象在空间上为异面直线,则系统计算其投影方向上的交点
平行线	PAR	用于捕捉与指定对象平行方向的点
无	NON	关闭对象捕捉模式
对象捕捉设置	OSNAP	设置对象捕捉

> **提醒一下:**
> 仅当提示输入点时,对象捕捉才生效。如果尝试在命令提示下使用对象捕捉,将显示错误消息。

上机实践——利用【对象捕捉】绘制图形

利用【对象捕捉】工具辅助绘制如图 1-45 所示两个圆的公切线。

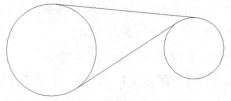

图 1-45 圆的公切线

① 单击【绘图】面板中的【圆】按钮⊙，以适当半径绘制两个圆，绘制结果如图 1-46 所示。

② 在操作界面的顶部工具栏区单击鼠标右键，选择快捷菜单中的【autocad】|【对象捕捉】命令，打开【对象捕捉】工具栏。

③ 单击【绘图】面板中的【直线】按钮，再选择状态栏中的【捕捉到切点】⊙工具以捕捉切点，如图 1-47 所示为捕捉第一个切点的情形。

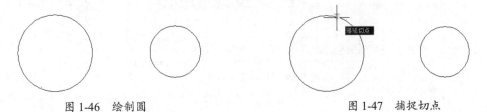

图 1-46 绘制圆　　　　　　　　图 1-47 捕捉切点

④ 继续捕捉第二个切点，如图 1-48a 所示。同样，进行第二条公切线的切点捕捉，随后完成公切线绘制，如图 1-48b。

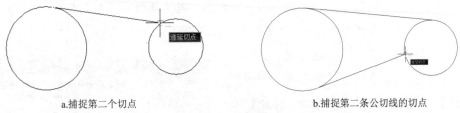

a.捕捉第二个切点　　　　　　　　b.捕捉第二条公切线的切点

图 1-48 捕捉切点

> 提醒一下：
> 不管指定圆上哪一点作为切点，系统都会根据圆的半径和指定的大致位置确定准确的切点位置，并能根据大致指定点与内外切点距离，依据距离趋近原则判断绘制外切线还是内切线。

2. 捕捉设置

在 AutoCAD 中绘图之前，可以根据需要事先设置开启一些对象捕捉模式，绘图时系统就能自动捕捉这些特殊点，从而加快绘图速度，提高绘图质量。

用户可通过以下命令方式进行对象捕捉设置：

- 命令行：输入 DDOSNAP
- 菜单栏：执行【工具】|【绘图设置】命令
- 工具栏：单击【对象捕捉】工具栏中的【对象捕捉设置】按钮。
- 状态栏：单击【对象捕捉】按钮（仅限于打开与关闭）
- 键盘快捷键：按 F3 键（仅限于打开与关闭）
- 快捷菜单：【捕捉替代】|【对象捕捉设置】命令

执行上述操作后，系统打开【草图设置】对话框，单击【对象捕捉】选项卡，如图 1-49 所示，利用此选项卡可对对象捕捉方式进行设置。

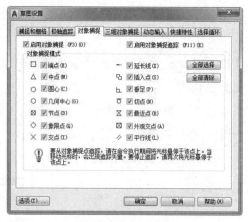

图 1-49　【对象捕捉】选项卡

上机实践——盘盖的绘制

① 执行【格式】|【图层】命令，设置图层：
- 中心线层：线型为 CENTER，颜色为红色，其余属性采用默认值。
- 粗实线层：线宽为 0.30mm，其余属性采用默认值。

② 将中心线层设置为当前图层，然后单击【直线】按钮绘制垂直中心线。

③ 执行【工具】|【绘图设置】命令。打开【草图设置】对话框中的【对象捕捉】选项卡，单击【全部选择】按钮，选择所有的捕捉模式，并勾选【启用对象捕捉】复选框，如图 1-50 所示，单击【确定】按钮。

④ 单击【绘图】面板中的【圆】按钮，绘制圆形中心线，如图 1-51 所示。在指定圆心时，捕捉垂直中心线的交点，结果如图 1-52 所示。

图 1-50　对象捕捉设置

图 1-51　绘制中心线

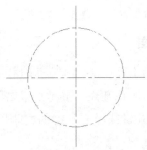
图 1-52　捕捉交点

⑤ 转换到粗实线层,单击【绘图】面板中的【圆】按钮⊙,绘制盘盖外圆和内孔,在指定圆心时,捕捉垂直中心线的交点,如图 1-53 所示,结果如图 1-54 所示。

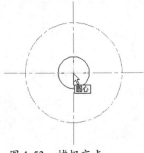
图 1-53　捕捉交点

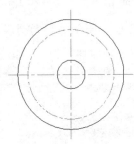
图 1-54　绘制同心圆

⑥ 单击【绘图】面板中的【圆】按钮⊙,绘制螺孔在指定圆心时,捕捉圆形中心线与水平中心线或垂直中心线的交点,如图 1-55 所示,结果如图 1-56 所示。

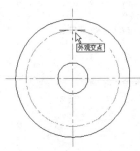
图 1-55　捕捉交点

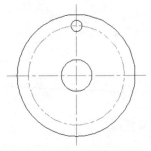
图 1-56　绘制螺孔

⑦ 使用相同的方法绘制其他三个螺孔,结果如图 1-57 所示。

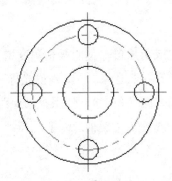
图 1-57　最终结果

⑧ 保存文件。

3. 捕捉自

【捕捉自】方式是一种特殊的对象捕捉方式，在实际绘图时经常使用，但预先要知道拟确定的点与一个已知点（参考点）之间的相互关系。

按住 Shift 键或者 Ctrl 键的同时单击鼠标右键，弹出快捷菜单，选择【自（F）】命令，即可使用【捕捉自】方式。

> **提醒一下：**
> 1. 【捕捉自】命令不能单独使用，应在调用其他命令后使用；
> 2. 在命令行出现【基点：】提示时，输入已知参考点的坐标或捕捉到已知参考点；
> 3. 在命令行出现【基点：<偏移>】提示时，输入拟确定点与已知参考点之间的偏移量（采用相对坐标）。

以绘制图 1-58 所示的圆为例说明命令操作过程。要求画一直径为 20 的圆，要求其圆心距圆外矩形左下角偏移量为（@30,20）。

```
命令：（输入绘圆命令）
命令：指定圆的圆心或 [三点(3P)/两点(2P)/相切、相切、半径(T)]: from↙
基点：（捕捉到矩形左下角点）↙
基点：<偏移>:@30,20↙
指定圆的半径或 [直径(D)]<30>: 10↙
```

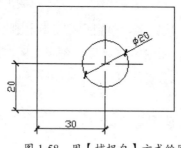

图 1-58　用【捕捉自】方式绘图

1.5.4　对象追踪

对象追踪可按指定角度绘制对象，或者绘制与其他对象有特定关系的对象。对象追踪分为【极轴追踪】和【对象捕捉追踪】，是常用的辅助绘图工具。

1. 极轴追踪

极轴追踪是按程序默认给定或用户自定义的极轴角度增量来追踪对象点。如极轴角度为 45°，光标则只能按照给定的 45°范围来追踪，也就是说光标可在整个象限的 8 个位置上追踪对象点。如果事先知道要追踪的方向（角度），使用极轴追踪是比较方便的。

用户可通过以下方式来打开或关闭【极轴追踪】功能：

- 状态栏：单击【极轴追踪】按钮
- 键盘快捷键：按 F10 键

- 【草图设置】对话框；在【极轴追踪】选项卡中，勾选或取消勾选【启用极轴追踪】复选框

创建或修改对象时，还可以使用【极轴追踪】以显示由指定的极轴角度所定义的临时对齐路径。例如，设定极轴角度为45°，使用【极轴追踪】功能来捕捉的点的示意图如图1-59所示。

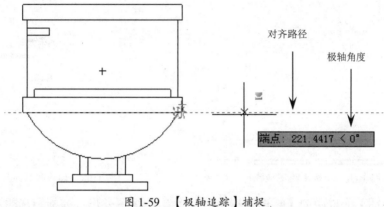

图1-59 【极轴追踪】捕捉

> 提醒一下
> 在没有特别指定极轴角度时，默认角度测量值为90°；可以使用对齐路径和工具提示绘制对象；与【交点】或【外观交点】对象捕捉一起使用极轴追踪，可以找出极轴对齐路径与其他对象的交点。

上机实践——利用【极轴追踪】绘制图形

绘制如图1-60所示的方头平键。

① 单击【绘图】面板中的【矩形】按钮 ▭，绘制主视图外形。首先在屏幕上适当位置指定一个角点，然后指定第二个角点为（@100,11），结果如图1-61所示。

图1-60 方头平键　　　　　　　图1-61 绘制主视图外形

② 单击【绘图】面板中的【直线】按钮 ╱，绘制主视图棱线。命令行提示如下：

```
命令：LINE↙
指定第一点：FROM↙              //输入FROM指令
基点：                         //捕捉矩形左上角点，如图1-62所示
<偏移>：@0,-2↙                 //输入相对偏距值
指定下一点或 [放弃(U)]：        //光标右移，捕捉矩形右边上的垂足，如图1-63所示
```

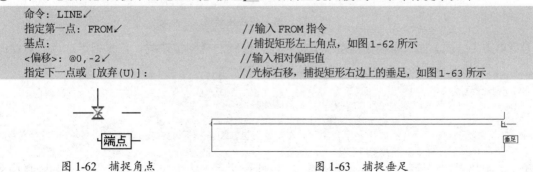

图1-62 捕捉角点　　　　　　　图1-63 捕捉垂足

③ 使用相同方法以矩形左下角点为基点，向上偏移两个单位，利用基点捕捉绘制下边的另一条棱线，结果如图 1-64 所示。

④ 同时单击状态栏上的【对象捕捉】和【对象追踪】按钮，启动对象捕捉追踪功能。并打开如图 1-65 所示的【草图设置】对话框中的【极轴追踪】选项卡，将【增量角】设置为 90，选择【仅正交追踪】单选按钮。

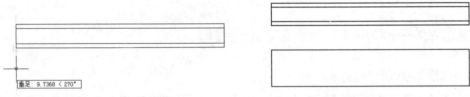

图 1-64　绘制主视图棱线　　　　　　图 1-65　设置极轴追踪

⑤ 单击【绘图】面板中的【矩形】按钮，绘制俯视图外形。捕捉矩形的左下角点，系统显示追踪线，沿追踪线向下在适当位置指定一点为矩形角点，如图 1-66 所示。另一个角点坐标为（@100,18），绘制结果如图 1-67 所示。

图 1-66　追踪对象　　　　　　图 1-67　绘制俯视图

⑥ 单击【绘图】面板中的【直线】按钮，结合基点捕捉功能绘制俯视图棱线，偏移距离为 2，结果如图 1-68 所示。

图 1-68　绘制俯视图棱线

⑦ 单击【绘图】面板中的【构造线】按钮，绘制左视图构造线。首先指定适当一点绘制 -45°构造线，继续绘制构造线。命令行提示如下：

命令:XLINE✓
指定点或 [水平(H)/垂直(V)/角度(A)/二等分(B)/偏移(O)]：
　　　　　　　　//先捕捉俯视图右上角点并单击确定构造线第一点
指定通过点：　　//打开【正交】模式，在其水平追踪线上再捕捉与斜构造线的交点，并单击确定第二点，如图 1-69 所示

⑧ 使用相同方法绘制另一条水平构造线。再捕捉两水平构造线与斜构造线交点为竖直构造

线第一点,依次绘制出两条竖直构造线,如图 1-70 所示。

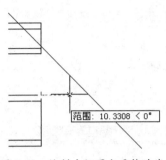
图 1-69 绘制左视图水平构造线

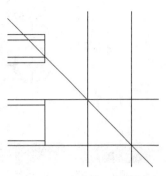
图 1-70 完成左视图构造线

⑨ 单击【绘图】面板中的【矩形】按钮▭,绘制左视图。命令行提示如下:

```
命令: rectang↙
指定第一个角点或 [倒角(C)/标高(E)/圆角(F)/厚度(T)/宽度(W)]: C↙
指定矩形的第一个倒角距离 <0.0000>:          //捕捉俯视图右上端点
指定第二点:                                //捕捉俯视图右上第二个端点
指定矩形的第二个倒角距离 <2.0000>:          // 捕捉俯视图右上端点
指定第二点:                                //捕捉主视图右上第二个端点
指定第一个角点或 [倒角(C)/标高(E)/圆角(F)/厚度(T)/宽度(W)]:
        //捕捉主视图矩形上边延长线与第一条竖直构造线交点,如图 1-71 所示
指定另一个角点或 [尺寸(D)]:              //捕捉主视图矩形下边延长线与第二条竖直构造线交点
```

⑩ 绘制完成的结果如图 1-72 所示。

图 1-71 捕捉交点

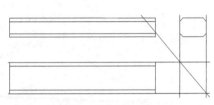
图 1-72 绘制左视图

⑪ 单击【修改】工具栏中的【删除】按钮,删除构造线。

2. 对象捕捉追踪

对象捕捉追踪按照与对象的某种特定关系来追踪,这种特定的关系确定了一个未知角度。如果事先不知道具体的追踪方向(角度),但知道与其他对象的某种关系(如相交、垂直等),则用对象捕捉追踪。极轴追踪和对象捕捉追踪可以同时使用。

用户可通过以下方式来打开或关闭【对象捕捉追踪】功能:

- 状态栏:单击【对象捕捉追踪】按钮。
- 键盘快捷键:按 F11 键

使用对象捕捉追踪,在命令中指定点时,光标可以沿基于其他对象捕捉点的对齐路径进行追踪,如图 1-73 所示。

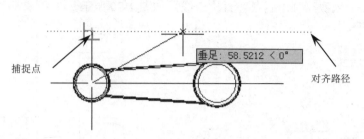

图 1-73 对象捕捉追踪

> 提醒一下：
> 要使用对象捕捉追踪，必须打开一个或多个对象捕捉。

 上机实践——利用【对象捕捉追踪】绘制图形

使用 LINE 命令并结合对象捕捉将图 1-74 中的左图修改为右图。这个实例的目的是掌握交点、切点和延伸点等常用对象捕捉的方法。

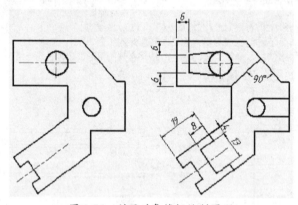

图 1-74 利用对象捕捉绘制图形

① 新建文件。

② 绘制线段 BC、EF 等，B、E 两点的位置用正交偏移捕捉确定，如图 1-75 所示。

```
命令：_line 指定第一点：from              //使用正交偏移捕捉
基点：end 于                              //捕捉偏移基点 A
<偏移>：@6,-6                             //输入 B 点的相对坐标
指定下一点或 [放弃(U)]：tan 到            //捕捉切点 C
指定下一点或 [放弃(U)]：                  //按 Enter 键结束
命令：                                    //重复命令
LINE 指定第一点：from                     //使用正交偏移捕捉
基点：end 于                              //捕捉偏移基点 D
<偏移>：@6,6                              //输入 E 点的相对坐标
指定下一点或 [放弃(U)]：tan 到            //捕捉切点 F
指定下一点或 [放弃(U)]：                  //按 Enter 键结束
命令：//重复命令
LINE 指定第一点：end 于                   //捕捉端点 B
指定下一点或 [放弃(U)]：end 于            //捕捉端点 E
指定下一点或 [放弃(U)]：                  //按 Enter 键结束
```

> **提醒一下：**
> 正交偏移捕捉功能可以相对于一个已知点定位另一点。操作方法：先捕捉一个基准点，然后输入新点相对于基准点的坐标（相对直角坐标或相对极坐标），这样就可以从新点开始作图了。

③ 绘制线段 *GH*、*IJ* 等，如图 1-76 所示。

```
命令: _line 指定第一点: int 于        //捕捉交点 G
指定下一点或 [放弃(U)]: per 到        //捕捉垂足 H
指定下一点或 [放弃(U)]:               //按 Enter 键结束
命令:                                //重复命令
LINE 指定第一点: qua 于               //捕捉象限点 I
指定下一点或 [放弃(U)]: per 到        //捕捉垂足 J
指定下一点或 [放弃(U)]:               //按 Enter 键结束
命令:                                //重复命令
LINE 指定第一点: qua 于               //捕捉象限点 K
指定下一点或 [放弃(U)]: per 到        //捕捉垂足 L
指定下一点或 [放弃(U)]:               //按 Enter 键结束
```

④ 绘制线段 *NO*、*OP* 等，如图 1-77 所示。

```
命令: _line 指定第一点: ext            //捕捉延伸点 N
于 19                                 //输入 N 点与 M 点的距离
指定下一点或 [放弃(U)]: par            //利用平行捕捉画平行线
到 4                                  //输入 O 点与 N 点的距离
指定下一点或 [放弃(U)]: par            //使用平行捕捉
到 8                                  //输入 P 点与 O 点的距离
指定下一点或 [闭合(C)/放弃(U)]: par    //使用平行捕捉
到 13                                 //输入 Q 点与 P 点的距离
指定下一点或 [闭合(C)/放弃(U)]: par    //使用平行捕捉
到 8                                  //输入 R 点与 Q 点的距离
指定下一点或 [闭合(C)/放弃(U)]: per 到 //捕捉垂足 S
指定下一点或 [闭合(C)/放弃(U)]:        //按 Enter 键结束
```

> **提醒一下：**
> 延伸点捕捉功能可以从线段端点开始沿线的方向确定新点。操作方法是：先把光标从线段端点开始移动，此时系统沿线段方向显示出捕捉辅助线及捕捉点的相对极坐标，再输入捕捉距离，系统就定位一个新点。

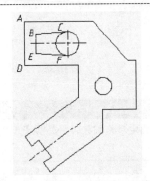 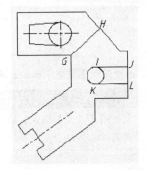 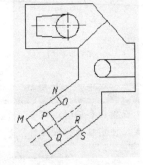

图 1-75　绘制线段 *BC*、*EF* 等　　　图 1-76　绘制线段 *GH*、*IJ* 等　　　图 1-77　绘制线段 *NO*、*OP* 等

1.5.5　正交模式

正交模式用于控制是否以正交方式绘图，或者在正交模式下追踪对象点。在正交模式下，可以方便地绘制出与当前 *X* 轴或 *Y* 轴平行的直线。

用户可通过以下命令方式打开或关闭正交模式：
- 状态栏：单击【正交模式】按钮。
- 键盘快捷键：按 F8 键。
- 命令行：输入 ORTHO

创建或移动对象时，使用【正交】模式将光标限制在水平或垂直轴上。移动光标时，不管水平轴或垂直轴哪个离光标最近，拖引线将沿着该轴移动，如图 1-78 所示。

> 提醒一下：
> 打开【正交】模式时，使用直接距离输入方法以创建指定长度的正交线或将对象移动指定的距离。

在【二维草图与注释】空间中，打开【正交】模式，拖引线只能在 XY 工作平面的水平方向和垂直方向上移动。在三维视图中，【正交】模式下，拖引线除可在 XY 工作平面的 X、-X 方向和 Y、-Y 方向上移动外，还能在 Z 和 -Z 方向上移动，如图 1-79 所示。

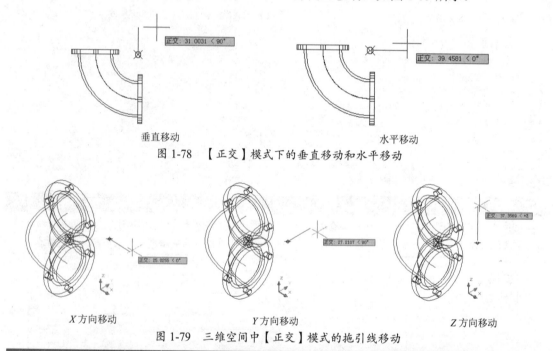

图 1-78　【正交】模式下的垂直移动和水平移动

图 1-79　三维空间中【正交】模式的拖引线移动

> 提醒一下：
> 在绘图和编辑过程中，可以随时打开或关闭【正交】模式。输入坐标或指定对象捕捉时将忽略【正交】模式。使用临时替代键时，无法使用直接距离输入方法。

上机实践——利用【正交】模式绘制图形

利用【正交】模式绘制如图 1-80 所示的图形，其操作步骤如下。

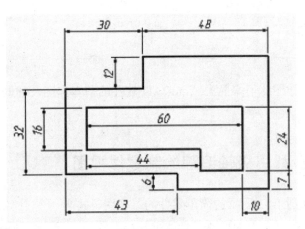

图 1-80 图形

① 新建文件。
② 单击状态栏中的【正交模式】按钮，启用【正交】模式。
③ 绘制线段 AB、BC 等，如图 1-81 所示。命令行的操作提示如下：

```
命令：<正交开>                               //打开正交模式
命令：_line 指定第一点：                      //单击 A 点
指定下一点或 [放弃(U)]: 30                    //向右移动光标并输入线段 AB 的长度
指定下一点或 [放弃(U)]: 12                    //向上移动光标并输入线段 BC 的长度
指定下一点或 [闭合(C)/放弃(U)]: 48            //向右移动光标并输入线段 CD 的长度
指定下一点或 [闭合(C)/放弃(U)]: 50            //向下移动光标并输入线段 DE 的长度
指定下一点或 [闭合(C)/放弃(U)]: 35            //向左移动光标并输入线段 EF 的长度
指定下一点或 [闭合(C)/放弃(U)]: 6             //向上移动光标并输入线段 FG 的长度
指定下一点或 [闭合(C)/放弃(U)]: 43            //向左移动光标并输入线段 GH 的长度
指定下一点或 [闭合(C)/放弃(U)]: C             //使线框闭合
```

④ 绘制线段 IJ、JK 等，如图 1-82 所示。

```
命令：_line 指定第一点：from                  //使用正交偏移捕捉
基点：int 于                                 //捕捉交点 E
<偏移>：@-10,7                               //输入 I 点的相对坐标
指定下一点或 [放弃(U)]: 24                    //向上移动光标并输入线段 IJ 的长度
指定下一点或 [放弃(U)]: 60                    //向左移动光标并输入线段 JK 的长度
指定下一点或 [闭合(C)/放弃(U)]: 16            //向下移动光标并输入线段 KL 的长度
指定下一点或 [闭合(C)/放弃(U)]: 44            //向右移动光标并输入线段 LM 的长度
指定下一点或 [闭合(C)/放弃(U)]: 8             //向下移动光标并输入线段 MN 的长度
指定下一点或 [闭合(C)/放弃(U)]: C             //使线框闭合
```

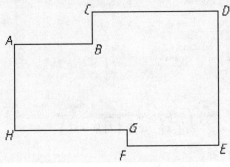

图 1-81 绘制线段 AB、BC 等

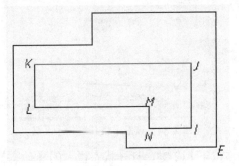

图 1-82 绘制线段 IJ、JK 等

1.6 拓展训练

本节我们以几个作图练习来熟悉 AutoCAD 软件的基本作图及辅助作图的操作流程，为后续的学习打下坚实基础。

1.6.1 训练一：利用极轴追踪绘制零件视图

本例通过绘制如图 1-83 所示的简单零件的二视图，主要对点的捕捉、追踪以及视图调整等功能进行综合练习和巩固。

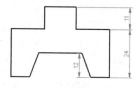

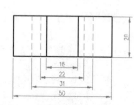

操作步骤

① 单击【新建】按钮，新建空白文件。

② 在菜单栏中执行【视图】|【缩放】|【中心点】命令，将当前视图高度调整为 150。命令行的操作提示如下：

图 1-83　简单零件的二视图

```
命令:_zoom
指定窗口的角点,输入比例因子(nX 或 nXP),或者[全部(A)/中心(C)/动态(D)/范围(E)/上一个(P)/比例(S)/窗口(W)/对象(O)]<实时>:_c        //输入C或者选择C选项
指定中心点:                                //在绘图区拾取一点作为新视图中心点
输入比例或高度<210.0777>:150              //按Enter键,输入新视图的高度
```

③ 执行菜单栏中的【工具】|【绘图设置】命令，打开【草图设置】对话框，然后分别设置【极轴追踪】和【对象捕捉】选项卡参数，如图 1-84 和图 1-85 所示。

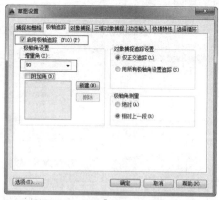

图 1-84　设置【极轴追踪】参数

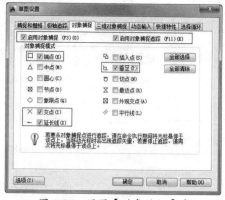

图 1-85　设置【对象捕捉】参数

④ 按下 F12 键，打开状态栏上的【动态输入】功能。

⑤ 单击【绘图】面板中的【直线】按钮，激活【直线】命令，使用点的精确输入功能绘制主视图外轮廓线。命令行的操作提示如下：

```
命令：_line
指定第一点:                              //在绘图区单击，拾取一点作为起点
指定下一点或 [放弃(U)]: @0,24            //按 Enter 键，输入下一点坐标
指定下一点或 [放弃(U)]: @17<0            //按 Enter 键，输入下一点坐标
指定下一点或 [闭合(C)/放弃(U)]: @11<90   //按 Enter 键，输入下一点坐标
指定下一点或 [闭合(C)/放弃(U)]: @16<0    //按 Enter 键，输入下一点坐标
指定下一点或 [闭合(C)/放弃(U)]: @11<-90  //按 Enter 键，输入下一点坐标
指定下一点或 [闭合(C)/放弃(U)]: @17,0    //按 Enter 键，输入下一点坐标
指定下一点或 [闭合(C)/放弃(U)]: @0,-24   //按 Enter 键，输入下一点坐标
指定下一点或 [闭合(C)/放弃(U)]: @-9.5,0  //按 Enter 键，输入下一点坐标
指定下一点或 [闭合(C)/放弃(U)]: @-4.5,12 //按 Enter 键，输入下一点坐标
指定下一点或 [闭合(C)/放弃(U)]: @-22,0   //按 Enter 键，输入下一点坐标
指定下一点或 [闭合(C)/放弃(U)]: @-4.5,-12 //按 Enter 键，输入下一点坐标
指定下一点或 [闭合(C)/放弃(U)]: C        //按 Enter 键，结果如图 1-86 所示
```

图 1-86 绘制结果

⑥ 重复执行【直线】命令，配合端点捕捉、延伸捕捉和极轴追踪功能，绘制俯视图的外轮廓线。命令行的操作提示如下：

```
命令：_line
指定第一点:                    //以如图 1-87 所示的端点作为延伸点，向下引出如图 1-88 所示的延伸虚线，
                               然后在适当位置拾取一点，定位起点
```

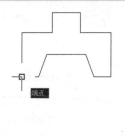

图 1-87 定位延伸点

图 1-88 引出延伸虚线

```
指定下一点或 [放弃(U)]:       //水平向右移动光标，引出水平的极轴追踪虚线，如图 1-89 所示，
                              然后输入 50，按 Enter 键
指定下一点或 [放弃(U)]:       //垂直向下移动光标，引出如图 1-90 所示的极轴虚线，输入 20，按 Enter 键
```

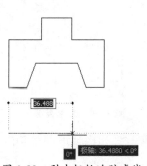

图 1-89 引出极轴追踪虚线

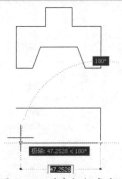

图 1-90 引出极轴虚线

```
指定下一点或 [闭合(C)/放弃(U)]：     //向左移动光标，引出如图 1-91 所示水平的极轴追踪虚线，
                                        然后输入 50，按 Enter 键
指定下一点或 [闭合(C)/放弃(U)]：c     //按 Enter 键，闭合图形，结果如图 1-92 所示
```

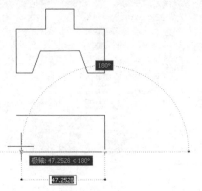

图 1-91　引出极轴追踪虚线　　　　　图 1-92　绘制结果

⑦ 重复执行【直线】命令，配合端点捕捉、交点捕捉、垂足捕捉和对象捕捉追踪功能，绘制内部的垂直轮廓线。命令行的操作提示如下：

```
命令：_line
指定第一点：                       //引出如图 1-93 所示的对象追踪虚线，捕捉追踪虚线与水平轮廓线的交点，
                                    如图 1-94 所示
```

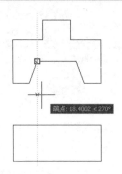 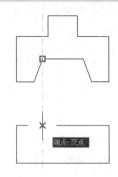

图 1-93　引出对象追踪虚线　　　　　图 1-94　捕捉交点

```
指定下一点或 [放弃(U)]：           //向下移动光标，捕捉如图 1-95 所示的垂足点
指定下一点或 [放弃(U)]：           //按 Enter 键，结束命令，结果如图 1-96 所示
```

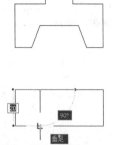 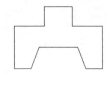

图 1-95　捕捉垂足点　　　　　　　　图 1-96　绘制结果

⑧ 再次执行【直线】命令，配合端点、交点、对象追踪和极轴追踪等功能，绘制右侧的垂直轮廓线。命令行的操作提示如下：

```
命令：_line
指定第一点：          //引出如图1-97所示的对象追踪虚线，捕捉追踪虚线与水平轮廓线的交点，
                     如图1-98所示，定位起点
```

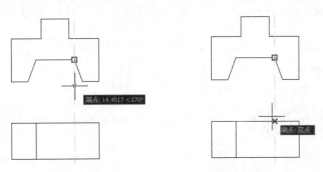

图1-97 引出对象追踪虚线　　　　图1-98 捕捉交点

```
指定下一点或 [放弃(U)]：  //向下引出图1-99所示的极轴追踪虚线，捕捉追踪虚线与下侧边的交点，
                         如图1-100所示
指定下一点或 [放弃(U)]：  //按Enter键，结束命令，绘制结果如图1-101所示
```

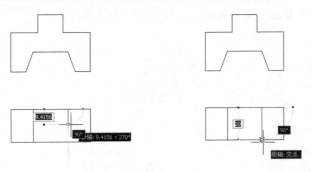

图1-99 引出极轴追踪虚线　　　　图1-100 捕捉交点

⑨ 参照操作步骤7~8，使用【直线】命令配合捕捉追踪功能，根据二视图的对应关系，绘制内部垂直轮廓线，结果如图1-102所示。

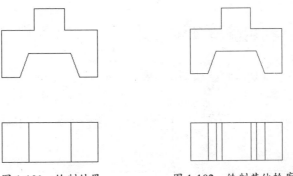

图1-101 绘制结果　　　　图1-102 绘制其他轮廓线

⑩ 执行菜单栏中的【格式】|【线型】命令，打开【线型管理器】对话框，单击【加载】按钮，从弹出的【加载或重载线型】对话框中加载名为【HIDDEN2】的线型，如图1-103所示。

⑪ 单击【确定】按钮，进行加载此线型，加载结果如图1-104所示。

图 1-103　加载线型　　　　　　　　图 1-104　加载结果

⑫ 在无命令执行的前提下选择如图 1-105 所示的垂直轮廓线，然后单击【特性】面板中的【颜色控制】列表，在展开的列表中选择【洋红】，更改对象的颜色特性。

⑬ 单击【特性】面板中的【线型控制】列表，在展开的下拉列表中选择【HIDDEN2】，更改对象的线型，如图 1-106 所示。

⑭ 按 Esc 键，取消对象的夹点显示，结果如图 1-107 所示。

图 1-105　选择对象　　　　图 1-106　更改对象线型　　　　图 1-107　取消夹点显示

⑮ 最后执行菜单栏中的【文件】|【保存】命令，保存图形。

1.6.2　训练二：利用栅格绘制茶几

本节将利用栅格捕捉功能绘制如图 1-108 所示的茶几平面图。

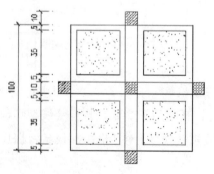

图 1-108　茶几平面图

操作步骤

① 新建文件。

② 在菜单栏中执行【工具】|【绘图设置】命令,随后在打开的【草图设置】对话框中,设置【捕捉和栅格】选项卡中的参数,如图 1-109 所示。最后单击【确定】按钮,关闭【草图设置】对话框。

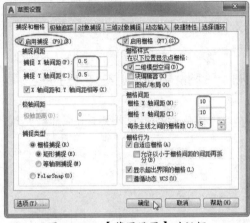

图 1-109　【草图设置】对话框

③ 单击【矩形】按钮 ,绘制矩形框。

```
命令:_rectang
指定第一个角点或 [倒角(C)/标高(E)/圆角(F)/厚度(T)/宽度(W)]:
//捕捉一个栅格,确定矩形第一个角点
指定另一个角点或 [面积(A)/尺寸(D)/旋转(R)]: @100,100
//输入另一个角点的相对坐标
```

④ 重复【矩形】命令,绘制内部的矩形,结果如图 1-110 所示。

```
命令:_rectang
指定第一个角点或 [倒角(C)/标高(E)/圆角(F)/厚度(T)/宽度(W)]:
//移动光标到 A 点右 0.5 下 0.5 的位置单击,确定角点 B
指定另一个角点或 [面积(A)/尺寸(D)/旋转(R)]:
//移动光标到 B 点右 3.5 下 3.5 的位置单击,确定角点 C
```

⑤ 按此方法绘制其他几个矩形,如图 1-111 所示。

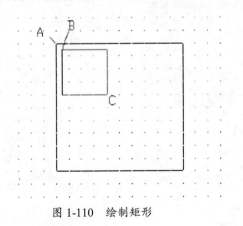

图 1-110　绘制矩形

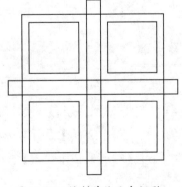

图 1-111　绘制其他几个矩形

⑥ 利用【图案填充】命令，选择【ANSI31】图案进行填充，结果如图1-112所示。

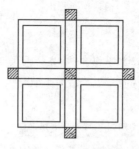

图1-112 填充结果

1.6.3 训练三：利用对象捕捉绘制大理石拼花

端点捕捉可以捕捉图元最近的端点或最近角点，中点捕捉是捕捉图元的中点，如图1-113所示。

图1-113 端点捕捉与中点捕捉示意图

本节将利用端点捕捉和中点捕捉功能，绘制如图1-114所示的大理石拼花图案。

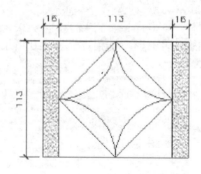

图1-114 大理石拼花图案

操作步骤

① 新建文件。

② 在屏幕下方状态栏上单击【对象捕捉】按钮使其凹下，并在此按钮上单击鼠标右键，在弹出的快捷菜单中选择【设置】选项，在弹出的【草图设置】对话框的【对象捕捉】选项卡中勾选【端点】和【中点】选项，如图1-115所示。

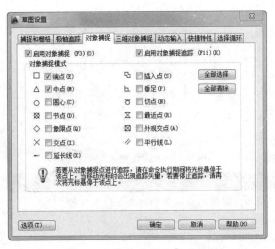

图 1-115 【草图设置】对话框

③ 单击【确定】按钮,关闭【草图设置】对话框。
④ 单击【绘图】面板中的【矩形】按钮 ▢,绘制矩形。

```
命令: _rectang
指定第一个角点或 [倒角(C)/标高(E)/圆角(F)/厚度(T)/宽度(W)]:
                                       //在屏幕适当位置单击,确定矩形的第一个角点
指定另一个角点或 [面积(A)/尺寸(D)/旋转(R)]: @16,113     //输入另一个角点的相对坐标
```

⑤ 单击【直线】按钮 ╱,绘制线段 AB,结果如图 1-116 所示。

```
命令: _line 指定第一点:              //捕捉 A 点作为线段第一点
指定下一点或 [放弃(U)]: @113,0       //输入端点 B 的相对坐标
```

⑥ 单击【矩形】按钮 ▢,捕捉 B 点,绘制与上一个矩形相同尺寸的矩形 C,如图 1-117 所示。

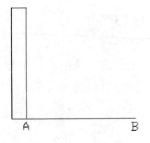
图 1-116 绘制线段 AB

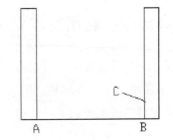
图 1-117 绘制矩形

⑦ 单击【直线】按钮 ╱,捕捉端点 D 和 E,绘制线段,如图 1-118 所示。
⑧ 捕捉中点 F、G、H、I,绘制线框,如图 1-119 所示。
⑨ 单击【圆弧】按钮 ╭,绘制圆弧,结果如图 1-120 所示。

```
命令: _arc 指定圆弧的起点或[圆心(C)]:        //捕捉中点 G,作为起点
指定圆弧的第二个点或 [圆心(C)/端点(E)]: C    //调用【圆心(C)】选项
指定圆弧的圆心:                             //捕捉端点 D
指定圆弧的端点或 [角度(A)/弦长(L)]:          //捕捉中点 F
```

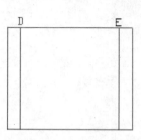
图 1-118　绘制线段

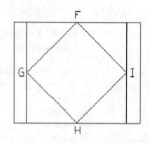
图 1-119　捕捉中点绘制线框

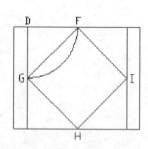
图 1-120　绘制圆弧

> 提醒一下：
> 直线和矩形的画法相对简单，圆弧的画法归纳起来有以下两种。
> (1) 直接利用画弧命令绘制。
> (2) 利用圆角命令绘制相切圆弧。

⑩　使用相同的方法绘制其他圆弧，如图 1-121 所示。

⑪　利用【图案填充】命令，选择【AR-SAND】图案进行填充，结果如图 1-122 所示。

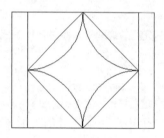
图 1-121　绘制其他圆弧

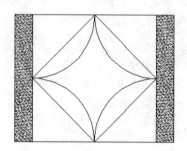
图 1-122　图案填充

1.6.4　训练四：利用交点和平行捕捉绘制防护栏

交点捕捉是捕捉图元上的交点。启动平行捕捉后，如果创建对象的路径平行于已知线段，AutoCAD 将显示一条对齐路径，用于创建平行对象，如图 1-123 所示。

本节将利用交点捕捉和平行捕捉功能，绘制如图 1-124 所示的防护栏立面图。

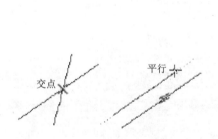
图 1-123　交点捕捉与平行捕捉示意图

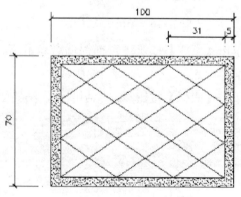
图 1-124　防护栏立面图

操作步骤

① 设置对象捕捉方式为交点、平行捕捉。
② 单击【矩形】按钮 ，绘制长 100、宽 70 的矩形。
③ 单击【偏移】按钮 ，按命令行提示进行操作：

```
命令：_offset
当前设置：删除源=否 图层=源 OFFSETGAPTYPE=0
指定偏移距离或 [通过(T)/删除(E)/图层(L)] <通过>：5        //输入偏移距离
选择要偏移的对象，或 [退出(E)/放弃(U)] <退出>：           //选择矩形
指定要偏移的那一侧上的点，或 [退出(E)/多个(M)/放弃(U)] <退出>：  //在矩形内部单击
```

④ 结果如图 1-125 所示。
⑤ 单击【直线】按钮 ，捕捉交点，绘制线段 AB，如图 1-126 所示。

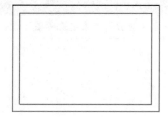
图 1-125　绘制矩形

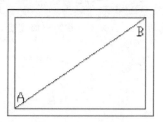
图 1-126　绘制线段

⑥ 重复直线命令，捕捉斜线绘制平行线，结果如图 1-127 所示。

```
命令：_line 指定第一点：_tt 指定临时对象追踪点：     //单击临时追踪点按钮，捕捉 B 点
指定第一点：31                                   //输入追踪距离，确定线段的第一点
指定下一点或[放弃(U)]：                          //捕捉平行延长线与矩形边的交点
```

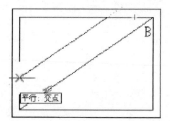
图 1-127　平行捕捉绘制线段

⑦ 利用类似方法绘制其余线段，结果如图 1-128 所示。
⑧ 捕捉交点，绘制线段 CD，如图 1-129 所示。

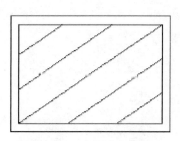
图 1-128　绘制其余线段

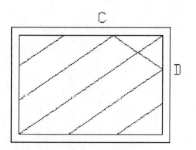
图 1-129　捕捉交点绘制线段

⑨ 利用相同方法捕捉交点，绘制其余线段，如图 1-130 所示。

⑩ 利用【填充图案】命令，选择【AR-SAND】图案进行填充，结果如图 1-131 所示。

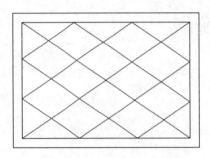
图 1-130　绘制其余线段

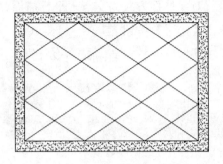
图 1-131　图案填充

> 提醒一下：
> 在选择填充时，先单击【边界】中的【选择】按钮，选择矩形的两条边来对图案进行填充。

CHAPTER 2

基本作图方法

本章导读

本章介绍用 AutoCAD 2020 常用的线型工具命令来绘制二维平面图形，本章系统地分类介绍各种点、线的绘制和编辑。比如点样式的设置，点和等分点的绘制，直线、射线、构造线的绘制，矩形与正多边形的绘制，圆、圆弧、椭圆和椭圆弧的绘制等。

学习要点

- ☑ 基本线性作图技巧
- ☑ 其他线性作图技巧

扫码看视频

2.1 基本线性作图技巧

本节我们用 AutoCAD 2020 中常用的线型工具来绘制二维平面图形。

2.1.1 绘制点

1. 绘制单点

【单点】命令一次可以绘制一个点对象。当绘制完单个点后,系统自动结束此命令,所绘制的点以一个小点的方式进行显示,如图 2-1 所示。

2. 绘制多点

【多点】命令可以连续地绘制多个点对象,直到按下 Esc 键结束命令为止,如图 2-2 所示。

图 2-1 绘制单点　　　　　　　　　图 2-2 绘制多点

3. 绘制定数等分点

【定数等分】命令用于按照指定的等分数目进行等分对象,对象被等分的结果仅仅是在等分点处放置了点的标记符号(或者是内部图块),而源对象并没有被等分为多个对象。

上机实践——利用【定数等分】等分直线

下面通过将一条水平直线段等分 5 份,学习【定数等分】命令的使用方法和操作技巧,具体操作如下:

① 首先绘制一条长度 200 的水平线段,如图 2-3 所示。

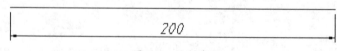

图 2-3 绘制线段

② 执行【格式】|【点样式】命令,打开【点样式】对话框,将当前点样式设置为【⊕】。

③ 执行【绘图】|【点】|【定数等分】命令,然后根据 AutoCAD 命令行提示进行定数等分线段。命令行的操作提示如下:

命令: _divide
选择要定数等分的对象:　　　　　　　//选择需要等分的线段

```
输入线段数目或[块(B)]: ✓
需要 2 和 32767 之间的整数，或选项关键字。
输入线段数目或[块(B)]: 5✓                    //输入需要等分的份数
```

④ 等分结果如图 2-4 所示。

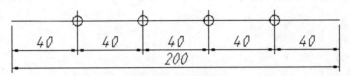

图 2-4 等分结果

> 提醒一下：
> 【块(B)】选项用于在对象等分点处放置内部图块，以代替点标记。在执行此选项时，必须确保当前文件中存在所需使用的内部图块。

4. 绘制定距等分点

【定距等分】命令是按照指定的等分距离进行等分对象。对象被等分的结果仅仅是在等分点处放置了点的标记符号（或者是内部图块），而源对象并没有被等分为多个对象。

上机实践——利用【定距等分】等分直线

下面通过将一条线段每隔 45 个单位的距离放置点标记，学习【定距等分】命令的使用方法和技巧。操作步骤如下：

① 首先绘制长度为 200 的水平线段。
② 执行【格式】|【点样式】命令，打开【点样式】对话框，设置点的显示样式为【⊕】。
③ 执行【绘图】|【点】|【定距等分】命令，对线段进行定距等分。命令行的操作提示如下：

```
命令: _measure
选择要定距等分的对象:                         //选择需要等分的线段
指定线段长度或[块(B)]: ✓
需要数值距离、两点或选项关键字。
指定线段长度或[块(B)]: 45                     //设置等分长度
```

④ 定距等分的结果如图 2-5 所示。

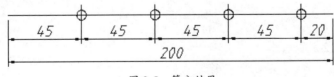

图 2-5 等分结果

2.1.2 绘制直线

直线是各种绘图中最常用、最简单的一类图形对象，只要指定了起点和终点即可绘制一条直线。

上机实践——利用【直线】命令绘制图形

① 单击【绘图】面板中的【直线】按钮，然后按以下命令行提示进行操作。

```
指定第一点：                        //输入100,0，按Enter键确定A点
指定下一点或[放弃(U)]：             //输入@0,-40，按Enter键确定B点
指定下一点或[放弃(U)]：             //输入@-90,0，按Enter键确定C点
指定下一点或[闭合(C)/放弃(U)]：     //输入@0,20，按Enter键确定D点
指定下一点或[闭合(C)/放弃(U)]：     //输入@50,0，按Enter键确定E点
指定下一点或[闭合(C)/放弃(U)]：     //输入@0,40，按Enter键确定F点
指定下一点或[闭合(C)/放弃(U)]：     //输入C，按Enter键自动闭合并结束命令
```

② 绘制结果如图2-6所示。

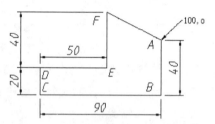

图2-6 利用【直线】命令绘制图形

> **提醒一下：**
> 在 AutoCAD 中，可以用二维坐标(x,y)或三维坐标(x,y,z)来指定端点，也可以混合使用二维坐标和三维坐标。如果输入二维坐标，AutoCAD将会用当前的高度作为Z轴坐标值，默认值为0。

2.1.3 绘制射线

【射线】命令可以创建开始于一点且另一端无限延伸的线。

上机实践——绘制射线

① 单击【绘图】面板中的【射线】按钮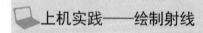。

② 命令行的操作提示如下：

```
命令：RAY                //执行命令
指定起点：0,0            //确定A点
指定通过点：@30,0        //输入相对坐标
```

③ 绘制结果如图2-7所示。

图2-7 绘制结果

> **提醒一下：**
> 在AutoCAD中，射线主要用于绘制辅助线。

2.1.4 绘制构造线

构造线为两端可以无限延伸的直线,没有起点和终点,可以放置在三维空间的任何地方,主要用于绘制辅助线。

上机实践——绘制构造线

① 执行【绘图】|【构造线】命令。
② 命令行的操作提示如下:

```
命令:XL                                              //输入命令
XLINE
指定点或[水平(H)/垂直(V)/角度(A)/二等分(B)/偏移(O)]:0,0   //输入构造线放置点
指定通过点: @30,0                                     //输入通过点相对坐标
指定通过点: @30,20                                    //输入第2条构造线的通过点相对坐标
```

③ 绘制结果如图 2-8 所示。

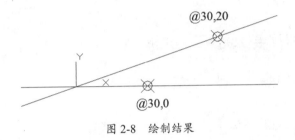

图 2-8　绘制结果

2.1.5 绘制矩形

矩形是由四条直线元素组合而成的闭合对象,AutoCAD 将其看作一条闭合的多段线。在 AutoCAD 中,可以使用【矩形】命令绘制出倒角矩形、圆角矩形、有厚度的矩形等多种矩形,如图 2-9 所示。

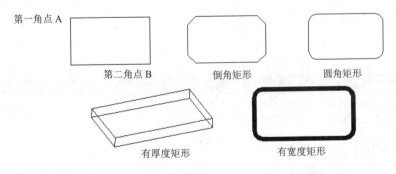

图 2-9　绘制的矩形

> **提醒一下:**
> 由于矩形被看作一条多线段,当用户编辑某一条边时,需要事先使用【分解】命令对其进行分解。

2.1.6 绘制正多边形

在 AutoCAD 中，可以使用【多边形】命令绘制边数为 3~1 024 的正多边形。

绘制正多边形的方式有两种，分别是根据边长绘制和根据半径绘制。

上机实践——根据边长绘制正多边形

工程图中，常会根据一条边的两个端点绘制多边形，这样不仅确定了正多边形的边长，也指定了正多边形的位置。绘制正多边形的操作步骤如下：

① 执行【绘图】|【多边形】命令，激活【多边形】命令。

② 命令行的操作提示如下：

```
命令：_polygon 输入侧面数 <8>：✓              //指定正多边形的边数
指定正多边形的中心点或 [边(E)]：e ✓            //通过一条边的两个端点绘制
指定边的第一个端点：指定边的第二个端点：100✓   //指定边长
```

③ 绘制结果如图 2-10 所示。

上机实践——根据半径绘制正多边形

① 执行【绘图】|【多边形】命令，激活【多边形】命令。

② 命令行的操作提示如下：

```
命令：_polygon 输入侧面数 <5>：✓                     //指定边数
指定正多边形的中心点或 [边(E)]：                      //在视图中单击鼠标指定中心点
输入选项 [内接于圆(I)|外切于圆(C)] <C>：I✓           //激活【内接于圆】选项
指定圆的半径：100✓                                   //设定半径参数
```

③ 绘制结果如图 2-11 所示。

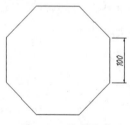
图 2-10 绘制结果

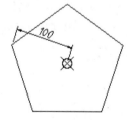
图 2-11 绘制结果

> 提醒一下：
> 也可以不输入半径尺寸，在视图中移动十字光标并单击，创建正多边形。

2.1.7 绘制圆

要创建圆，可以指定圆心、半径、直径、圆周上的点和其他对象上点的不同组合。圆的绘制方法有很多种，常见的有【圆心、半径】、【圆心、直径】、【两点】、【三点】、【相切、相切、半径】和【相切、相切、相切】,如图2-12所示。

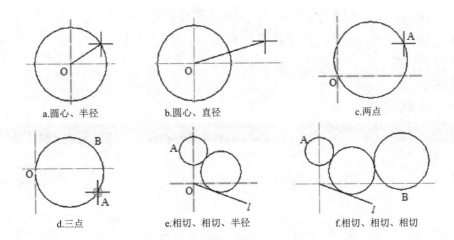

a.圆心、半径　　　b.圆心、直径　　　c.两点

d.三点　　　e.相切、相切、半径　　　f.相切、相切、相切

图2-12　绘制圆的六种方式

圆是一种闭合的基本图形元素,AutoCAD 2020共为用户提供了六种画圆方式,如图2-13所示。

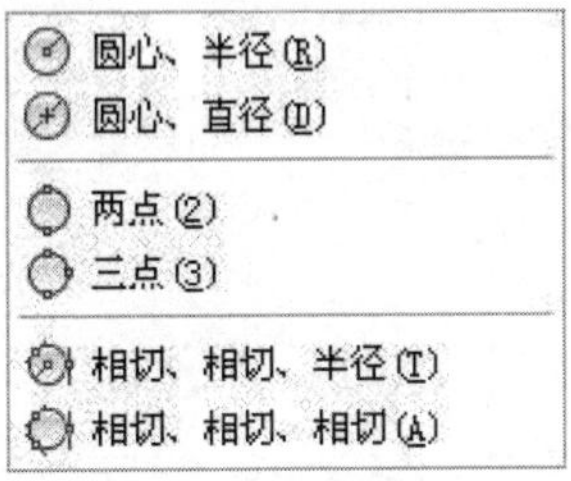

绘制圆主要有两种方式,分别是通过指定半径和直径画圆,以及通过两点或三点精确定位画圆。

1. 半径画圆和直径画圆

半径画圆和直径画圆是两种基本的画圆方式,默认方式为半径画圆。当用户定位出圆的圆心之后,只需输入圆的半径或直径,即可精确画圆。

图2-13　六种画圆方式

上机实践——用半径或直径画圆

① 单击【绘图】面板中的【圆】按钮，激活【圆】命令。
② 根据AutoCAD命令行的提示精确画圆。命令行的操作提示如下:

```
命令: _circle                                            //执行命令
指定圆的圆心或 [三点(3P)|两点(2P)|切点、切点、半径(T)]:    //指定圆心位置
指定圆的半径或 [直径(D)] <100.0000>:                      //设置半径值为100
```

③ 结果绘制了一个半径为100的圆,如图2-14所示。

提醒一下:
激活【直径】选项,即可进行直径方式画圆。

2. 两点和三点画圆

两点画圆和三点画圆指的是定位出两点或三点,即可精确画圆。所给定的两点被看作圆直径的两个端点,所给定的三点都位于圆周上。

上机实践——用两点和三点画圆

① 执行【绘图】|【圆】|【两点】命令,激活【两点】画圆命令。

② 根据 AutoCAD 命令行的提示进行两点画圆。命令行的操作提示如下:

```
命令:_circle
指定圆的圆心或 [三点(3P)|两点(2P)|切点、切点、半径(T)]:_2p 指定圆直径的第一个端点:
指定圆直径的第二个端点:
```

③ 绘制结果如图 2-15 所示。

> 提醒一下:
> 另外,用户也可以通过输入两点的坐标值,或使用对象的捕捉追踪功能定位两点,以精确画圆。

④ 重复【圆】命令,然后根据 AutoCAD 命令行的提示进行三点画圆。命令行的操作提示如下:

```
命令:_circle
指定圆的圆心或 [三点(3P)|两点(2P)|切点、切点、半径(T)]: 3p
指定圆上的第一个点:                    //拾取点 1
指定圆上的第二个点:                    //拾取点 2
指定圆上的第三个点:                    //拾取点 3
```

⑤ 绘制结果如图 2-16 所示。

图 2-14 【半径画圆】示例

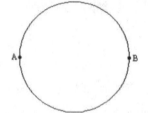
图 2-15 【两点画圆】示例

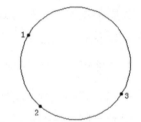
图 2-16 【三点画圆】示例

2.1.8 绘制圆弧

在 AutoCAD 2020 中,创建圆弧的方式有很多种,包括【三点】、【起点、圆心、端点】、【起点、圆心、角度】、【起点、圆心、长度】、【起点、端点、角度】、【起点、端点、方向】、【起点、端点、半径】、【圆心、起点、端点】、【圆心、起点、角度】和【圆心、起点、长度】、【连续】等。除第一种方式外,其他方式都是从起点到端点逆时针绘制圆弧。

1. 三点

通过指定圆弧的起点、第二点和端点来绘制圆弧。

命令行的操作提示如下:

```
命令:_arc 指定圆弧的起点或 [圆心(C)]:         //指定圆弧起点或输入选项
指定圆弧的第二个点或 [圆心(C)|端点(E)]:        //指定圆弧上的第二点或输入选项
指定圆弧的端点:                              //指定圆弧上的第三点
```

以【三点】方式来绘制圆弧,可通过在图形窗口中捕捉点来确定,也可在命令行中输入精确点坐标值来指定。例如,通过捕捉点来确定圆弧的三点来绘制圆弧,如图 2-17 所示。

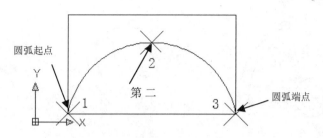

图 2-17 通过指定三点绘制圆弧

2. 起点、圆心、端点

通过指定起点和端点，以及圆弧所在圆的圆心来绘制圆弧。以【起点、圆心、端点】方式绘制圆弧，可以按【起点、圆心、端点】的方式来绘制，如图 2-18 所示。还可以按【起点、端点、圆心】的方式来绘制，如图 2-19 所示。

图 2-18 以【起点、圆心、端点】方式绘制圆弧　　　图 2-19 以【起点、端点、圆心】方式绘制圆弧

3. 起点、圆心、角度

通过指定起点、圆弧所在圆的圆心、圆弧包含的角度来绘制圆弧。例如，通过捕捉点来定义起点和圆心，并已知包含角度（135°）来绘制一段圆弧。命令行的操作提示如下：

```
命令：_arc 指定圆弧的起点或 [圆心(C)]：              //指定圆弧起点或选择选项
指定圆弧的第二个点或 [圆心(C)|端点(E)]：_c 指定圆弧的圆心：   //指定圆弧圆心
指定圆弧的端点或 [角度(A)|弦长(L)]：_a 指定包含角：135↙   //输入包含角
```

绘制的圆弧如图 2-20 所示。

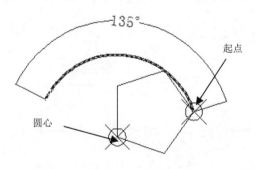

图 2-20 以【起点、圆心、角度】方式绘制圆弧

如果存在可以捕捉到的起点和圆心点，并且已知包含角度，在命令行中选择【起点】|【圆心】|【角度】或【圆心】|【起点】|【角度】选项。如果已知两个端点但不能捕捉到圆心，可以选择【起点】|【端点】|【角度】选项，如图 2-21 所示。

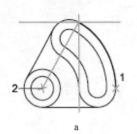 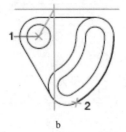 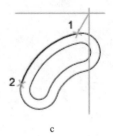

a　　　　　　　　　　b　　　　　　　　　　c

图 2-21　选择不同选项来创建圆弧

4. 起点、圆心、长度

通过指定起点、圆弧所在圆的圆心、弧的弦长来绘制圆弧。如果存在可以捕捉到的起点和圆心，并且已知弦长，可使用【起点、圆心、长度】或【圆心、起点、长度】选项，如图 2-22 所示。

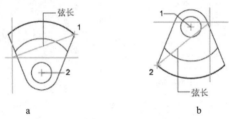

a　　　　　　　　　　　　　　b

图 2-22　选择不同选项绘制圆弧

5. 起点、端点、角度

【起点、端点、角度】方式是通过指定起点、端点，以及圆心角来绘制圆弧。

例如，在图形窗口中指定了圆弧的起点和端点，并输入圆心角为 45°。命令行的操作提示如下：

```
命令：_arc 指定圆弧的起点或 [圆心(C)]：              //指定圆弧起点或选项
指定圆弧的第二个点或 [圆心(C)|端点(E)]：_e            //设置确定圆弧的点选项
指定圆弧的端点：                                    //指定圆弧端点
指定圆弧的圆心或 [角度(A)|方向(D)|半径(R)]：_a 指定包含角：45↙    //输入包含角
```

绘制的圆弧如图 2-23 所示。

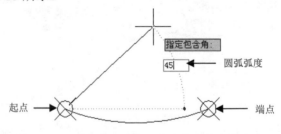

图 2-23　以【起点、端点、角度】方式绘制圆弧

6. 起点、端点、方向

通过指定起点、端点，以及圆弧切线的方向夹角（即切线与 X 轴的夹角）来绘制圆弧。

例如，在图形窗口中指定了圆弧的起点和端点，并指定切线方向夹角为 45°。命令行的操作提示如下：

```
命令：_arc 指定圆弧的起点或 [圆心(C)]：                    //指定圆弧起点
指定圆弧的第二个点或 [圆心(C)|端点(E)]：_e                //设置确定圆弧的点选项
指定圆弧的端点：                                          //指定圆弧端点
指定圆弧的圆心或 [角度(A)|方向(D)|半径(R)]：_d 指定圆弧的起点切向：45✓  //输入斜向夹角
```

绘制的圆弧如图 2-24 所示。

7. 起点、端点、半径

通过指定起点、端点，以及圆弧所在圆的半径来绘制圆弧。例如，在图形窗口中指定了圆弧的起点和端点，且圆弧半径为 30。命令行的操作提示如下：

```
命令：_arc 指定圆弧的起点或 [圆心(C)]：                    //指定圆弧起点
指定圆弧的第二个点或 [圆心(C)|端点(E)]：_e                //设置确定圆弧的点选项
指定圆弧的端点：                                          //指定圆弧端点
指定圆弧的圆心或 [角度(A)|方向(D)|半径(R)]：_r 指定圆弧的半径：30✓
                                                         //输入圆弧半径值，并按Enter键
```

绘制的圆弧如图 2-25 所示。

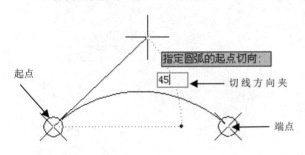
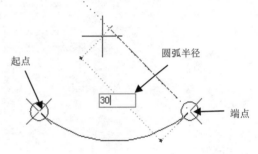

图 2-24　以【起点、端点、方向】方式绘制圆弧　　图 2-25　以【起点、端点、半径】方式绘制圆弧

8. 圆心、起点、端点

通过指定圆弧所在圆的圆心、圆弧起点和端点来绘制圆弧。例如，在图形窗口中依次指定圆弧的圆心、起点和端点。命令行的操作提示如下：

```
命令：_arc 指定圆弧的起点或 [圆心(C)]：_c 指定圆弧的圆心：  //指定圆弧圆心
指定圆弧的起点：                                          //指定圆弧起点
指定圆弧的端点或 [角度(A)|弦长(L)]：                      //指定圆弧端点
```

绘制的圆弧如图 2-26 所示。

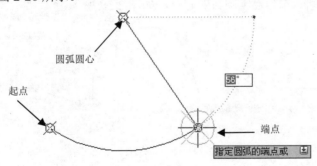

图 2-26　以【圆心、起点、端点】方式绘制圆弧

9. 圆心、起点、角度

通过指定圆弧所在圆的圆心、圆弧起点，以及圆心角来绘制圆弧。例如，在图形窗口中

依次指定圆弧的圆心、起点，输入圆心角为45°。命令行的操作提示如下：

命令：_arc 指定圆弧的起点或 [圆心(C)]：_c 指定圆弧的圆心：　　//指定圆弧的圆心
指定圆弧的起点：　　//指定圆弧的起点
指定圆弧的端点或 [角度(A)|弦长(L)]：_a 指定包含角：45↙　　//输入包含角值

绘制的圆弧如图 2-27 所示。

10. 圆心、起点、长度

通过指定圆弧所在圆的圆心、圆弧起点和弦长来绘制圆弧。例如，在图形窗口中依次指定圆弧的圆心、起点，且弦长为 15。命令行的操作提示如下：

命令：_arc 指定圆弧的起点或 [圆心(C)]：_c 指定圆弧的圆心：　　//指定圆弧的圆心
指定圆弧的起点：　　//指定圆弧的起点
指定圆弧的端点或 [角度(A)|弦长(L)]：_l 指定弦长：15↙　　//输入弦长值

绘制的圆弧如图 2-28 所示。

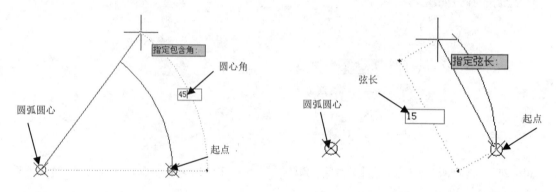

图 2-27　以【圆心、起点、角度】方式绘制圆弧　　图 2-28　以【圆心、起点、长度】方式绘制圆弧

11. 连续

创建一个圆弧，使其与上一步骤绘制的直线或圆弧相切连续。

相切连续的圆弧起点就是先前直线或圆弧的端点，相切连续的圆弧端点可捕捉点或在命令行中输入精确坐标值来确定。当绘制一条直线或圆弧后，执行【连续】命令，程序会自动捕捉直线或圆弧的端点作为连续圆弧的起点，如图 2-29 所示。

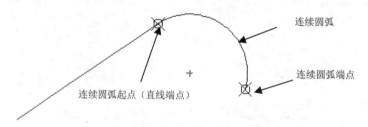

图 2-29　绘制相切连续圆弧

2.1.9　绘制椭圆

椭圆由定义其长度和宽度的两条轴来决定。较长的轴称为长轴，较短的轴称为短轴，如

图 2-30 所示。椭圆的绘制有三种方式:【圆心】、【轴、端点】和【圆弧】。利用这三种方式绘制的椭圆如图 2-31～图 2-33 所示。

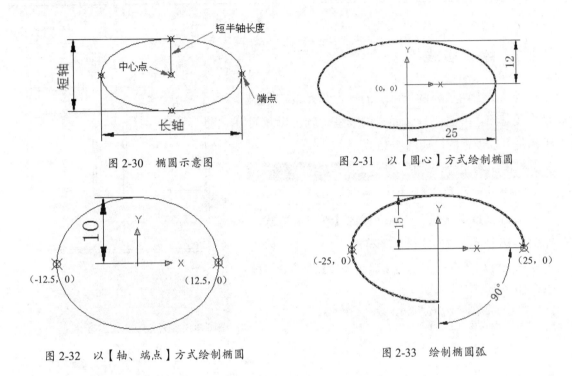

图 2-30　椭圆示意图

图 2-31　以【圆心】方式绘制椭圆

图 2-32　以【轴、端点】方式绘制椭圆

图 2-33　绘制椭圆弧

2.1.10　绘制圆环

【圆环】工具能创建实心的圆与环。要创建圆环,需指定它的内外直径和圆心。通过指定不同的圆心,可以继续创建具有相同直径的多个副本。要创建实体填充圆,须将内径值指定为 0。

圆环和实心圆的应用实例如图 2-34 所示。

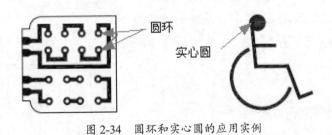

图 2-34　圆环和实心圆的应用实例

2.2 其他线性作图技巧

2.2.1 绘制多线

多线是由两条或两条以上的平行线元素构成的复合线对象，并且平行线元素的线型、颜色以及间距都是可以设置的，如图 2-35 所示。

> **技术要点：**
> 在默认设置下，所绘制的多线是由两条平行元素构成的。

AutoCAD 共提供了三种多线的【对正】方式，如图 2-36 所示。如果当前多线的对正方式不符合用户要求，可在命令行中单击【对正(J)】选项，系统出现如下提示：

```
指定起点或 [对正(J)/比例(S)/样式(ST)]：J
输入对正类型 [上(T)/无(Z)/下(B)] <上>：       //提示用户输入多线的对正方式
```

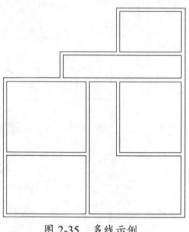

图 2-35 多线示例

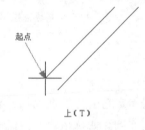

图 2-36 三种对正方式

🖥 上机实践——绘制建筑墙体

下面以墙体的绘制实例，来讲解多线绘制及多线编辑的步骤，以及绘制方法。如图 2-37 所示为绘制完成的建筑墙体。

① 新建一个文件。
② 执行 XL（构造线）命令绘制辅助线。绘制出一条水平构造线和一条垂直构造线，组成十字构造线，如图 2-38 所示。
③ 再执行 XL 命令，利用【偏移】选项将水平构造线分别向上偏移 3 000、6 500、7 800 和 9 800，绘制的水平构造线如图 2-39 所示。

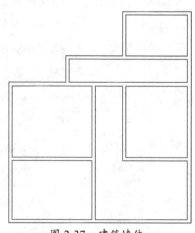

图 2-37 建筑墙体

```
命令: XL
XLINE 指定点或 [水平(H)/垂直(V)/角度(A)/二等分(B)/偏移(O)]: O
指定偏移距离或 [通过(T)] <通过>: 3000
选择直线对象:
指定向哪侧偏移:
选择直线对象:
命令:
XLINE 指定点或 [水平(H)/垂直(V)/角度(A)/二等分(B)/偏移(O)]: O
指定偏移距离或 [通过(T)] <2500.0000>: 6500
选择直线对象:
指定向哪侧偏移:
选择直线对象:
命令:
XLINE 指定点或 [水平(H)/垂直(V)/角度(A)/二等分(B)/偏移(O)]: O
指定偏移距离或 [通过(T)] <5000.0000>: 7800
选择直线对象:
指定向哪侧偏移:
选择直线对象:
命令:
XLINE 指定点或 [水平(H)/垂直(V)/角度(A)/二等分(B)/偏移(O)]: O
指定偏移距离或 [通过(T)] <3000.0000>: 9800
选择直线对象:
指定向哪侧偏移:
选择直线对象: *取消*
```

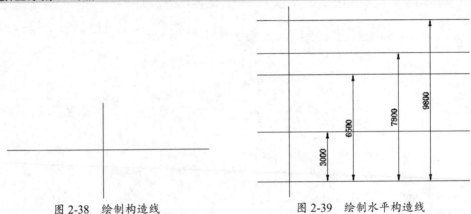

图 2-38 绘制构造线　　　　　　图 2-39 绘制水平构造线

④ 用同样的方法绘制垂直构造线，向右偏移依次是 3 900、1 800、2 100 和 4 500，结果如图 2-40 所示。

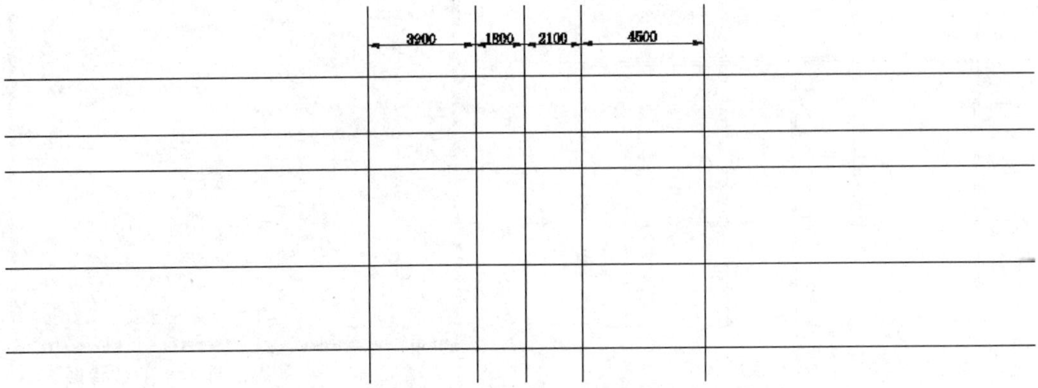

图 2-40 绘制偏移的构造线

> **技术要点：**
> 这里也可以执行 O（偏移）命令来得到偏移直线。

⑤ 执行 MLST（多线样式）命令，打开【多线样式】对话框，在该对话框中单击【新建】按钮，再打开【创建新的多线样式】对话框，在该对话框的【新样式名】文本框中输入【墙体线】，单击【继续】按钮，如图 2-41 所示。

⑥ 打开【新建多线样式：墙体线】对话框，进行如图 2-42 所示的设置。

图 2-41 新建多线样式

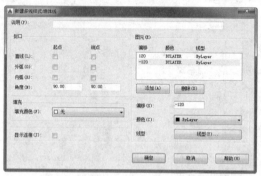
图 2-42 设置多线样式

⑦ 绘制多线墙体，结果如图 2-43 所示。命令行的操作提示如下：

```
命令：ML↙
当前设置：对正 = 上，比例 = 20.00，样式 = STANDARD
指定起点或 [对正(J)/比例(S)/样式(ST)]：S↙
输入多线比例 <20.00>：1↙
当前设置：对正 = 上，比例 = 1.00，样式 = STANDARD
指定起点或 [对正(J)/比例(S)/样式(ST)]：J↙
输入对正类型 [上(T)/无(Z)/下(B)] <上>：Z↙
当前设置：对正 = 无，比例 = 1.00，样式 = STANDARD
指定起点或 [对正(J)/比例(S)/样式(ST)]：（在绘制的辅助线交点上指定一点）
指定下一点：（在绘制的辅助线交点上指定下一点）
指定下一点或 [放弃(U)]：（在绘制的辅助线交点上指定下一点）
指定下一点或 [闭合(C)/放弃(U)]：（在绘制的辅助线交点上指定下一点）
指定下一点或 [闭合(C)/放弃(U)]：C↙↙
```

⑧ 执行 MLED 命令打开【多线编辑工具】对话框，如图 2-44 所示。

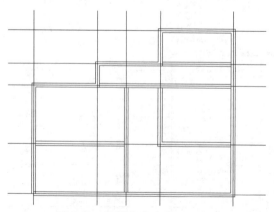
图 2-43 绘制多线墙体

图 2-44 【多线编辑工具】对话框

⑨ 选择其中的【T形打开】和【角点结合】选项,对绘制的墙体多线进行编辑,结果如图 2-45 所示。

技术要点:
如果编辑多线时不能达到理想效果,可以将多线分解,然后采用夹点模式进行编辑。

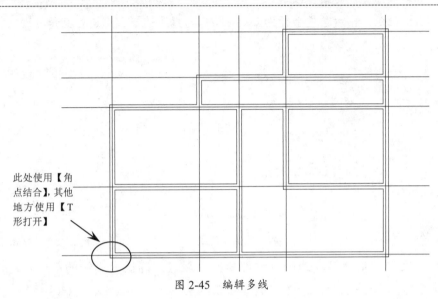

图 2-45　编辑多线

⑩ 至此,建筑墙体绘制完成,最后将结果保存。

2.2.2 绘制多段线

多段线是作为单个对象创建的相互连接的线段序列。它可以是直线段、弧线段或两者的组合线段,既可以一起编辑,也可以分别编辑,还可以具有不同的宽度。

上机实践——绘制剪刀平面图

便用【多段线】命令绘制把手,使用【直线】命令绘制刀刃,从而完成剪刀的平面图,如图 2-46 所示。

① 新建一个文件。
② 执行 PL(多段线)命令,在绘图区中任意位置指定起点后,绘制如图 2-47 所示的多段线。命令行的操作提示如下:

```
命令: _pline
指定起点:
当前线宽为 0.0000
指定下一个点或 [圆弧(A)/半宽(H)/长度(L)/放弃(U)/宽度(W)]: A
指定圆弧的端点或
[角度(A)/圆心(CE)/方向(D)/半宽(H)/直线(L)/半径(R)/第二个点(S)/放弃(U)/宽度(W)]: S
指定圆弧上的第二个点: @-9,-12.7
二维点无效。
指定圆弧上的第二个点: @-9,-12.7
```

```
指定圆弧的端点：@12.7,-9
指定圆弧的端点或
[角度(A)/圆心(CE)/闭合(CL)/方向(D)/半宽(H)/直线(L)/半径(R)/第二个点(S)/放弃(U)/宽度(W)]：L
指定下一点或 [圆弧(A)/闭合(C)/半宽(H)/长度(L)/放弃(U)/宽度(W)]：@-3,19
指定下一点或 [圆弧(A)/闭合(C)/半宽(H)/长度(L)/放弃(U)/宽度(W)]：✓
```

③ 执行 explode 命令，分解多段线。

④ 执行 fillet 命令，指定圆角半径为 3，对圆弧与直线的下端点进行圆角处理，如图 2-48 所示。

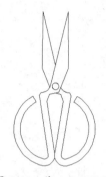
图 2-46 剪刀平面效果

图 2-47 绘制多段线

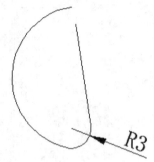
图 2-48 绘制圆角

⑤ 执行 L 命令，拾取多段线中直线部分的上端点，确认为直线的第一点，依次输入 (@0.8,2)、(@2.8,0.7)、(@2.8,7)、(@-0.1,16.7)、(@-6,-25)，绘制多条直线，效果如图 2-49 所示。命令行的操作提示如下：

```
命令：L
LINE 指定第一点：
指定下一点或 [放弃(U)]：@0.8,2
指定下一点或 [放弃(U)]：@2.8,0.7
指定下一点或 [闭合(C)/放弃(U)]：@2.8,7
指定下一点或 [闭合(C)/放弃(U)]：@-0.1,16.7
指定下一点或 [闭合(C)/放弃(U)]：@-6,-25
指定下一点或 [闭合(C)/放弃(U)]：✓
```

⑥ 执行 fillet 命令，指定圆角半径为 3，对上一步绘制的直线与圆弧进行圆角处理，如图 2-50 所示。

⑦ 执行 break 命令，在圆弧上的适合位置拾取一点为打断的第一点，拾取圆弧的端点为打断的第二点，效果如图 2-51 所示。

图 2-49 绘制直线

图 2-50 圆角处理

图 2-51 打断圆弧

⑧ 执行 O 命令,设置偏移距离为 2,选择偏移对象为圆弧和圆弧旁的直线,分别进行偏移处理,完成后的效果如图 2-52 所示。

⑨ 执行 fillet 命令,输入 R,设置圆角半径为 1,选择偏移的直线和外圆弧的上端点,效果如图 2-53 所示。

图 2-52 偏移处理　　　　　　图 2-53 圆角处理

⑩ 执行 L 命令,连接圆弧的两个端点,结果如图 2-54 所示。

⑪ 执行 mirror(镜像)命令,拾取绘图区中所有对象,以通过最下端圆角、最右侧的象限点所在的垂直直线为镜像轴线进行镜像处理,完成后的效果如图 2-55 所示。

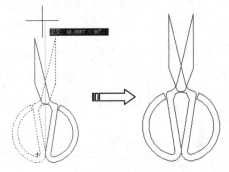

图 2-54 绘制直线　　　　　　图 2-55 镜像图形

⑫ 执行 TR(修剪)命令,修剪绘图区中需要修剪的线段,如图 2-56 所示。

⑬ 执行 C 命令,在适当的位置绘制直径为 2 的圆,如图 2-57 所示。

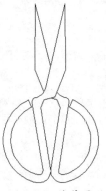
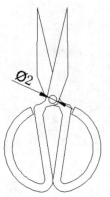

图 2-56 修剪图形　　　　　　图 2-57 绘制圆

⑭ 至此，剪刀平面图绘制完成了，对最终文件进行保存。

2.2.3 绘制样条曲线

样条曲线是经过或接近一系列给定点的光滑曲线，它可以控制曲线与点的拟合程度，如图 2-58 所示。样条曲线可以是开放的，也可以是闭合的。用户还可以对创建的样条曲线进行编辑。

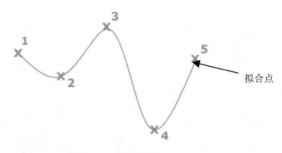

图 2-58 样条曲线

上机实践——绘制异形轮

下面通过绘制如图 2-59 所示的异形轮轮廓图，熟悉样条曲线的用法。

① 使用【新建】命令创建空白文件。
② 按 F12 键，关闭状态栏上的【动态输入】功能。
③ 执行菜单栏中的【视图】|【平移】|【实时】命令，将坐标系图标移至绘图区中央位置上。
④ 执行菜单栏中的【绘图】|【多段线】命令，配合坐标输入法绘制内部轮廓线。命令行的操作提示如下：

```
命令：_pline
指定起点：                                          //输入 9.8,0，按 Enter 键
当前线宽为 0.0000
指定下一个点或 [圆弧(A)/半宽(H)/长度(L)/放弃(U)/宽度(W)]：   //输入 9.8,2.5，按 Enter 键
指定下一点或 [圆弧(A)/闭合(C)/半宽(H)/长度(L)/放弃(U)/宽度(W)]：  //输入@-2.73,0，按 Enter 键
指定下一点或 [圆弧(A)/闭合(C)/半宽(H)/长度(L)/放弃(U)/宽度(W)]：
                                                    //输入 a，按 Enter 键，转入画弧模式
指定圆弧的端点或[角度(A)/圆心(CE)/闭合(CL)/方向(D)/半宽(H)/直线(L)/半径(R)/第二个点(S)/
放弃(U)/宽度(W)]：                                  //输入 ce，按 Enter 键
指定圆弧的圆心：                                    //输入 0,0，按 Enter 键
指定圆弧的端点或 [角度(A)/长度(L)]：                //输入 7.07,-2.5，按 Enter 键
指定圆弧的端点或[角度(A)/圆心(CE)/闭合(CL)/方向(D)/半宽(H)/直线(L)/半径(R)/第二个点(S)/
放弃(U)/宽度(W)]：                                  //输入 1，按 Enter 键，转入画线模式
指定下一点或 [圆弧(A)/闭合(C)/半宽(H)/长度(L)/放弃(U)/宽度(W)]：
                                                    //输入 9.8,-2.5，按 Enter 键
指定下一点或 [圆弧(A)/闭合(C)/半宽(H)/长度(L)/放弃(U)/宽度(W)]：
                                                    //输入 c，按 Enter 键，结束命令，绘制结果如图 2-60 所示
```

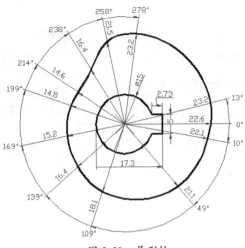
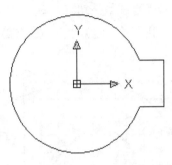

图 2-59　异形轮　　　　　　　　　图 2-60　绘制内部轮廓线

⑤ 单击【绘图】面板中的 按钮，激活【样条曲线】命令，绘制外部轮廓线。命令行的操作提示如下：

```
命令：_spline
指定第一个点或 [对象(O)]:                    //输入22.6,0，按Enter键
指定下一点:                                  //输入23.2<13，按Enter键
指定下一点或 [闭合(C)/拟合公差(F)] <起点切向>:  //输入23.2<-278，按Enter键
指定下一点或 [闭合(C)/拟合公差(F)] <起点切向>:  //输入21.5<-258，按Enter键
指定下一点或 [闭合(C)/拟合公差(F)] <起点切向>:  //输入16.4<-238，按Enter键
指定下一点或 [闭合(C)/拟合公差(F)] <起点切向>:  //输入14.6<-214，按Enter键
指定下一点或 [闭合(C)/拟合公差(F)] <起点切向>:  //输入14.8<-199，按Enter键
指定下一点或 [闭合(C)/拟合公差(F)] <起点切向>:  //输入15.2<-169，按Enter键
指定下一点或 [闭合(C)/拟合公差(F)] <起点切向>:  //输入16.4<-139，按Enter键
指定下一点或 [闭合(C)/拟合公差(F)] <起点切向>:  //输入18.1<-109，按Enter键
指定下一点或 [闭合(C)/拟合公差(F)] <起点切向>:  //输入21.1<-49，按Enter键
指定下一点或 [闭合(C)/拟合公差(F)] <起点切向>:  //输入22.1<-10，按Enter键
指定下一点或 [闭合(C)/拟合公差(F)] <起点切向>:  //输入c，按Enter键
指定切向:                    //将光标移至如图2-61所示位置单击，以确定切向，绘制结果如图2-62所示
```

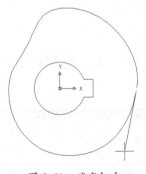
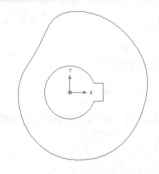

图 2-61　确定切向　　　　　　　　　图 2-62　绘制结果

⑥ 最后执行【保存】命令。

上机实践——绘制石作雕花大样

样条曲线可在控制点之间产生一条光滑的曲线，常用于创建形状不规则的曲线，例如波

浪线、截交线或汽车设计时绘制的轮廓线等。

下面利用样条曲线和绝对坐标输入法绘制如图 2-63 所示的石作雕花大样图。

① 新建文件，并打开正交功能。
② 单击【直线】按钮，起点为（0,0）点，向右绘制一条长 120 的水平线段。
③ 重复执行【直线】命令，起点仍为（0,0）点，向上绘制一条长 80 的垂直线段，如图 2-64 所示。

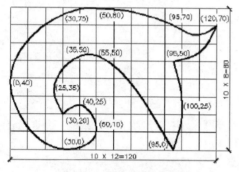

图 2-63　石作雕花大样

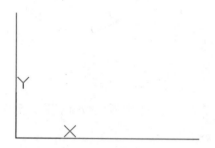

图 2-64　绘制直线

④ 单击【阵列】按钮，选择长度为 120 的直线为阵列对象，在【阵列创建】选项卡中设置参数，如图 2-65 所示。

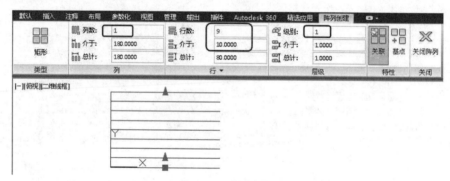

图 2-65　阵列线段

⑤ 单击【阵列】按钮，选择长度为 80 的直线为阵列对象，在【阵列创建】选项卡中设置参数，如图 2-66 所示。

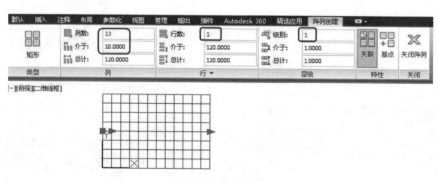

图 2-66　阵列线段

⑥ 单击【样条曲线】按钮，利用绝对坐标输入法依次输入各点坐标，分段绘制样条曲线，如图 2-67 所示。

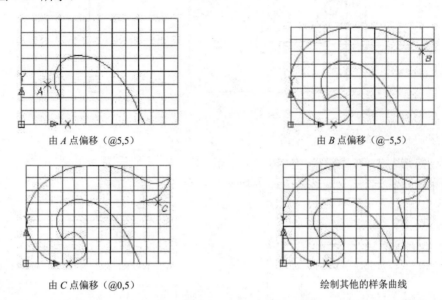

由 A 点偏移（@5,5）　　　　　　　　由 B 点偏移（@-5,5）

由 C 点偏移（@0,5）　　　　　　　　绘制其他的样条曲线

图 2-67　各段样条曲线的绘制过程

技术要点：
有时在工程制图中不会给出所有点的绝对坐标，此时可以捕捉网格交点来输入偏移坐标，确定线型形状，图 2-47 中的提示点为偏移参考点，读者也可以使用这种方法来制作。

2.3　拓展训练

前面我们学习了 AutoCAD 2020 的二维绘图命令，这些基本命令是制图人员所必须具备的基本技能。下面讲解关于二维绘图命令的常见应用实例。

2.3.1　训练一：绘制减速器透视孔盖

减速器透视孔盖虽然有多种类型，一般都以螺纹结构固定。如图 2-68 所示为减速器上透视孔盖。

此图形的绘制方法是：首先绘制定位基准线（即中心线），再绘制主视图矩形，最后绘制侧视图。图形绘制完成后，标注图形。

我们在绘制机械类的图形时，一定要先创建符合 GB 标准的图纸样板，以便于在后期的一系列机械设计图纸中能快速调用。

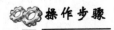

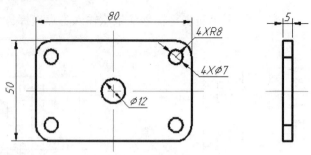

图 2-68　减速器上透视孔盖

① 调用用户自定义的图纸样板文件。
② 使用【矩形】工具，绘制如图 2-69 所示的矩形。
③ 使用【直线】工具，在矩形的中心位置绘制如图 2-70 所示的中心线。

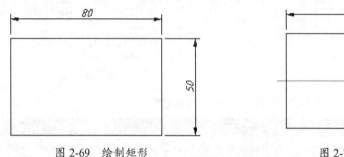

图 2-69　绘制矩形　　　　　　　图 2-70　绘制中心线

> 提醒一下：
> 在绘制所需的图线或图形时，可以先指定预设置的图层，也可以先随意绘制，最后再指定图层。但是先指定图层可以提高绘图效率。

④ 在命令行中输入 fillet（圆角）命令，或者单击【圆角】按钮 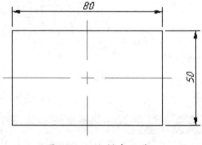，然后按命令行的提示进行操作。

```
命令: _fillet
当前设置: 模式 = 修剪, 半径 = 7.0000
选择第一个对象或 [放弃(U)|多段线(P)|半径(R)|修剪(T)|多个(M)]: R
指定圆角半径 <7.0000>: 8
选择第一个对象或 [放弃(U)|多段线(P)|半径(R)|修剪(T)|多个(M)]:
选择第二个对象，或按住 Shift 键选择对象以应用角点或 [半径(R)]:
```

⑤ 创建的圆角如图 2-71 所示。

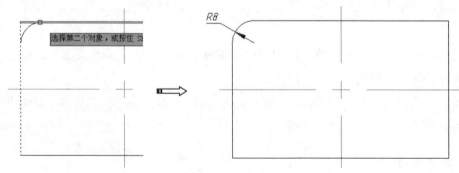

图 2-71　绘制圆角

⑥ 同理，在另外三个角点位置也绘制同样半径的圆角，结果如图 2-72 所示。

提醒一下：
由于执行的是相同的操作，可以按 Enter 键继续执行该命令，并直接选取对象来创建圆角。

⑦ 使用【圆心、半径】工具，在圆角的中心点位置绘制四个直径为 7 的圆，结果如图 2-73 所示。

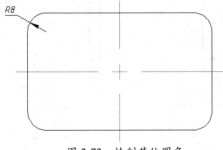
图 2-72　绘制其他圆角

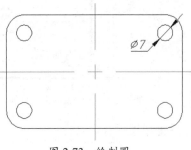
图 2-73　绘制圆

⑧ 在矩形中心位置绘制如图 2-74 所示的圆。

⑨ 使用【矩形】工具，绘制如图 2-75 所示的矩形。

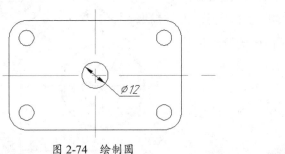
图 2-74　绘制圆

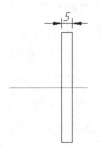
图 2-75　绘制矩形

提醒一下：
要想精确绘制矩形，最好是采用相对坐标输入方法，即（@X,Y）形式。

⑩ 使用【直线】工具，在大矩形的圆角位置绘制两条水平直线，并穿过小矩形，如图 2-76 所示。

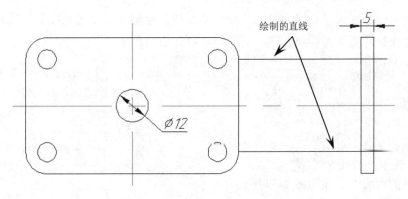
图 2-76　绘制直线

⑪ 使用【修剪】工具，将图形中多余的图线修剪掉。对主要的图线应用【粗实线】图层。最后对图形进行尺寸标注，结果如图 2-77 所示。

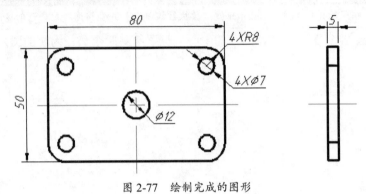

图 2-77　绘制完成的图形

⑫ 最后将结果保存。

2.3.2　训练二：绘制曲柄

本节将以曲柄平面图的绘制过程来巩固前面所学的基础内容。曲柄平面图如图 2-78 所示。

从曲面平面图分析得知，平面图的绘制将分成以下几个步骤来进行：

（1）绘制基准线。

（2）绘制已知线段。

（3）绘制连接线段。

操作步骤

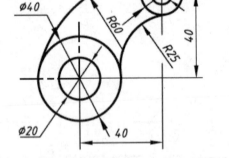

图 2-78　曲柄平面图

1. 绘制基准线

本例图形的主基准线就是大圆的中心线，另外两个同心小圆的中心线为辅助基准。基准线的绘制可使用【直线】工具来完成。

① 首先绘制两条大圆的中心线。命令行的操作提示如下：

```
命令: line
指定第一点: 1000,1000↙                    //输入直线起点坐标值
指定下一点或 [放弃(U)]: @50,0↙             //输入直线第二点绝对坐标值
指定下一点或 [放弃(U)]: ↙
命令: ↙                                   //回车，重复直线命令
line 指定第一点: 1025,975↙                //输入直线起点坐标值
指定下一点或 [放弃(U)]: @0,50↙             //输入直线第二点绝对坐标值
指定下一点或 [放弃(U)]: ↙
```

② 绘制的大圆中心线如图 2-79 所示。

③ 再绘制两条小圆的中心线。命令行的操作提示如下：

```
命令: line
```

```
指定第一点: 1050,1040↵                    //输入直线起点坐标值
指定下一点或 [放弃(U)]: @30,0↵            //输入直线第二点绝对坐标值
指定下一点或 [放弃(U)]: ↵
命令: ↵
line 指定第一点: 1065,1025↵               //输入直线起点坐标值
指定下一点或 [放弃(U)]: @0,30↵            //输入直线第二点绝对坐标值
指定下一点或 [放弃(U)]: ↵
```

④ 绘制的两条小圆中心线如图 2-80 所示。

图 2-79　绘制大圆中心线　　　　　　图 2-80　绘制小圆中心线

⑤ 加载 CENTER（点画线）线型，然后将四条基准线转换为点画线。

2. 绘制已知线段

曲柄平面图的已知线段就是四个圆，可使用【圆】工具的【圆心、直径】方式来绘制。

① 在主要基准线上绘制较大的两个同心圆。命令行的操作提示如下：

```
命令: CIRCLE
指定圆的圆心或 [三点(3P)|两点(2P)|切点、切点、半径(T)]:       //指定主要基准线交点为圆心
指定圆的半径或 [直径(D)] <40.0000>: d↵
指定圆的直径 <80.0000>: 40↵                                    //输入圆的直径值
命令: ↵
CIRCLE 指定圆的圆心或 [三点(3P)|两点(2P)|切点、切点、半径(T)]:  //指定基准线交点为圆心
指定圆的半径或 [直径(D)] <20.0000>: _d 指定圆的直径 <40.0000>: 20↵  //输入圆的直径值
```

② 绘制的两个大同心圆如图 2-81 所示。

③ 在辅助基准线上绘制两个小的同心圆。命令行的操作提示如下：

```
命令: circle
指定圆的圆心或 [三点(3P)|两点(2P)|切点、切点、半径(T)]:       //指定辅助基准线交点为圆心
指定圆的半径或 [直径(D)] <10.0000>: d↵
指定圆的直径 <20.0000>: 20↵                                    //输入圆的直径值
命令: ↵
CIRCLE 指定圆的圆心或 [三点(3P)|两点(2P)|切点、切点、半径(T)]:  //指定辅助基准线交点为圆心
指定圆的半径或 [直径(D)] <10.0000>: d↵
指定圆的直径 <20.0000>: 10↵                                    //输入圆的直径值
```

④ 绘制的两个小同心圆如图 2-82 所示。

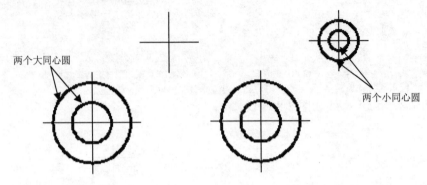

图 2-81　绘制大同心圆　　　　　　　图 2-82　绘制小同心圆

3. 绘制连接线段

曲柄平面图的连接线段就是两段连接弧，从平面图形中得知，连接弧与两相邻同心圆是相切的，因此可使用【圆】工具的【切点、切点、半径】方式来绘制。

① 首先绘制半径为 60 的大相切圆。命令行的操作提示如下：

```
命令：circle
指定圆的圆心或 [三点(3P)|两点(2P)|切点、切点、半径(T)]：t↙        //输入 T 选项
指定对象与圆的第一个切点：                                    //指定第一个切点
指定对象与圆的第二个切点：                                    //指定第二个切点
指定圆的半径 <10.0000>：60↙                                 //输入圆的半径值
```

② 绘制的大相切圆如图 2-83 所示。

③ 再绘制半径为 25 的小相切圆。命令行的操作提示如下：

```
命令：circle
指定圆的圆心或 [三点(3P)|两点(2P)|切点、切点、半径(T)]：t
指定对象与圆的第一个切点：                                    //输入 T 选项
指定对象与圆的第二个切点：                                    //指定第一个切点
指定圆的半径 <60.0000>：25↙                                 //指定第二个切点
                                                         //输入圆的半径值
```

④ 绘制的小相切圆如图 2-84 所示。

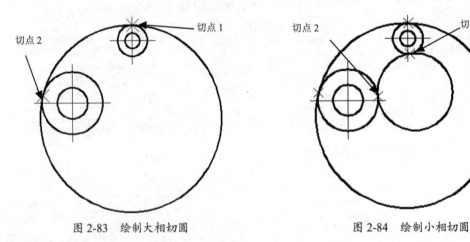

图 2-83　绘制大相切圆　　　　　　　图 2-84　绘制小相切圆

⑤ 使用【默认】选项卡的【修改】面板中的【修剪】工具，将多余线段修剪掉。命令行的操作提示如下：

```
命令: trim
当前设置:投影=UCS,边=无
选择剪切边...
选择对象或 <全部选择>: ✓
选择要修剪的对象,或按住 Shift 键选择要延伸的对象,或
[栏选(F)|窗交(C)|投影(P)|边(E)|删除(R)|放弃(U)]:         //选择要修剪的图线
选择要修剪的对象,或按住 Shift 键选择要延伸的对象,或
[栏选(F)|窗交(C)|投影(P)|边(E)|删除(R)|放弃(U)]:         //选择要修剪的图线
选择要修剪的对象,或按住 Shift 键选择要延伸的对象,或
[栏选(F)|窗交(C)|投影(P)|边(E)|删除(R)|放弃(U)]: *取消*    //按 Esc 键结束命令
```

⑥ 修剪完成后匹配线型,最终结果如图 2-85 所示。

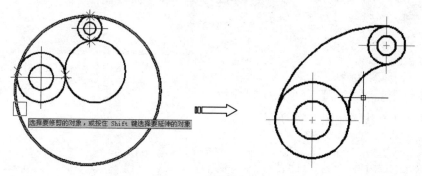

图 2-85 修剪多余线段

2.3.3 训练三:绘制洗手池

通过一个 1000×600 洗手池的绘制,学习 fillet、chamfer、trim 等命令的绘制技巧。

洗手池的绘制主要是画出其内外轮廓线,可以先绘制出外轮廓线,然后使用 offset 命令绘制内轮廓线,如图 2-86 所示。

操作步骤

① 新建文件。

② 执行【文件】|【新建】命令,创建一个新的文件。

③ 执行【绘图】|【矩形】命令,绘制洗手池台的外轮廓线,如图 2-87 所示。

```
命令: _rectang
指定第1个角点或 [倒角(C)/标高(E)/圆角(F)/厚度(T)/宽度(W)]:    //在屏幕上任意选取一点
指定另一个角点或 [尺寸(D)]: @1000,600                         //输入另一个角点坐标
```

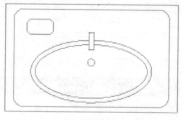

图 2-86 洗手池

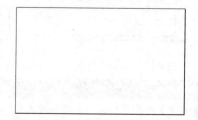

图 2-87 绘制洗手池台的外轮廓线

④ 输入 osnap 命令后按 Enter 键,弹出【草图设置】对话框。在【对象捕捉】选项卡中,

选中【端点】和【中点】复选框，使用端点和中点对象捕捉模式，如图 2-88 所示。

⑤ 输入 ucs 命令后按 Enter 键，改变坐标原点，使新的坐标原点为洗手池台的外轮廓线的左下端点。

```
命令: ucs
当前 UCS 名称: *世界*
输入选项
[新建(N)/移动(M)/正交(G)/上一个(P)/恢复(R)/保存(S)/删除(D)/应用(A)/?/世界(W)]
<世界>: o
    //设置UCS 操作选项
指定新原点 <0,0,0>:
    //对象捕捉到矩形的左下端点
```

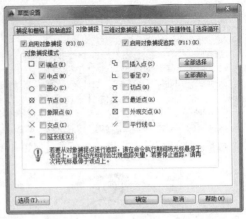

图 2-88 【草图设置】对话框

⑥ 执行【绘图】|【矩形】命令，绘制洗手池台的内轮廓线，如图 2-89 所示。

```
命令: _rectang
指定第 1 个角点或 [倒角(C)/标高(E)/圆角(F)/厚度(T)/宽度(W)]: 50,25
指定另一个角点或 [尺寸(D)]: 950,575
```

⑦ 执行【绘图】|【圆角】命令，修剪洗手池台的内轮廓线，如图 2-90 所示。

```
命令: _fillet
当前设置: 模式 = 修剪, 半径 = 0.0000
选择第1个对象或 [多段线(P)/半径(R)/修剪(T)/多个(U)]: r
指定圆角半径 <0.0000>: 60              //修改倒圆角的半径
选择第1个对象或 [多段线(P)/半径(R)/修剪(T)/多个(U)]: u   //选择多个模式
选择第1个对象或 [多段线(P)/半径(R)/修剪(T)/多个(U)]:     //选择角的一条边
选择第 2 个对象:                                     //选择角的另外一条边
选择第1个对象或 [多段线(P)/半径(R)/修剪(T)/多个(U)]:     //选择角的一条边
选择第 2 个对象:                                     //选择角的另外一条边
选择第1个对象或 [多段线(P)/半径(R)/修剪(T)/多个(U)]:     //选择角的一条边
选择第 2 个对象:                                     //选择角的另外一条边
选择第1个对象或 [多段线(P)/半径(R)/修剪(T)/多个(U)]:     //选择角的一条边
选择第 2 个对象:                                     //选择角的另外一条边
选择第1个对象或 [多段线(P)/半径(R)/修剪(T)/多个(U)]:
```

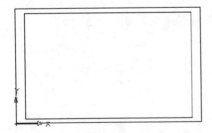
图 2-89 绘制洗手池台的内轮廓线

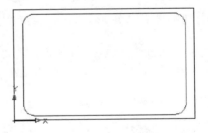
图 2-90 修剪洗手池台的内轮廓线

提醒一下:
【倒圆角】命令能够将一个角的两条直线在角的顶点处形成圆弧，对于圆弧的半径大小要根据图形的尺寸确定，如果太小，则在图上显示不出来。

⑧ 执行【绘图】|【椭圆】命令，绘制洗手池的外轮廓线，如图 2-91 所示。

```
命令: _ellipse
指定椭圆的轴端点或 [圆弧(A)/中心点(C)]: c
指定椭圆的中心点: 500,225
指定轴的端点: @-350,0
指定另一条半轴长度或 [旋转(R)]: 175
```

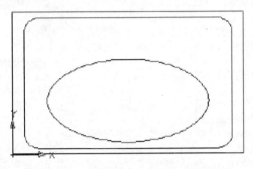

图 2-91　绘制洗手池的外轮廓线

> 提醒一下：
> 椭圆的绘制主要是确定椭圆中心的位置，然后再确定椭圆的长轴和短轴的尺寸。当长轴和短轴的尺寸相等时，椭圆就变成了一个圆。

⑨ 执行【修改】|【偏移】命令，绘制洗手池的内轮廓线，如图 2-92 所示。

```
命令: _offset
指定偏移距离或 [通过(T)] <1.0000>: 25
选择要偏移的对象或 <退出>:              //选择外侧轮廓线
指定点以确定偏移所在一侧:               //选择偏移的方向
选择要偏移的对象或 <退出>:
```

⑩ 执行【绘图】|【矩形】命令，绘制水龙头；执行【绘图】|【圆】命令，绘制排污口，如图 2-93 所示。

```
命令: _rectang
指定第 1 个角点或 [倒角(C)/标高(E)/圆角(F)/厚度(T)/宽度(W)]: 485,455
指定另一个角点或 [尺寸(D)]: @30,-100
命令: _circle
指定圆的圆心或 [三点(3P)/两点(2P)/相切、相切、半径(T)]: 500,275
指定圆的半径或 [直径(D)] <20.0000>:20
```

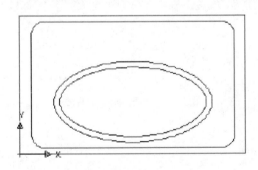 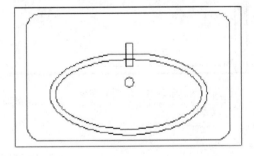

图 2-92　绘制洗手池的内轮廓线　　　图 2-93　绘制水龙头和排污口

⑪ 执行【绘图】|【矩形】命令，绘制洗手池上的肥皂盒，并执行【修改】|【倒角】命令，对该肥皂盒进行倒直角，如图 2-94 所示。

```
命令: _rectang
```

```
指定第1个角点或 [倒角(C)/标高(E)/圆角(F)/厚度(T)/宽度(W)]:    //指定第一个角点
指定另一个角点或 [尺寸(D)]: @150,-80                          //输入相对坐标确定第二个角点
命令: _chamfer
(【修剪】模式) 当前倒角距离 1 = 0.0000, 距离 2 = 0.0000
选择第1条直线或 [多段线(P)/距离(D)/角度(A)/修剪(T)/方式(M)/多个(U)]: d
指定第1个倒角距离 <0.0000>: 15                                //修改倒角的值
指定第2个倒角距离 <15.0000>:                                  //修改倒角的值
选择第1条直线或 [多段线(P)/距离(D)/角度(A)/修剪(T)/方式(M)/多个(U)]: u
选择第1条直线或 [多段线(P)/距离(D)/角度(A)/修剪(T)/方式(M)/多个(U)]:    //选择倒角的第一条边
选择第2条直线:                                              //选择倒角的另外一条边
选择第1条直线或 [多段线(P)/距离(D)/角度(A)/修剪(T)/方式(M)/多个(U)]:    //选择倒角的第一条边
选择第2条直线:                                              //选择倒角的另外一条边
选择第1条直线或 [多段线(P)/距离(D)/角度(A)/修剪(T)/方式(M)/多个(U)]:    //选择倒角的第一条边
选择第2条直线: //选择倒角的另外一条边
选择第1条直线或 [多段线(P)/距离(D)/角度(A)/修剪(T)/方式(M)/多个(U)]:    //选择倒角的第一条边
选择第2条直线:                                              //选择倒角的另外一条边
选择第1条直线或 [多段线(P)/距离(D)/角度(A)/修剪(T)/方式(M)/多个(U)]:
```

> **提醒一下:**
> 【倒角】命令能够将一个角的两条直线在角的顶点处形成一个截断,对于在两条边上的截断距离要根据图形的尺寸确定,如果太小了在图上就会显示不出来。

⑫ 执行【修改】|【修剪】命令,绘制水龙头和洗手池轮廓线相交的部分,并最终完成洗手池的绘制,如图2-95所示。

```
命令: _trim
当前设置: 投影=UCS,边=无
选择剪切边...
选择对象: 找到 1 个                                          //选中修剪的边界——水龙头
选择对象:
选择要修剪的对象,或按住 Shift 键选择要延伸的对象,或 [投影(P)/边(E)/放弃(U)]:
选择要修剪的对象,或按住 Shift 键选择要延伸的对象,或 [投影(P)/边(E)/放弃(U)]:
选择要修剪的对象,或按住 Shift 键选择要延伸的对象,或 [投影(P)/边(E)/放弃(U)]:
```

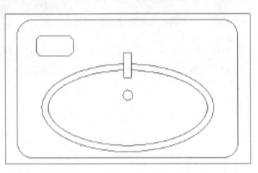

图 2-94 绘制肥皂盒   图 2-95 绘制完成后的洗手池

CHAPTER 3

变换作图方法

本章导读

在 AutoCAD 中,单纯地使用绘图命令或绘图工具只能绘制一些基本的图形对象。为了绘制复杂图形,很多情况下都必须借助于图形编辑命令。AutoCAD 2020 提供了众多的图形编辑命令,如复制、移动、旋转、镜像、偏移、阵列、拉伸及修剪等。使用这些命令,可以修改已有图形或通过已有图形构造新的复杂图形。

学习要点

- ☑ 利用夹点变换操作图形
- ☑ 删除图形
- ☑ 移动与旋转
- ☑ 副本的变换操作

扫码看视频

3.1 利用夹点变换操作图形

使用夹点可以在不调用任何编辑命令的情况下，对需要进行编辑的对象进行修改。只要单击所要编辑的对象，当对象上出现若干个夹点时，单击其中一个夹点作为编辑操作的基点，这时该点会高亮显示，表示已成为基点。在选取基点后，就可以使用 AutoCAD 的夹点功能对相应的对象进行拉伸、移动、旋转等编辑操作。

3.1.1 夹点定义和设置

单击所要编辑的图形对象，被选中图形的特征点（如端点、圆心、象限点等）将显示为蓝色的小方块，这些小方块被称为【夹点】。【夹点】有两种状态：未激活状态和被激活状态。单击某个未激活的夹点，该夹点被激活，以红色的实心小方框显示，这种处于被激活状态的夹点称为【热夹点】。

不同对象特征点的位置和数量也不相同。表 3-1 中给出了 AutoCAD 中常见图形对象的特征点。

表 3-1　图形对象的特征点

对象类型	特征点的位置
直线	两个端点和中点
多段线	直线段的两端点、圆弧段的中点和两端点
构造线	控制点以及线上邻近两点
射线	起点以及射线上的一个点
多线	控制线上的两个端点
圆弧	两个端点和中点
圆	四个象限点和圆心
椭圆	四个顶点和中心点
椭圆弧	端点、中点和中心点
文字	插入点和第二个对齐点
段落文字	各顶点

上机实践——设置夹点选项

① 在菜单栏中执行【工具】|【选项】命令，打开【选项】对话框，可通过【选项】对话框的【选择集】选项卡来设置夹点参数，如图 3-1 所示。

② 在【选择集】选项卡中包含了对夹点选项的设置，这些设置主要有以下几种。

- 夹点尺寸：确定夹点小方块的大小，可通过调整滑块的位置来设置。
- 夹点颜色：单击该按钮，可打开【夹点颜色】对话框，如图 3-2 所示。在此对话框中可对夹点未选中、悬停、选中几种状态以及夹点轮廓的颜色进行设置。

CHAPTER 3 变换作图方法

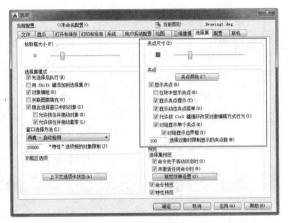

图 3-1 【选项】对话框

图 3-2 【夹点颜色】对话框

- 显示夹点：设置 AutoCAD 的夹点功能是否有效。该选项下面有几个复选框，用于设置夹点显示的具体内容。

3.1.2 利用夹点拉伸对象

在选择基点后，命令行中的操作提示如下：

```
** 拉伸 **
指定拉伸点或 [基点(B)/复制(C)/放弃(U)/退出(X)]：
```

- 基点(B)：重新确定拉伸基点。选择此选项，AutoCAD 将接着提示指定基点，在此提示下指定一个点作为基点来执行拉伸操作。
- 复制(C)：允许用户进行多次拉伸操作。选择该选项，允许用户进行多次拉伸操作。此时用户可以确定一系列的拉伸点，以实现多次拉伸。
- 放弃(U)：可以取消上一次操作。
- 退出(X)：退出当前的操作。

> 提醒一下：
> 默认情况下，通过输入点的坐标或者直接用鼠标光标拾取点拉伸点后，AutoCAD 将把对象拉伸或移动到新的位置。因为对于某些夹点，移动时只能移动对象而不能拉伸对象，如文字、块、直线中点、圆心、椭圆中心和点对象上的夹点。

上机实践——利用夹点拉伸图形

① 打开本例源文件"拉伸图形.dwg"，如图 3-3 所示。

② 选中图中的圆，然后拖动夹点至新位置，如图 3-4 所示。

③ 拉伸后的结果如图 3-5 所示。

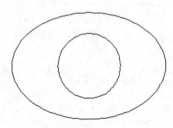

图 3-3 打开的文件

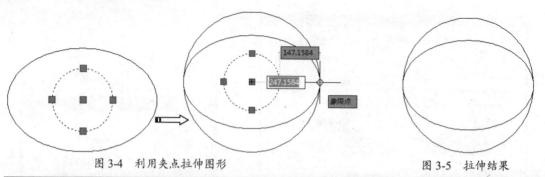

图 3-4 利用夹点拉伸图形　　　　　　　图 3-5 拉伸结果

> 提醒一下：
> 若需退出夹点模式，按 Esc 键即可。

3.1.3 利用夹点移动对象

移动对象仅仅是位置上的平移，对象的方向和大小并不会改变。要精确地移动对象，可开启极轴追踪功能和对象捕捉模式辅助完成。

上机实践——利用夹点移动图形

① 利用【圆心、半径】命令绘制一个半径为 50 的圆，如图 3-6 所示。
② 选中圆并显示编辑夹点，如图 3-7 所示。

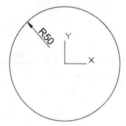 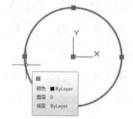

图 3-6 绘制圆　　　　　　　　　图 3-7 选中圆显示编辑夹点

③ 在夹点编辑模式下将光标移动到圆心（移动基点）后，进入移动模式。
④ 在命令行中选择【复制（C）】选项，在光标水平向右移动过程中输入移动距离值 150 并按 Enter 键，完成移动操作，如图 3-8 所示。

> 提醒一下：
> 无论光标指向哪个方向，只要输入距离都可以完成在该方向上的平移。所以夹点平移跟方向没有关系。

⑤ 命令行的操作提示如下：

```
命令：
** 拉伸 **
指定拉伸点或 [基点(B)/复制(C)/放弃(U)/退出(X)]: C        //选择 C 选项
** 拉伸 (多重) **
指定拉伸点或 [基点(B)/复制(C)/放弃(U)/退出(X)]: 150      //输入移动距离
** 拉伸 (多重) **
指定拉伸点或 [基点(B)/复制(C)/放弃(U)/退出(X)]:✓        //按 Enter 键结束操作
```

> 提醒一下:
> 可以在动态指针输入文本框中输入值,也可以在命令行中输入值。
> 通过输入点的坐标或拾取点的方式来确定平移对象的目的点后,即可以基点为平移的起点,以目的点为终点将所选对象平移到新位置。

⑥ 最终移动并复制的结果如图3-9所示。

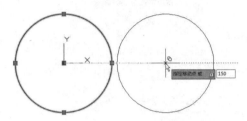

图3-8 在水平向右移动过程中输入移动距离

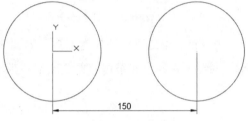

图3-9 平移复制图形

3.1.4 利用夹点修改对象

在夹点编辑模式下,可将圆弧转变成直线,或者将直线转变成圆弧,达到修改图形形状的目的。

上机实践——利用夹点修改图形

① 利用【正多边形】命令绘制如图3-10所示的正五边形。命令行提示如下:

```
命令:
命令: _polygon 输入侧面数 <4>: 5                //输入边数
指定正多边形的中心点或 [边(E)]: 0,0              //输入正五边形的圆心坐标
输入选项 [内接于圆(I)/外切于圆(C)] <I>:          //选择I选项
指定圆的半径: 50                                //输入半径值并按Enter键
```

② 选中正五边形进入夹点编辑模式,如图3-11所示。

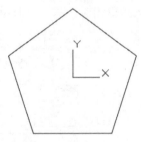

图3-10 绘制正五边形

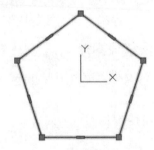

图3-11 选中图形显示夹点

③ 将光标移动到正五边形的一条边的中点位置,并在随后显示的快捷菜单中选择【转换为圆弧】选项,如图3-12所示。

④ 在拾取圆弧中点过程中直接输入新点到原直线中点的距离值为20,并按Enter键,如图3-13所示。

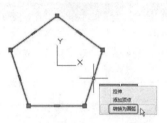
图 3-12 选择快捷菜单中的选项

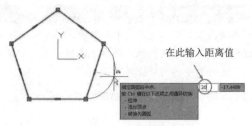
图 3-13 拾取圆弧的中点

⑤ 按 Enter 键后直线转换为圆弧，如图 3-14 所示。

⑥ 同理，将其余四条边的直线全部转换成圆弧，且取值都一样，效果如图 3-15 所示。

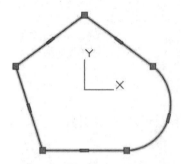
图 3-14 将直线转换为圆弧

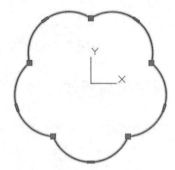
图 3-15 将其余直线转换为圆弧

3.1.5 利用夹点缩放图形

在夹点编辑模式下确定基点后，在命令行中输入 SC 进入缩放模式。命令行的操作提示如下：

```
** 比例缩放 **
指定比例因子或 [基点(B)/复制(C)/放弃(U)/参照(R)/退出(X)]:
```

默认情况下，当确定了缩放的比例因子后，AutoCAD 将相对于基点进行缩放对象操作。

上机实践——缩放图形

① 打开本例源文件"缩放图形.dwg"，如图 3-16 所示。

② 选中所有图形，然后指定缩放基点，如图 3-17 所示。

图 3-16 打开源文件

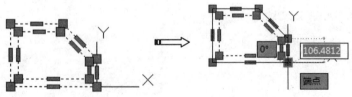
图 3-17 指定缩放基点

③ 在命令行中输入 SC，执行【直线】命令后再输入比例因子值 2，如图 3-18 所示。

④ 按 Enter 键，完成图形的缩放，如图 3-19 所示。

图 3-18　输入比例因子值

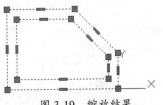
图 3-19　缩放结果

> 提醒一下：
> 当比例因子大于 1 时放大对象；当比例因子大于 0 而小于 1 时缩小对象。

3.2　删除图形

【删除】是非常常用的一个命令，用于删除掉画面中不需要的对象。【删除】命令的执行方式主要有以下几种：

- 执行菜单栏中的【修改】|【删除】命令
- 在命令行中输入 Erase 按 Enter 键
- 单击【修改】面板中的【删除】按钮
- 选择对象，按 Delete 键

执行【删除】命令后，命令行的操作提示如下：

```
命令：_erase
选择对象：找到 1 个                    //指定删除的对象
选择对象：✓                            //结束选择
```

3.3　移动与旋转

移动指令包括移动对象和旋转对象两个指令，也是复制指令的一种特殊情形。

3.3.1　移动对象

移动对象是指对象的重定位，可以在指定方向上按指定距离移动对象，对象的位置发生了改变，但方向和大小不变。

执行【移动】命令主要有以下几种方式：

- 执行菜单栏中的【修改】|【移动】命令
- 单击【修改】面板中的【移动】按钮

- 在命令行中输入 Move 按 Enter 键

执行【移动】命令后，命令行的操作提示如下：

```
命令：_move
选择对象：找到 1 个↙                               //指定移动对象
选择对象：
指定基点或 [位移(D)] <位移>：                       //选择移动的基点
指定第二个点或 <使用第一个点作为位移>：              //指定移动的终点
```

上机实践——利用【移动】命令绘图

下面我们利用【移动】命令来绘制如图 3-20 所示的图形。

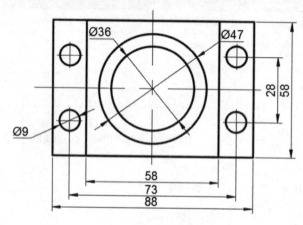

图 3-20 练习图形

① 利用【矩形】命令，绘制长 88、宽 58 的矩形，如图 3-21 所示。
② 然后在其他位置再绘制一个长 58、宽 58 的正方形，如图 3-22 所示。

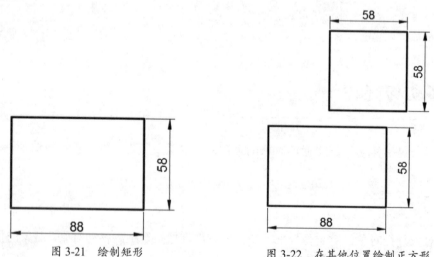

图 3-21 绘制矩形　　　　　　图 3-22 在其他位置绘制正方形

③ 单击【移动】按钮，选中正方形作为要移动的对象，按 Enter 键后再拾取正方形的中心点作为移动的基点，如图 3-23 所示。
④ 拖动正方形到大矩形中心点位置，完成正方形的移动操作，如图 3-24 所示。

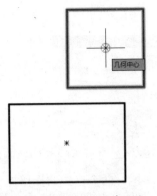 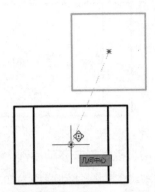

图 3-23 拾取正方形的中心点　　　　图 3-24 移动正方形到大矩形中心位置

> **提醒一下：**
> 　　要捕捉到中心点，必须执行【工具】|【草绘设置】命令，打开【草图设置】对话框，启用【几何中心】捕捉模式，如图 3-25 所示。
>
>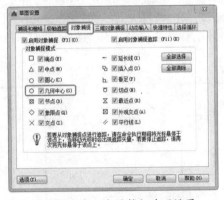
>
> 图 3-25 中心点的捕捉选项设置

⑤ 利用【圆心、半径】命令，以矩形中心点为圆心，绘制三个同心圆，如图 3-26 所示。

⑥ 执行【移动】命令，选中直径为 9 的小圆拾取其圆心进行移动，如图 3-27 所示。

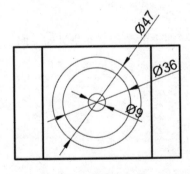 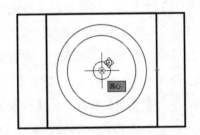

图 3-26 绘制同心圆　　　　　　　图 3-27 拾取圆心

⑦ 输入新位置点的坐标（36.5,14），按 Enter 键即可完成移动操作，如图 3-28 所示。

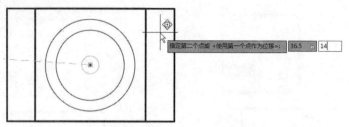

图 3-28　输入位置点坐标

⑧ 接下来使用夹点编辑来移动小圆,进行移动复制操作。选中小圆并拾取圆心,然后竖直向下进行移动复制,移动距离为 28,如图 3-29 所示。命令行中的操作提示如下:

```
命令:
** 拉伸 **
指定拉伸点或 [基点(B)/复制(C)/放弃(U)/退出(X)]: C          //选择复制选项
** 拉伸 (多重) **
指定拉伸点或 [基点(B)/复制(C)/放弃(U)/退出(X)]: 28         //输入移动距离值
** 拉伸 (多重) **
指定拉伸点或 [基点(B)/复制(C)/放弃(U)/退出(X)]: ✓          //按 Enter 键,完成移动
```

⑨ 同理,将两个小圆分别向左移动并复制,移动距离为 73,得到最终的图形,如图 3-30 所示。

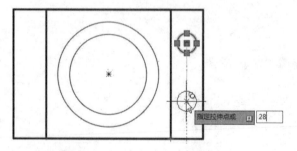

图 3-29　利用夹点移动并复制小圆

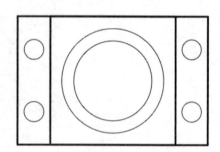

图 3-30　移动并复制小圆到左侧

3.3.2　旋转对象

【旋转】命令用于将选择对象围绕指定的基点旋转一定的角度。在旋转对象时,输入的角度为正值,按逆时针方向旋转;输入的角度为负值,按顺时针方向旋转。

执行【旋转】命令主要有以下几种方式:

- 执行菜单栏中的【修改】|【旋转】命令
- 单击【修改】面板中的【旋转】按钮
- 在命令行中输入 Rotate 按 Enter 键
- 使用命令简写 RO 按 Enter 键

上机实践——旋转对象

① 打开本例源文件"旋转图形.dwg",如图 3-31 所示。

② 选中图形中需要旋转的部分图线,如图 3-32 所示。

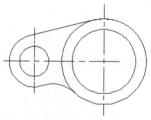
图 3-31　打开的文件

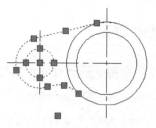
图 3-32　指定部分图线

③ 单击【修改】面板中的 按钮，激活【旋转】命令。然后指定大圆的圆心作为旋转的基点，如图 3-33 所示。

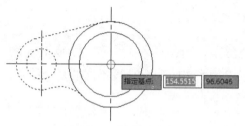
图 3-33　指定的基点

④ 在命令行中输入 C，然后输入旋转角度 180，按 Enter 键即可创建如图 3-34 所示的旋转复制对象。

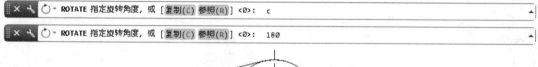

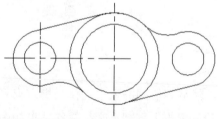
图 3-34　创建的旋转复制对象

提醒一下：
【参照】选项用于将对象进行参照旋转，即指定一个参照角度和新角度，两个角度的差值就是对象的实际旋转角度。

3.4　副本的变换操作

　　在 AutoCAD 中，单纯地使用绘图命令或绘图工具只能绘制一些基本的图形对象。为了绘制复杂图形，很多情况下都必须借助于图形副本的变换操作命令。AutoCAD 2020 提供了复制、镜像、阵列、偏移等变换操作命令，使用这些命令，可以修改已有图形或通过已有图形构造新的复杂图形。

3.4.1 复制对象

【复制】命令用于对已有的对象复制出副本,并放置到指定的位置。复制出的图形尺寸、形状等保持不变,唯一发生改变的就是图形的位置。

执行【复制】命令主要有以下几种方式:
- 执行菜单栏中的【修改】|【复制】命令
- 单击【修改】面板中的【复制】按钮
- 在命令行中输入 Copy 按 Enter 键
- 使用命令简写 CO 按 Enter 键

上机实践——复制对象

通常使用【复制】命令创建结构相同、位置不同的复合结构,下面通过典型的操作实例学习此命令。

① 新建一个空白文件。
② 首先执行【椭圆】和【圆】命令,配合象限点捕捉功能,绘制如图 3-35 所示的椭圆和圆。
③ 单击【修改】面板中的【复制】按钮,选中小圆进行多重复制,如图 3-36 所示。

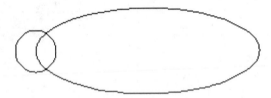
图 3-35 绘制结果

图 3-36 选中小圆

④ 将小圆的圆心作为基点,然后将椭圆的象限点作为指定点复制小圆,如图 3-37 所示。
⑤ 重复操作,在椭圆余下的象限点上复制小圆,最终结果如图 3-38 所示。

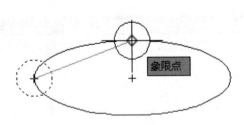
图 3-37 在象限点上复制圆

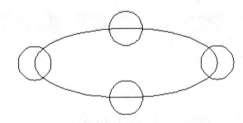
图 3-38 最终结果

3.4.2 镜像对象

【镜像】命令用于将选择的图形以镜像线对称复制。在镜像过程中,源对象可以保留,也可以删除。

执行【镜像】命令主要有以下几种方式：

- 执行菜单栏中的【修改】|【镜像】命令
- 单击【修改】面板中的【镜像】按钮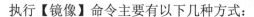
- 在命令行中输入 Mirror 按 Enter 键
- 使用命令简写 MI 按 Enter 键

上机实践——镜像对象

绘制如图 3-39 所示的图形。该图形是上下对称的，可利用【镜像】命令来绘制。

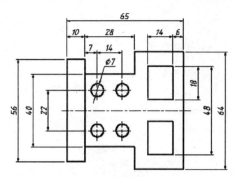

图 3-39　镜像图形

① 创建中心线层，设置图层颜色为蓝色、线型为 CENTER，线宽采用默认值，设置线型全局比例因子为 0.2。

② 打开极轴追踪、对象捕捉及自动追踪功能。指定极轴追踪角度增量为 90°；设定对象捕捉方式为【端点】、【交点】及【圆心】；设置仅沿正交方向自动追踪。

③ 绘制两条作图基准线 A、B，A 线的长度约为 80，B 线的长度约为 50。绘制平行线 C、D、E 等，如图 3-40 所示。

```
命令：_offset
指定偏移距离或<6.0000>: 10           //输入平移距离
选择要偏移的对象，或 <退出>：         //选择线段 A
指定要偏移的那一侧上的点：            //在线段 A 的右边单击一点
选择要偏移的对象，或 <退出>：         //按 Enter 键结束
```

④ 向右平移线段 A 至 D，平移距离为 38。

⑤ 向右平移线段 A 至 E，平移距离为 65。

⑥ 向上平移线段 B 至 F，平移距离为 20。

⑦ 向上平移线段 B 至 G，平移距离为 28。

⑧ 向上平移线段 B 至 H，平移距离为 32。

⑨ 修剪多余线条，结果如图 3-41 所示。

⑩ 绘制矩形和圆。

```
命令：_rectang
指定第一个角点或 [倒角(C)/标高(E)/圆角(F)/厚度(T)/宽度(W)]: from
                                     //使用正交偏移捕捉
基点：                                //捕捉交点 I
<偏移>: @-6,-8                        //输入 J 点的相对坐标
```

```
指定另一个角点：@-14,-18         //输入K点的相对坐标
命令：_circle 指定圆的圆心或 [三点(3P)/两点(2P)/相切、相切、半径(T)]: from
                              //使用正交偏移捕捉
基点：//捕捉交点L
<偏移>: @7,11                  //输入M点的相对坐标
指定圆的半径或 [直径(D)]: 3.5    //输入圆的半径值
```

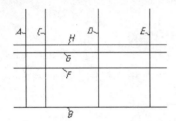

图 3-40 绘制平行线 C、D、E 等

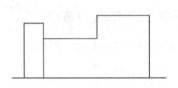

图 3-41 修剪结果

⑪ 再绘制圆的定位线，结果如图 3-42 所示。

⑫ 复制圆，再镜像图形。

```
命令：_copy
选择对象：指定对角点：找到 3 个              //选择对象N
选择对象：                                //按 Enter 键
指定基点或 [位移(D)] <位移>：              //单击一点
指定第二个点或 <使用第一个点作为位移>：14    //向右追踪并输入追踪距离
指定第二个点：                            //按 Enter 键结束
命令：_mirror                            //镜像图形
选择对象：指定对角点：找到 14 个            //选择上半部分图形
选择对象：                                //按 Enter 键
指定镜像线的第一点：                       //捕捉端点O
指定镜像线的第二点：                       //捕捉端点P
是否删除源对象？[是(Y)/否(N)] <N>：        //按 Enter 键结束
```

⑬ 将线段 OP 及圆的定位线修改到中心线层上，绘制结果如图 3-43 所示。

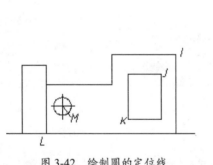

图 3-42 绘制圆的定位线

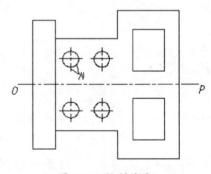

图 3-43 绘制结果

> 提醒一下：
> 如果对文字进行镜像时，其镜像后的文字可读性取决于系统变量 MIRRTEX 的值。当变量值为 1 时，镜像文字不具有可读性；当变量值为 0 时，镜像后的文字具有可读性。

3.4.3　阵列对象

【阵列】是一种用于创建规则图形结构的复合命令，使用此命令可以创建均布结构或聚

心结构的复制图形。

1. 矩形阵列

所谓【矩形阵列】，指的就是将图形对象按照指定的行数和列数，以矩形的排列方式进行大规模复制。

执行【矩形阵列】命令主要有以下几种方式：

- 执行菜单栏中的【修改】|【阵列】|【矩形阵列】命令
- 单击【修改】面板中的【矩形阵列】按钮
- 在命令行中输入 arrayrect 按 Enter 键

执行【矩形阵列】命令后，命令行的操作提示如下：

```
命令：_arrayrect
选择对象：找到 1 个                    //选择阵列对象
选择对象：✓                            //确认选择
类型 = 矩形  关联 = 是
为项目数指定对角点或 [基点(B)/角度(A)/计数(C)] <计数>：    //拉出一条斜线，如图 3-44 所示
指定对角点以间隔项目或 [间距(S)] <间距>：                //调整间距，如图 3-45 所示
按 Enter 键接受或 [关联(AS)/基点(B)/行(R)/列(C)/层(L)/退出(X)] <退出>：✓
                                        //确认，并打开如图 3-46 所示的快捷菜单
```

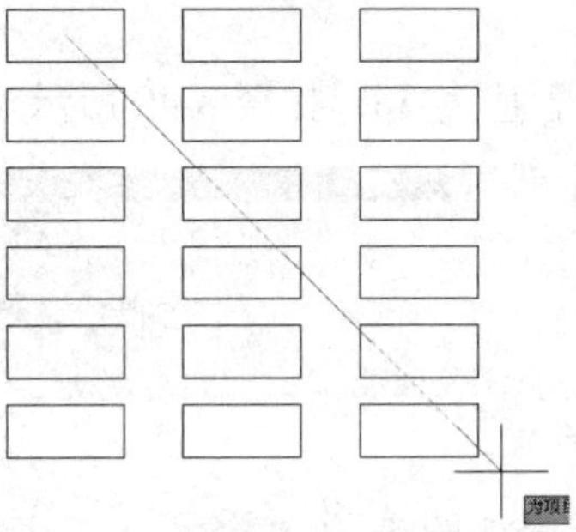

图 3-44 为项目数指定对角点 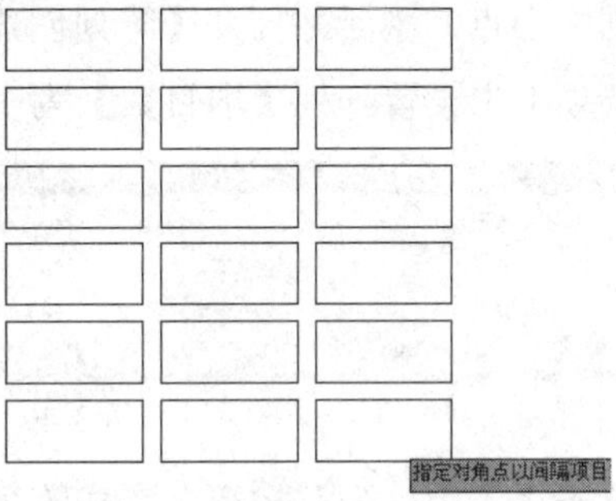　　　图 3-45 设置阵列的间距

> **提醒一下：**
> 矩形阵列的【角度】选项用于设置阵列的角度，使阵列后的图形对象沿着某一角度进行倾斜，如图 3-47 所示。

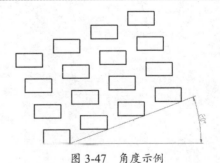

图 3-46 快捷菜单　　　　　　　图 3-47 角度示例

2. 环形阵列

所谓【环形阵列】指的就是将图形对象按照指定的中心点和阵列数目以圆形排列。

执行【环形阵列】命令主要有以下几种方式：
- 执行菜单栏中的【修改】|【阵列】|【环形阵列】命令
- 单击【修改】面板中的【环形阵列】按钮
- 在命令行中输入 arraypolar 按 Enter 键

上机实践——环形阵列

① 新建空白文件。

② 执行【圆】和【矩形】命令，配合象限点捕捉，绘制图形，如图 3-48 所示。

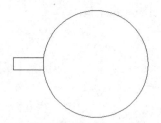

图 3-48　绘制图形

③ 执行【修改】|【阵列】|【环形阵列】命令，选择矩形作为阵列对象，然后选择圆心作为阵列中心点，激活并打开【阵列创建】选项卡。

④ 在此选项卡中设置阵列【项目数】为 10、【介于】值为 36，如图 3-49 所示。

图 3-49　设置阵列参数

⑤ 最后单击【关闭阵列】按钮，完成阵列，操作结果如图 3-50 所示。

> 提醒一下：
> 【旋转项目（ROT）】用于设置环形阵列对象时，对象本身是否绕其基点旋转。如果设置不旋转复制项目，那么阵列出的对象将不会绕基点旋转，如图 3-51 所示。

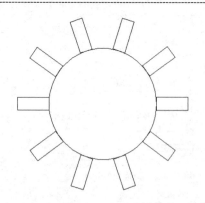

图 3-50　环形阵列示例

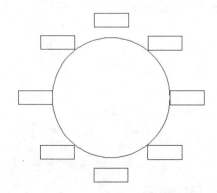

图 3-51　不旋转复制

3. 路径阵列

【路径阵列】是将对象沿着一条路径进行排列，排列形态由路径形态而定。

上机实践——路径阵列

① 绘制一个圆。

② 执行【修改】|【阵列】|【路径阵列】命令，激活【路径阵列】命令，命令行的操作提示如下：

```
命令：_arraypath
选择对象：找到 1 个                                    //选择圆
选择对象：✓                                           //确认选择
类型 = 路径  关联 = 是
选择路径曲线：                                         //选择弧形
输入沿路径的项数或 [方向(O)/表达式(E)] <方向>：15        //输入复制的数量
指定沿路径的项目之间的距离或 [定数等分(D)/总距离(T)/表达式(E)] <沿路径平均定数等分(D)>：✓
                                                     //定义图形密度，如图 3-52 所示
按 Enter 键接受或[关联(AS)/基点(B)/项目(I)/行(R)/层(L)/对齐项目(A)/Z 方向(Z)/退出(X)] <退出>：✓
                                                     //自动弹出快捷菜单，如图 3-53 所示
```

③ 操作结果如图 3-54 所示。

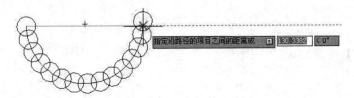

图 3-52　定义图形密度

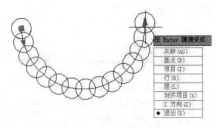

图 3-53　快捷菜单

图 3-54　操作结果

3.4.4　偏移对象

【偏移】命令用于将图线按照一定的距离或指定的通过点，进行偏移选择的图形对象。

执行【偏移】命令主要有以下几种方式：

- 执行菜单栏中的【修改】|【偏移】命令
- 单击【修改】面板中的【偏移】按钮
- 在命令行中输入 Offset 按 Enter 键
- 使用命令简写 O 按 Enter 键

1. 按照一定距离偏移对象

不同结构的对象，其偏移结果也会不同。比如在对圆、椭圆等对象偏移后，对象的尺寸发生了变化，而对直线偏移后，尺寸则保持不变。

上机实践——利用【偏移】命令绘制底座局部视图

底座局部剖视图如图 3-55 所示。本例主要利用直线偏移命令（offset）将各部分定位，再利用倒角命令（chamfer）、圆角命令（fillet）、修剪命令（trim）、样条曲线命令（spline）和图案填充命令（bhatch）完成此图。

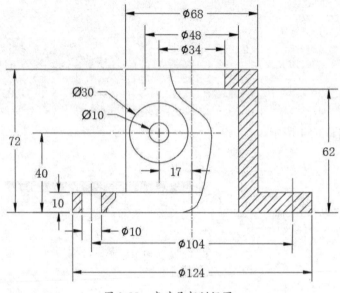

图 3-55 底座局部剖视图

① 新建空白文件，然后设置【中心线】图层、【细实线】图层和【轮廓线】图层。

② 将【中心线】图层设置为当前图层。单击【直线】按钮，绘制一条竖直的中心线。将【轮廓线】图层设置为当前图层。再次执行【直线】命令，绘制一条水平的轮廓线，结果如图 3-56 所示。

③ 单击【偏移】按钮，将水平轮廓线向上偏移，偏移距离分别为 10、40、62、72。再次执行【偏移】命令，将竖直中心线分别向两侧偏移 17、34、52、62，再将竖直中心线向右偏移 24。选取偏移后的直线，将其所在图层修改为【轮廓线】图层，得到的结果如图 3-57 所示。

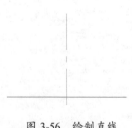

图 3-56 绘制直线

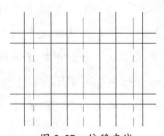

图 3-57 偏移直线

> **提醒一下：**
> 在选择偏移对象时，只能以点选的方式选择对象，且每次只能偏移一个对象。

④ 单击【样条曲线】按钮，绘制中部的剖切线，结果如图 3-58 所示。命令行的操作提示如下：

```
命令：_spline
指定第一个点或 [对象(O)]：
指定下一点：
指定下一点或 [闭合(C)/拟合公差(F)] <起点切向>：
指定下一点或 [闭合(C)/拟合公差(F)] <起点切向>：
指定下一点或 [闭合(C)/拟合公差(F)] <起点切向>：
指定起点切向：
指定端点切向：
```

⑤ 单击【修剪】按钮，修剪相关图线，结果如图 3-59 所示。

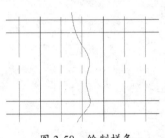

图 3-58　绘制样条

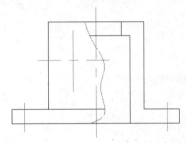

图 3-59　修剪图线

⑥ 单击【偏移】按钮，将线段 1 向两侧分别偏移 5，并修剪。转换图层，将图线线型进行转换，结果如图 3-60 所示。

⑦ 单击【样条曲线】按钮，绘制中部的剖切线，并进行修剪，结果如图 3-61 所示。

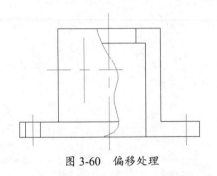

图 3-60　偏移处理

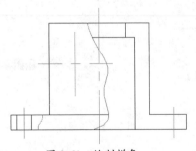

图 3-61　绘制样条

⑧ 单击【圆】按钮，以中心线交点为圆心，分别绘制半径为 15 和 5 的同心圆，结果如图 3-62 所示。

⑨ 将【细实线】图层设置为当前图层。单击【图案填充】按钮，打开【图案填充创建】选项卡，选择【用户定义】类型，设置角度为 45°、间距为 3；分别勾选和取消勾选【双向】复选框，选择相应的填充区域。确认后进行填充，结果如图 3-63 所示。

图 3-62 绘制圆

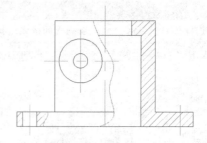
图 3-63 填充图案结果

2．定点偏移对象

所谓【定点偏移】，指的就是为偏移对象指定一个通过点，进行偏移对象。

上机实践——定点偏移对象

① 打开本例源文件"定点偏移对象.dwg"，如图 3-64 所示。

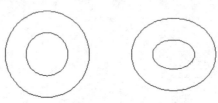
图 3-64 打开的图形

② 单击【修改】面板中的【偏移】按钮，激活【偏移】命令，偏移小圆，使偏移出的圆与大椭圆相切，如图 3-65 所示。

③ 偏移结果如图 3-66 所示。

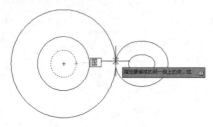
图 3-65 偏移小圆

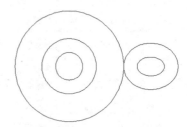
图 3-66 定点偏移

3.5 拓展训练

本章前面几节中主要介绍了 AutoCAD 2020 的二维图形编辑相关命令及使用方法，本节将以几个典型的图形绘制实例来说明图形编辑命令的应用方法，以帮助读者快速掌握本章所学的重点知识。

3.5.1 训练一：绘制法兰盘

二维的法兰盘图形是由多个同心圆和圆阵列组共同组成的，如图 3-67 所示。

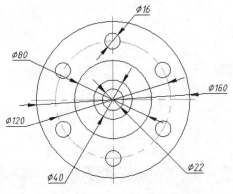

图 3-67 法兰盘平面图

绘制法兰盘，可使用【偏移】命令来快速创建同心圆，然后使用【阵列】命令来创建出直径相同的圆阵列组。

操作步骤

① 打开本例源文件"基准中心线.dwg"。
② 在基准线中心绘制一个直径为 22 的基圆。命令行的操作提示如下：

```
命令: circle
指定圆的圆心或 [三点(3P)/两点(2P)/切点、切点、半径(T)]：    //指定圆心
指定圆的半径或 [直径(D)]: d↙                              //输入 D 选项
指定圆的直径 <0.00>: 22↙                                  //指定圆的直径
```

③ 操作过程及结果如图 3-68 所示。

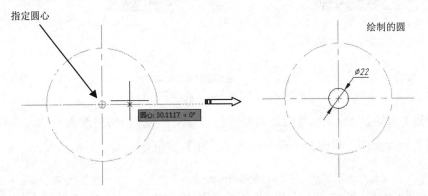

图 3-68 绘制基圆

④ 使用【偏移】命令，以基圆作为要偏移的对象，创建出偏移距离为 9 的同心圆。在【常规】选项卡的【修改】面板中单击【偏移】按钮 ⌾，命令行的操作提示如下：

```
命令: _offset
当前设置: 删除源=否  图层=源  OFFSETGAPTYPE=0              //设置显示
```

```
指定偏移距离或 [通过(T)/删除(E)/图层(L)] <通过>: 9✓        //输入偏移距离值
选择要偏移的对象，或 [退出(E)/放弃(U)] <退出>:             //指定基圆
指定要偏移的那一侧上的点，或 [退出(E)/多个(M)/放弃(U)] <退出>:   //指定偏移侧
选择要偏移的对象，或 [退出(E)/放弃(U)] <退出>: ✓
```

⑤ 操作过程及结果如图 3-69 所示。

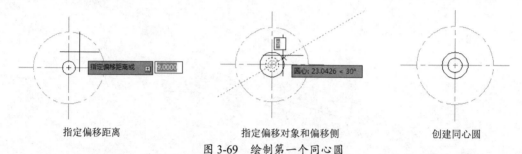

指定偏移距离　　　　　指定偏移对象和偏移侧　　　　创建同心圆

图 3-69　绘制第一个同心圆

提醒一下：

要执行相同命令，可直接按 Enter 键。

⑥ 使用【偏移】命令，以基圆作为要偏移的对象，创建出偏移距离为 29 的同心圆。在【常规】选项卡的【修改】面板中单击【偏移】按钮，命令行的操作提示如下：

```
命令: _offset
当前设置: 删除源=否  图层=源  OFFSETGAPTYPE=0           //设置显示
指定偏移距离或 [通过(T)/删除(E)/图层(L)] <9.0>: 29✓     //输入偏移距离值
选择要偏移的对象，或 [退出(E)/放弃(U)] <退出>:           //指定基圆
指定要偏移的那一侧上的点，或 [退出(E)/多个(M)/放弃(U)] <退出>:  //指定偏移侧
选择要偏移的对象，或 [退出(E)/放弃(U)] <退出>: ✓
```

⑦ 操作过程及结果如图 3-70 所示。

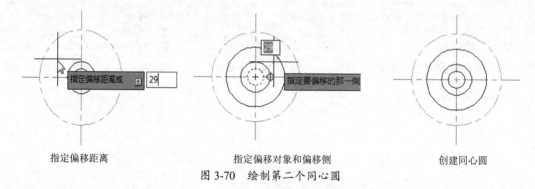

指定偏移距离　　　　　指定偏移对象和偏移侧　　　　创建同心圆

图 3-70　绘制第二个同心圆

⑧ 使用【偏移】命令，以基圆作为要偏移的对象，创建出偏移距离为 69 的同心圆。在【常规】选项卡的【修改】面板中单击【偏移】按钮，命令行的操作提示如下：

```
命令: _offset
当前设置: 删除源=否  图层=源  OFFSETGAPTYPE=0           //设置显示
指定偏移距离或 [通过(T)/删除(E)/图层(L)] <29.0>: 69✓    //输入偏移距离值
选择要偏移的对象，或 [退出(E)/放弃(U)] <退出>:           //指定基圆
指定要偏移的那一侧上的点，或 [退出(E)/多个(M)/放弃(U)] <退出>:  //指定偏移侧
选择要偏移的对象，或 [退出(E)/放弃(U)] <退出>: ✓
```

⑨ 操作过程及结果如图 3-71 所示。

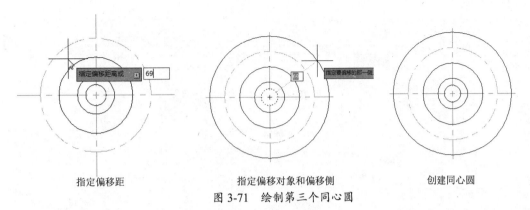

指定偏移距　　　　　　　指定偏移对象和偏移侧　　　　　创建同心圆

图 3-71　绘制第三个同心圆

⑩ 使用【圆】命令，在圆定位线与基准线的交点上绘制一个直径为 16 的小圆。命令行的操作提示如下：

```
命令: circle
CIRCLE 指定圆的圆心或 [三点(3P)/两点(2P)/切点、切点、半径(T)]:    //指定圆心
指定圆的半径或 [直径(D)] <11.0>: d↙                                //输入 D 选项
指定圆的直径 <22.0>: 16↙                                           //输入直径值
```

⑪ 操作过程及结果如图 3-72 所示。

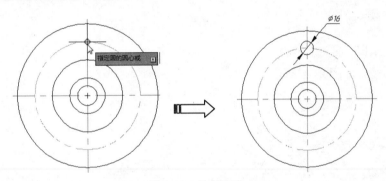

图 3-72　绘制小圆

⑫ 使用【阵列】命令，以小圆为要阵列的对象，创建 6 个环形阵列圆。在【修改】面板中单击【环形阵列】按钮 ，然后按命令行提示进行操作，阵列的结果如图 3-73 所示。

```
命令: _arraypolar
选择对象: 找到 1 个
选择对象:                                                          //选择小圆
类型 = 极轴  关联 = 是
指定阵列的中心点或 [基点(B)/旋转轴(A)]:                             //指定大圆圆心
输入项目数或 [项目间角度(A)/表达式(E)] <4>: 6↙
指定填充角度(+=逆时针、-=顺时针) 或 [表达式(EX)] <360>:↙
按 Enter 键接受或 [关联(AS)/基点(B)/项目(I)/项目间角度(A)/填充角度(F)/行(ROW)/层(L)/旋转项目(ROT)/退出(X)]
<退出>:↙
```

⑬ 至此，本例的图形就绘制完成了。

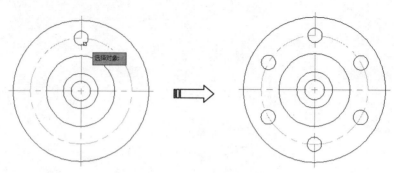

图 3-73　创建阵列圆

3.5.2　训练二：绘制机制夹具

本例要绘制的机制夹具图形主要由圆、圆弧、直线等图形构成，如图 3-74 所示。可使用【直线】和【圆弧】命令来绘制图形，再结合【偏移】、【修剪】、【旋转】、【圆角】、【镜像】和【延伸】等命令来辅助完成其余特征，这样就可以提高图形绘制效率。

操作步骤

① 新建一个空白文件。

② 绘制中心线，如图 3-75 所示。

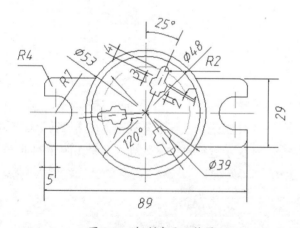

图 3-74　机制夹具二维图

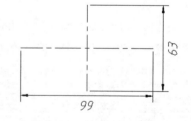

图 3-75　绘制中心线

③ 使用【偏移】命令，绘制出直线的大致轮廓。命令行的操作提示如下：

```
命令：_offset
当前设置：删除源=否  图层=源  OFFSETGAPTYPE=0            //设置显示
指定偏移距离或 [通过(T)/删除(E)/图层(L)] <通过>：44.5↙     //输入偏移距离
选择要偏移的对象，或 [退出(E)/放弃(U)] <退出>：           //指定偏移对象
指定要偏移的那一侧上的点，或 [退出(E)/多个(M)/放弃(U)] <退出>： //指定偏移侧
选择要偏移的对象，或 [退出(E)/放弃(U)] <退出>：↙
命令：↙
OFFSET
当前设置：删除源=否  图层=源  OFFSETGAPTYPE=0            //设置显示
指定偏移距离或 [通过(T)/删除(E)/图层(L)] <44.5000>：5 ↙    //输入偏移距离
```

```
选择要偏移的对象，或 [退出(E)/放弃(U)] <退出>:          //指定偏移对象
指定要偏移的那一侧上的点，或 [退出(E)/多个(M)/放弃(U)] <退出>:  //指定偏移侧
选择要偏移的对象，或 [退出(E)/放弃(U)] <退出>: ✓
命令: ✓
OFFSET
当前设置：删除源=否  图层=源  OFFSETGAPTYPE=0            //设置显示
指定偏移距离或 [通过(T)/删除(E)/图层(L)] <5.0000>: 14.5 ✓  //输入偏移距离
选择要偏移的对象，或 [退出(E)/放弃(U)] <退出>:          //指定偏移对象
指定要偏移的那一侧上的点，或 [退出(E)/多个(M)/放弃(U)] <退出>:  //指定偏移侧
选择要偏移的对象，或 [退出(E)/放弃(U)] <退出>:          //指定偏移对象
指定要偏移的那一侧上的点，或 [退出(E)/多个(M)/放弃(U)] <退出>:  //指定偏移侧
选择要偏移的对象，或 [退出(E)/放弃(U)] <退出>: ✓
命令: ✓
OFFSET
当前设置：删除源=否  图层=源  OFFSETGAPTYPE=0            //设置显示
指定偏移距离或 [通过(T)/删除(E)/图层(L)] <14.5000>: 7 ✓    //输入偏移距离
选择要偏移的对象，或 [退出(E)/放弃(U)] <退出>:          //指定偏移对象
指定要偏移的那一侧上的点，或 [退出(E)/多个(M)/放弃(U)] <退出>:  //指定偏移侧
选择要偏移的对象，或 [退出(E)/放弃(U)] <退出>:          //指定偏移对象
指定要偏移的那一侧上的点，或 [退出(E)/多个(M)/放弃(U)] <退出>:  //指定偏移侧
选择要偏移的对象，或 [退出(E)/放弃(U)] <退出>: ✓
```

④ 绘制的偏移直线如图 3-76 所示。

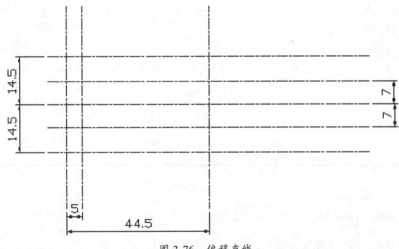

图 3-76 偏移直线

⑤ 创建一个圆，然后以此圆作为偏移对象，再创建出两个偏移对象。命令行的操作提示如下：

```
命令: _circle
指定圆的圆心或 [三点(3P)/两点(2P)/切点、切点、半径(T)]:    //指定圆心
指定圆的半径或 [直径(D)] <0.0000>: d✓                   //输入D选项
指定圆的直径 <0.0000>: 39✓                              //输入圆的直径
命令: _offset
当前设置：删除源=否  图层=源  OFFSETGAPTYPE=0            //设置显示
指定偏移距离或 [通过(T)/删除(E)/图层(L)] <3.5000>: 4.5✓    //输入偏移距离
选择要偏移的对象，或 [退出(E)/放弃(U)] <退出>:          //指定直径为39的圆
指定要偏移的那一侧上的点，或 [退出(E)/多个(M)/放弃(U)] <退出>:  //指定偏移侧
选择要偏移的对象，或 [退出(E)/放弃(U)] <退出>: ✓
命令: ✓
OFFSET
当前设置：删除源=否  图层=源  OFFSETGAPTYPE=0            //设置显示
指定偏移距离或 [通过(T)/删除(E)/图层(L)] <4.5000>: 2.5✓    //输入偏移距离
```

```
选择要偏移的对象，或 [退出(E)/放弃(U)] <退出>:            //指定直径为48的圆
指定要偏移的那一侧上的点，或 [退出(E)/多个(M)/放弃(U)] <退出>:     //指定偏移侧
选择要偏移的对象，或 [退出(E)/放弃(U)] <退出>:↙
```

⑥ 绘制结果如图3-77所示。

⑦ 使用【修剪】命令，对绘制的直线和圆进行修剪，结果如图3-78所示。

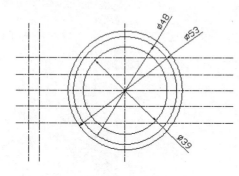

图3-77 偏移圆　　　　　　　　图3-78 修剪直线和圆

⑧ 使用【圆角】命令，对直线倒圆。命令行的操作提示如下：

```
命令: _fillet
当前设置: 模式=不修剪，半径=0.0000                           //设置显示
选择第一个对象或 [放弃(U)/多段线(P)/半径(R)/修剪(T)/多个(M)]: r↙   //输入R
指定圆角半径 <0.0000>: 3.5↙                                //输入圆角半径
选择第一个对象或 [放弃(U)/多段线(P)/半径(R)/修剪(T)/多个(M)]: t↙   //选择选项
输入修剪模式选项 [修剪(T)/不修剪(N)] <不修剪>: t↙              //选择选项
选择第一个对象或 [放弃(U)/多段线(P)/半径(R)/修剪(T)/多个(M)]:     //选择圆角边1
选择第二个对象，或按住 Shift 键选择要应用角点的对象:↙           //选择圆角边2
命令:↙
FILLET
当前设置: 模式=修剪，半径=3.5000                             //设置显示
选择第一个对象或 [放弃(U)/多段线(P)/半径(R)/修剪(T)/多个(M)]:     //指定圆角边1
选择第二个对象，或按住 Shift 键选择要应用角点的对象:             //指定圆角边2
命令:↙
FILLET
当前设置: 模式=修剪，半径=3.5000                             //设置显示
选择第一个对象或 [放弃(U)/多段线(P)/半径(R)/修剪(T)/多个(M)]: r↙  //选择选项
指定圆角半径 <3.5000>: 7↙                                  //输入圆角半径
选择第一个对象或 [放弃(U)/多段线(P)/半径(R)/修剪(T)/多个(M)]:     //指定圆角边1
选择第二个对象，或按住 Shift 键选择要应用角点的对象:↙           //指定圆角边2
```

⑨ 倒圆结果如图3-79所示。

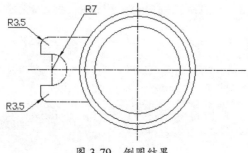

图3-79 倒圆结果

⑩ 利用夹点来拖动如图3-80所示的直线。

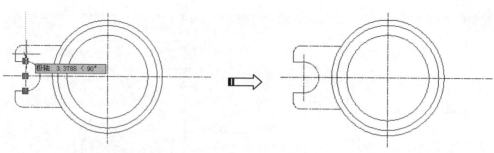

图 3-80 拖动直线

⑪ 使用【镜像】命令将选择的对象镜像到圆中心线的另一侧。命令行的操作提示如下：

```
命令: _mirror
选择对象: 指定对角点: 找到 10 个              //选择要镜像的对象
选择对象: ↙
指定镜像线的第一点: 指定镜像线的第二点:      //指定镜像第一点和第二点
要删除源对象吗？[是(Y)/否(N)] <N>: ↙
```

⑫ 镜像操作的结果如图 3-81 所示。

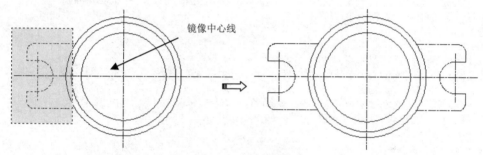

图 3-81 镜像对象

⑬ 绘制一条斜线，如图 3-82 所示。命令行的操作提示如下：

```
命令: _line 指定第一点:                      //指定起点
指定下一点或 [放弃(U)]: <65 ↙                //输入替代角度
角度替代: 65
指定下一点或 [放弃(U)]:                      //指定直线终点
指定下一点或 [放弃(U)]: ↙
```

⑭ 在【草图设置】对话框的【极轴追踪】选项卡中勾选【启用极轴追踪】复选框，将【增量角】设为 90，并在【极轴角测量】选项区中单击【相对上一段】单选按钮，如图 3-83 所示。

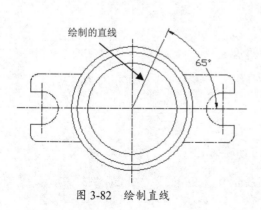

图 3-82 绘制直线

图 3-83 设置极轴追踪

⑮ 在斜线的端点处绘制一条垂线，并将垂线移动至如图3-84所示的斜线与圆的交点上。

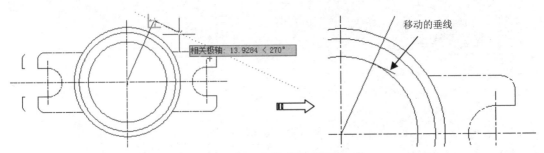

图3-84 绘制并移动垂线

⑯ 使用【偏移】命令，绘制垂线和斜线的偏移对象。命令行的操作提示如下：

```
命令：_offset
当前设置：删除源=否  图层=源  OFFSETGAPTYPE=0              //设置显示
指定偏移距离或 [通过(T)/删除(E)/图层(L)] <7.0000>：2✓      //输入偏移距离
选择要偏移的对象，或 [退出(E)/放弃(U)] <退出>：             //指定偏移对象
指定要偏移的那一侧上的点，或 [退出(E)/多个(M)/放弃(U)] <退出>：  //指定偏移侧
选择要偏移的对象，或 [退出(E)/放弃(U)] <退出>：✓
命令：✓
OFFSET
当前设置：删除源=否  图层=源  OFFSETGAPTYPE=0
指定偏移距离或 [通过(T)/删除(E)/图层(L)] <2.0000>：4✓      //输入偏移距离
选择要偏移的对象，或 [退出(E)/放弃(U)] <退出>：             //指定偏移对象
指定要偏移的那一侧上的点，或 [退出(E)/多个(M)/放弃(U)] <退出>：  //指定偏移侧
选择要偏移的对象，或 [退出(E)/放弃(U)] <退出>：✓
命令：✓
OFFSET
当前设置：删除源=否  图层=源  OFFSETGAPTYPE=0
指定偏移距离或 [通过(T)/删除(E)/图层(L)] <4.0000>：1✓      //输入偏移距离
选择要偏移的对象，或 [退出(E)/放弃(U)] <退出>：             //指定偏移对象
指定要偏移的那一侧上的点，或 [退出(E)/多个(M)/放弃(U)] <退出>：  //指定偏移侧
选择要偏移的对象，或 [退出(E)/放弃(U)] <退出>：✓
命令：✓
OFFSET
当前设置：删除源=否  图层=源  OFFSETGAPTYPE=0
指定偏移距离或 [通过(T)/删除(E)/图层(L)] <1.0000>：3✓      //输入偏移距离
选择要偏移的对象，或 [退出(E)/放弃(U)] <退出>：             //指定偏移对象
指定要偏移的那一侧上的点，或 [退出(E)/多个(M)/放弃(U)] <退出>：  //指定偏移侧
选择要偏移的对象，或 [退出(E)/放弃(U)] <退出>：✓
命令：✓
OFFSET
当前设置：删除源=否  图层=源  OFFSETGAPTYPE=0
指定偏移距离或 [通过(T)/删除(E)/图层(L)] <3.0000>：1✓      //输入偏移距离
选择要偏移的对象，或 [退出(E)/放弃(U)] <退出>：             //指定偏移对象
指定要偏移的那一侧上的点，或 [退出(E)/多个(M)/放弃(U)] <退出>：  //指定偏移侧
选择要偏移的对象，或 [退出(E)/放弃(U)] <退出>：✓
命令：✓
OFFSET
当前设置：删除源=否  图层=源  OFFSETGAPTYPE=0
指定偏移距离或 [通过(T)/删除(E)/图层(L)] <1.0000>：2✓      //输入偏移距离
选择要偏移的对象，或 [退出(E)/放弃(U)] <退出>：             //指定偏移对象
指定要偏移的那一侧上的点，或 [退出(E)/多个(M)/放弃(U)] <退出>：  //指定偏移侧
选择要偏移的对象，或 [退出(E)/放弃(U)] <退出>：✓
```

⑰ 绘制的偏移对象如图 3-85 所示。

⑱ 使用【修剪】命令将偏移对象进行修剪，修剪结果如图 3-86 所示。

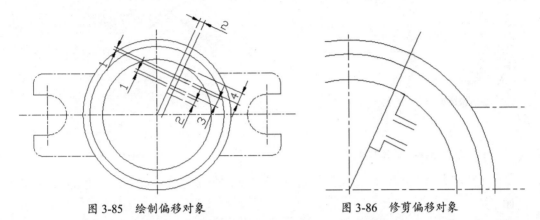

图 3-85　绘制偏移对象　　　　　　　　　图 3-86　修剪偏移对象

⑲ 使用【旋转】命令，将修剪后的两条直线进行旋转但不复制。命令行的操作提示如下：

```
命令：_rotate
UCS 当前的正角方向： ANGDIR=逆时针  ANGBASE=0            //设置显示
选择对象：找到 1 个                                      //选择旋转对象1
选择对象：✓
指定基点：                                              //指定旋转基点
指定旋转角度，或 [复制(C)/参照(R)] <0>：30 ✓            //输入旋转角度
命令：✓
ROTATE
UCS 当前的正角方向： ANGDIR=逆时针  ANGBASE=0
选择对象：找到 1 个                                      //选择旋转对象2
选择对象：✓
指定基点：                                              //指定旋转基点
指定旋转角度，或 [复制(C)/参照(R)] <30>：-30 ✓          //输入旋转角度
```

⑳ 旋转结果如图 3-87 所示。

㉑ 将旋转后的直线进行修剪，然后绘制一条直线，结果如图 3-88 所示。

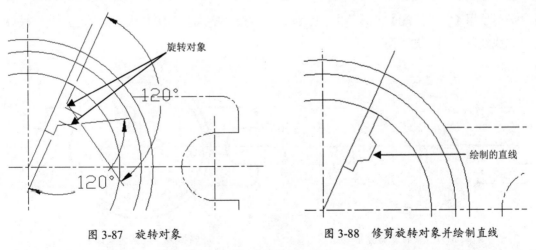

图 3-87　旋转对象　　　　　　　　　　　图 3-88　修剪旋转对象并绘制直线

㉒ 使用【镜像】命令，将修剪后的直线镜像到斜线的另一侧，如图 3-89 所示。然后再使用【圆角】命令创建圆角，如图 3-90 所示。

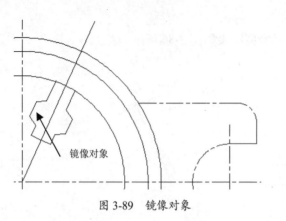

图 3-89 镜像对象　　　　　　　　　图 3-90 创建圆角

㉓ 使用【旋转】命令，将镜像对象、镜像中心线及圆角进行旋转复制。命令行的操作提示如下：

```
命令：_rotate
UCS 当前的正角方向：ANGDIR=逆时针 ANGBASE=0          //设置提示
选择对象：指定对角点：找到 19 个                       //选择旋转对象
选择对象：✓
指定基点：                                          //指定基点
指定旋转角度，或 [复制(C)/参照(R)] <330>：c✓          //输入 C 选项
旋转一组选定对象。
指定旋转角度，或 [复制(C)/参照(R)] <330>：120✓        //输入旋转角度
命令：✓
ROTATE
UCS 当前的正角方向：ANGDIR=逆时针 ANGBASE=0
选择对象：找到 19 个                                 //选择旋转对象
选择对象：✓
指定基点：                                          //指定基点
指定旋转角度，或 [复制(C)/参照(R)] <120>：c✓          //输入 C 选项
旋转一组选定对象。
指定旋转角度，或 [复制(C)/参照(R)] <120>：✓
```

㉔ 旋转复制的结果如图 3-91 所示。

㉕ 最后使用【特性匹配】工具将中心点画线设为统一格式，将所有实线格式也统一。最终完成结果如图 3-92 所示。

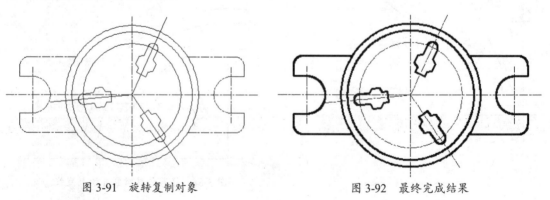

图 3-91 旋转复制对象　　　　　　　　图 3-92 最终完成结果

CHAPTER 4

图形的修改

本章导读

利用 AutoCAD 2020 的修改图形工具，可以方便地对复杂图形进行后期处理。这些修改图形工具可以单独使用，也可以结合图形变换操作工具来处理图形。本章将详细介绍各种修改图形工具的基本功能和使用技巧。

学习要点

- ☑ 对象的常规修改
- ☑ 分解与合并对象
- ☑ 图形特性修改

扫码看视频

4.1 对象的常规修改

在 AutoCAD 2020 中，可以使用【修剪】和【延伸】命令缩短或拉长对象，以与其他对象的边相接。也可以使用【缩放】、【拉伸】和【拉长】命令，在一个方向上调整对象的大小，或者按比例增大或缩小对象。

4.1.1 缩放对象

【缩放】命令用于将对象进行等比例放大或缩小，使用此命令可以创建形状相同、大小不同的图形结构。

上机实践——图形的缩放

① 首先新建空白文件。
② 使用快捷键 C 激活【圆】命令，绘制直径为 100 的圆，如图 4-1 所示。
③ 单击【修改】面板中的【缩放】按钮 ，激活【缩放】命令，将圆等比缩小 1/2。命令行的操作提示如下：

```
命令：_scale
选择对象：                              //选择刚绘制的圆
选择对象：✓                             //结束对象的选择
指定基点：                              //捕捉圆的圆心
指定比例因子或 [复制(C)/参照(R)] <1.0000>:0.5✓  //输入缩放比例
```

④ 缩放结果如图 4-2 所示。

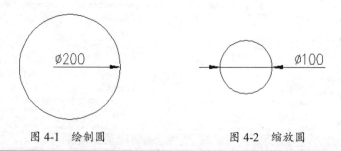

图 4-1 绘制圆　　　　　图 4-2 缩放圆

提醒一下：
在等比例缩放对象时，如果输入的比例因子大于 1，对象将被放大；如果输入的比例因子小于 1，对象将被缩小。

4.1.2 拉伸对象

【拉伸】命令用于不等比缩放对象，进而改变对象的尺寸或形状，如图 4-3 所示。

CHAPTER 4 图形的修改

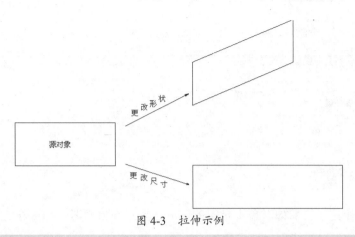

图 4-3 拉伸示例

上机实践——拉伸对象

通常用于拉伸的对象有直线、圆弧、椭圆弧、多段线、样条曲线等。下面通过将某矩形的短边尺寸拉伸为原来的 2 倍，而长边尺寸拉伸为 1.5 倍，学习使用【拉伸】命令。

① 新建空白文件。

② 使用【矩形】命令绘制一个矩形。

③ 单击【修改】面板中的【拉伸】按钮，激活【拉伸】命令，对矩形的水平边进行拉长。命令行的操作提示如下：

```
命令: _stretch
以交叉窗口或交叉多边形选择要拉伸的对象...
选择对象:                           //拉出如图 4-4 所示的窗交选择框
选择对象:✓                         //结束对象的选择
指定基点或 [位移(D)] <位移>:         //捕捉矩形的左下角点，作为拉伸的基点
指定第二个点或 <使用第一个点作为位移>: //捕捉矩形下侧边中点作为拉伸目标点
```

④ 拉伸结果如图 4-5 所示。

图 4-4 窗交选择框　　　　　　　　图 4-5 拉伸结果

> 提醒一下：
> 如果所选择的图形对象完全处于选择框内时，那么拉伸的结果只能是图形对象相对于原位置上的平移。

⑤ 按 Enter 键，再次执行【拉伸】命令，将矩形的宽度拉伸 1.5 倍。命令行的操作提示如下：

```
命令: _stretch
以交叉窗口或交叉多边形选择要拉伸的对象...
选择对象:                           //拉出如图 4-6 所示的窗交选择框
选择对象:✓                         //结束对象的选择
指定基点或 [位移(D)] <位移>:         //捕捉矩形的左下角点，作为拉伸的基点
指定第二个点或 <使用第一个点作为位移>:
  //捕捉矩形左上角点作为拉伸目标点
```

⑥ 拉伸结果如图 4-7 所示。

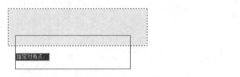
图 4-6　窗交选择框

图 4-7　拉伸结果

4.1.3　修剪对象

【修剪】命令用于修剪掉对象上指定的部分，不过在修剪时，需要事先指定一个边界。

1. 常规修剪

在修剪对象时，边界的选择是关键，而边界必须要与修剪对象相交，或与其延长线相交，才能成功修剪对象。因此，系统为用户设定了两种修剪模式，即【修剪模式】和【不修剪模式】，默认模式为【不修剪模式】。

上机实践——对象的修剪

① 新建一个空白文件。
② 使用【直线】命令绘制如图 4-8（左）所示的两条图线。
③ 单击【修改】面板中的【修剪】按钮 ，激活【修剪】命令，对水平直线进行修剪。命令行的操作提示如下：

```
命令：_trim
当前设置:投影=UCS,边=无
选择剪切边...
选择对象或 <全部选择>：              //选择倾斜直线作为边界
选择对象：✓                         //结束边界的选择
选择要修剪的对象,或按住 Shift 键选择要延伸的对象,或[栏选(F)/窗交(C)/投影式(P)/边(E)/删除(R)/放弃(U)]:                         //在水平直线的右端单击,定位需要删除的部分
选择要修剪的对象,或按住 Shift 键选择要延伸的对象,或[栏选(F)/窗交(C)/投影(P)/边(E)/删除(R)/放弃(U)]:✓                       //结束命令
```

④ 修剪结果如图 4-8（右）所示。

图 4-8　修剪示例

> 提醒一下：
> 当修剪多个对象时，可以使用【栏选】和【窗交】两种选项功能，如图 4-9 和图 4-10 所示。当选择【栏选】选项时，需要绘制一条或多条栅栏线，所有与栅栏线相交的对象都会被选择。

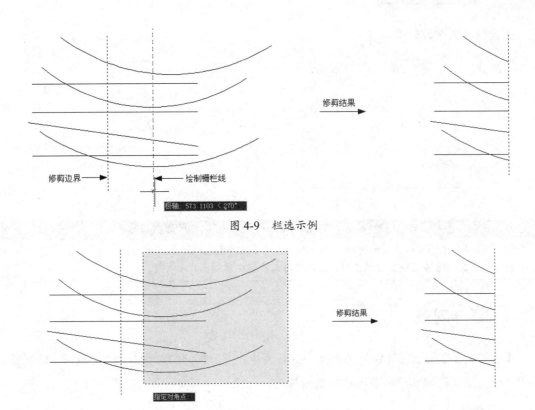

图 4-9 栏选示例

图 4-10 窗交选择示例

2. 隐含交点下的修剪

所谓隐含交点，指的是边界与对象没有实际的交点，而是边界被延长后，与对象存在一个隐含交点。

对隐含交点下的图线进行修剪时，需要更改默认的修剪模式，即将默认模式更改为【修剪模式】。

上机实践——隐含交点下的修剪

① 使用【直线】命令绘制如图 4-11 所示的两条图线。

② 单击【修改】面板中的【修剪】按钮 ，激活【修剪】命令，对水平图线进行修剪。命令行的操作提示如下：

```
命令：_trim
当前设置:投影=UCS，边=无
选择剪切边...
选择对象或 <全部选择>：✓          //选择刚绘制的倾斜图线
选择对象：
选择要修剪的对象，或按住 Shift 键选择要延伸的对象，或[栏选(F)/窗交(C)/投影(P)/边(E)/删除(R)/放弃(U)]:e✓         //激活【边】选项功能
输入隐含边延伸模式 [延伸(E)/不延伸(N)] <不延伸>:e✓
                              //设置修剪模式为延伸模式
选择要修剪的对象，或按住 Shift 键选择要延伸的对象，或[栏选(F)/窗交(C)/投影(P)/边(E)/删除(R)/放弃(U)]:           //在水平图线的右端单击
选择要修剪的对象，或按住 Shift 键选择要延伸的对象，或[栏选(F)/窗交(C)/投影(P)/边(E)/删除(R)/放弃(U)]:✓         //结束修剪命令
```

③ 图线的修剪结果如图 4-12 所示。

图 4-11　绘制图线　　　　　　　　　图 4-12　修剪结果

> **提醒一下：**
> 【边】选项用于确定修剪边的隐含延伸模式。其中【延伸】选项表示剪切边界可以无限延长，边界与被剪实体不必相交；【不延伸】选项指剪切边界只有与被剪实体相交时才有效。

4.1.4　延伸对象

【延伸】命令用于将对象延伸至指定的边界上，用于延伸的对象有直线、圆弧、椭圆弧、非闭合的二维多段线和三维多段线以及射线等。

1．常规修剪

在延伸对象时，也需要为对象指定边界。指定边界时，有两种情况，一种是对象被延长后与边界存在一个实际的交点，另一种就是与边界的延长线相交于一点。

为此，AutoCAD 为用户提供了两种模式，即【延伸模式】和【不延伸模式】，系统默认模式为【不延伸模式】。

上机实践——延伸对象

① 使用【直线】命令绘制如图 4-13（左）所示的两条图线。
② 执行【修改】|【延伸】命令，对垂直图线进行延伸，使之与水平图线垂直相交。命令行的操作提示如下：

```
命令：_extend
当前设置:投影=UCS,边=无
选择边界的边...
选择对象或 <全部选择>：                    //选择水平图线作为边界
选择对象：✓                                //结束边界的选择
选择要延伸的对象,或按住 Shift 键选择要修剪的对象,或[栏选(F)/窗交(C)/投影(P)/边(E)/放弃(U)]：
                                          //在垂直图线的下端单击
选择要延伸的对象,或按住 Shift 键选择要修剪的对象,或[栏选(F)/窗交(C)/投影(P)/边(E)/放弃(U)]：✓
                                          //结束命令
```

③ 结果垂直图线的下端被延伸，如图 4-13（右）所示。

> **提醒一下：**
> 在选择延伸对象时，要在靠近延伸边界的一端选择需要延伸的对象，否则对象将不被延伸。

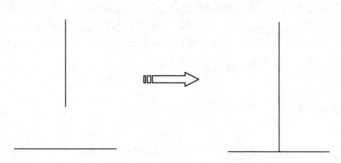

图 4-13　延伸示例

2. 隐含交点下的延伸

所谓隐含交点，指的是边界与对象延长线没有实际的交点，而是边界被延长后，与对象延长线存在一个隐含交点。

对隐含交点下的图线进行延伸时，需要更改默认的延伸模式，即将默认模式更改为【延伸模式】。

上机实践——隐含模式下的延伸

① 使用【直线】命令绘制如图 4-14（左）所示的两条图线。

② 执行【修剪】命令，将垂直图线的下端延长，使之与水平图线的延长线相交。命令行的操作提示如下：

```
命令：_extend
当前设置:投影=UCS,边=无
选择边界的边...
选择对象：                      //选择水平的图线作为延伸边界
选择对象：✓                     //结束边界的选择
选择要延伸的对象，或按住 Shift 键选择要修剪的对象，或[栏选(F)/窗交(C)/投影(P)/边(E)/放弃(U)]:e✓
                               //选择【边】选项
输入隐含边延伸模式 [延伸(E)/不延伸(N)] <不延伸>: e✓         //设置模式为延伸模式
选择要延伸的对象，或按住 Shift 键选择要修剪的对象，或[栏选(F)/窗交(C)/投影(P)/边(E)/放弃(U)]:
                               //在垂直图线的下端单击
选择要延伸的对象，或按住 Shift 键选择要修剪的对象，或[栏选(F)/窗交(C)/投影(P)/边(E)/放弃(U)]:✓
                               //结束命令
```

③ 延伸效果如图 4-14（右）所示。

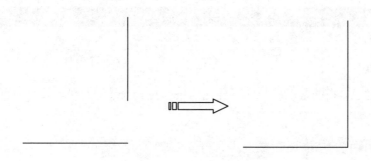

图 4-14　延伸示例

> **提醒一下：**
> 【边】选项用来确定延伸边的方式。【延伸】选项将使用隐含的延伸边界来延伸对象，而实际上边界和延伸对象并没有真正相交，AutoCAD 会假想将延伸边延长，然后再延伸；【不延伸】选项确定边界不延伸，而只有边界与延伸对象真正相交后才能完成延伸操作。

4.1.5 拉长对象

【拉长】命令用于拉长或缩短对象。在拉长的过程中，不仅可以改变线对象的长度，还可以更改弧对象的角度。

1. 增量拉长

所谓增量拉长，指的是按照事先指定的长度增量或角度增量拉长或缩短对象。

上机实践——拉长对象

① 首先新建空白文件。

② 使用【直线】命令绘制长度为 200 的水平直线，如图 4-15（上）所示。

③ 执行【修改】|【拉长】命令，将水平直线水平向右拉长 50 个单位。命令行的操作提示如下：

```
命令: _lengthen
选择对象或 [增量(DE)/百分数(P)/全部(T)/动态(DY)]:DE↙
                                              //激活【增量】选项
输入长度增量或 [角度(A)] <0.0000>:50↙          //设置长度增量
选择要修改的对象或 [放弃(U)]:                  //在直线的右端单击
选择要修改的对象或 [放弃(U)]:↙                 //退出命令
```

④ 拉长结果如图 4-15（下）所示。

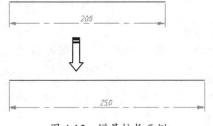

图 4-15 增量拉长示例

> **提醒一下：**
> 如果把增量值设置为正值，系统将拉长对象；反之则缩短对象。

2. 百分数拉长

所谓百分数拉长，指的是以总长的百分比值进行拉长或缩短对象，长度的百分数值必须为正且非零。

上机实践——用百分比拉长对象

① 新建空白文件。

② 使用【直线】命令绘制任意长度的水平图线，如图4-16（上）所示。
③ 执行【修改】|【拉长】命令，将水平图线拉长200%。命令行的操作提示如下：

```
命令：_lengthen
选择对象或 [增量(DE)/百分数(P)/全部(T)/动态(DY)]:P↙    //激活【百分比】选项
输入长度百分数 <100.0000>:200↙                      //设置拉长的百分比值
选择要修改的对象或 [放弃(U)]:                        //在线段的一端单击
选择要修改的对象或 [放弃(U)]:↙                       //结束命令
```

④ 拉长结果如图4-16（下）所示。

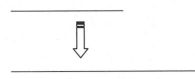

图 4-16　百分比拉长示例

> 提醒一下：
> 当长度百分比值小于100时，将缩短对象；输入长度的百分比值大于100时，将拉伸对象。

3. 全部拉长

所谓全部拉长，指的是根据指定一个总长度或者总角度拉长或缩短对象。

上机实践——将对象全部拉长

① 新建空白文件。
② 使用【直线】命令绘制任意长度的水平图线，如图4-17（上）所示。
③ 执行【修改】|【拉长】命令，将水平图线拉长为500个单位。命令行的操作提示如下：

```
命令：_lengthen
选择对象或 [增量(DE)/百分数(P)/全部(T)/动态(DY)]:t↙    //激活【全部】选项
指定总长度或 [角度(A)] <1.0000>:500↙                 //设置总长度
选择要修改的对象或 [放弃(U)]:                        //在线段的一端单击
选择要修改的对象或 [放弃(U)]:↙                       //退出命令
```

④ 结果源对象的长度被拉长为500，如图4-17（下）所示。

> 提醒一下：
> 如果源对象的总长度或总角度大于所指定的总长度或总角度，源对象将被缩短；反之，将被拉长。

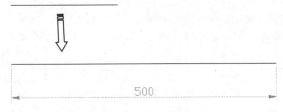

图 4-17　全部拉长示例

4. 动态拉长

所谓动态拉长，指的是根据图形对象的端点位置动态改变其长度。激活【动态】选项之后，AutoCAD 将端点移动到所需的长度或角度，另一端保持固定，如图 4-18 所示。

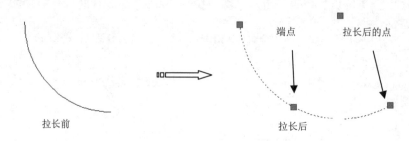

图 4-18 动态拉长示例

4.1.6 倒角

【倒角】命令指的就是使用一条线段连接两条非平行的图线，用于倒角的图线一般有直线、多段线、矩形、多边形等，不能倒角的图线有圆、圆弧、椭圆和椭圆弧等。下面将学习几种常用的倒角功能。

执行【倒角】命令主要有以下几种方式：

- 执行菜单栏中的【修改】|【倒角】命令
- 单击【修改】面板中的【倒角】按钮
- 在命令行中输入 Chamfer 按 Enter 键
- 使用命令简写 CHA 按 Enter 键

1. 距离倒角

所谓距离倒角，指的就是直接输入两条图线上的倒角距离，对图线进行倒角。

上机实践——距离倒角

① 首先新建空白文件。
② 绘制如图 4-19（左）所示的两条图线。
③ 单击【修改】面板中的【倒角】按钮，激活【倒角】命令，对两条图线进行距离倒角。
命令行的操作提示如下：

```
命令：_chamfer
（【修剪】模式）当前倒角距离 1 = 0.0000，距离 2 = 0.0000
选择第一条直线或 [放弃(U)/多段线(P)/距离(D)/角度(A)/修剪(T)/方式(E)/多个(M)]：
d↙                                              //激活【距离】选项
指定第一个倒角距离 <0.0000>:40↙                  //设置第一个倒角距离
指定第二个倒角距离 <25.0000>:50↙                 //设置第二个倒角距离
选择第一条直线或 [放弃(U)/多段线(P)/距离(D)/角度(A)/修剪(T)/方式(E)/多个(M)]：
                                                //选择水平线段
选择第二条直线，或按住 Shift 键选择要应用角点的直线：  //选择倾斜线段
```

> **提醒一下:**
> 在此操作提示中,【放弃】选项用于在不中止命令的前提下,撤销上一步操作;【多个】选项用于在执行一次命令时,对多条图线进行倒角操作。

④ 距离倒角的结果如图4-19(右)所示。

图 4-19 距离倒角

> **提醒一下:**
> 用于倒角的两个倒角距离值不能为负值,如果将两个倒角距离设置为零,那么倒角的结果就是两条图线被修剪或延长,直至相交于一点。

2. 角度倒角

所谓角度倒角,指的是通过设置一条图线的倒角长度和倒角角度,对图线进行倒角。

上机实践——图形的角度倒角

① 新建空白文件。
② 使用【直线】命令绘制如图4-20(左)所示的两条垂直图线。
③ 单击【修改】面板中的【倒角】按钮,激活【倒角】命令,对两条垂直图线进行角度倒角。命令行的操作提示如下:

```
命令: _chamfer
(【修剪】模式) 当前倒角长度 = 15.0000,角度 = 10
选择第一条直线或[放弃(U)/多段线(P)/距离(D)/角度(A)/修剪(T)/方式(E)/多个(M)]:a    //选择a选项
指定第一条直线的倒角长度 <15.0000>: 30                  //输入第一个倒角的距离
指定第一条直线的倒角角度 <10>: 45                       //输入倒角角度
选择第一条直线或 [放弃(U)/多段线(P)/距离(D)/角度(A)/修剪(T)/方式(E)/多个(M)]:
                                                    //选择要倒角的第一条直线
选择第二条直线,或按住 Shift 键选择直线以应用角点或 [距离(D)/角度(A)/方法(M)]:
                                                    //选择要倒角的第二条直线
```

④ 角度倒角的结果如图4-20(右)所示。

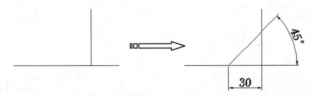

图 4-20 角度倒角

> **提醒一下:**
> 在此操作提示中,【方式】选项用于确定倒角的方式,要求选择【距离倒角】或【角度倒角】。另外,系统变量 Chammode 控制着倒角的方式:当 Chammode=0,系统支持【距离倒角】;当 Chammode=1 时,系统支持【角度倒角】。

3. 多段线倒角

【多段线】选项用于为整条多段线的所有相邻元素边进行同时倒角操作。在为多段线进行倒角操作时，可以使用相同的倒角距离值，也可以使用不同的倒角距离值。

上机实践——多段线倒角

① 使用【多段线】命令绘制如图 4-21（左）所示的多段线。

② 单击【修改】面板中的【倒角】按钮，激活【倒角】命令，对多段线进行倒角。命令行的操作提示如下：

```
命令：_chamfer
(【修剪】模式) 当前倒角距离 1 = 0.0000，距离 2 = 0.0000
选择第一条直线或 [放弃(U)/多段线(P)/距离(D)/角度(A)/修剪(T)/方式(E)/多个(M)]:d↙
                                               //激活【距离】选项
指定第一个倒角距离 <0.0000>:30↙               //设置第一个倒角距离
指定第二个倒角距离 <50.0000>:20↙              //设置第二个倒角距离
选择第一条直线或 [放弃(U)/多段线(P)/距离(D)/角度(A)/修剪(T)/方式(E)/多个(M)]:
p↙                                            //激活【多段线】选项
选择二维多段线或 [距离(D)/角度(A)/方法(M)]：   //选择刚绘制的多段线
6 条直线已被倒角
```

③ 6 条直线已被倒角，结果如图 4-21（右）所示。

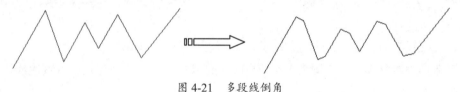

图 4-21 多段线倒角

4. 设置倒角模式

【修剪】选项用于设置倒角的修剪状态。系统提供了两种倒角边的修剪模式，即【修剪】和【不修剪】。当将倒角模式设置为【修剪】时，被倒角的两条直线被修剪到倒角的端点，系统默认的模式为【修剪】；当倒角模式设置为【不修剪】时，那么用于倒角的图线将不被修剪，如图 4-22 所示。

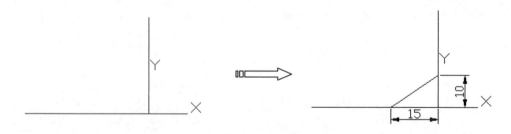

图 4-22 非修剪模式下的倒角

> 提醒一下：
> 系统变量 Trimmode 控制倒角的修剪状态。当 Trimmode=0 时，系统保持对象不被修剪；当 Trimmode=1 时，系统支持倒角的修剪模式。

4.1.7 倒圆角

所谓圆角对象，指的就是使用一段给定半径的圆弧光滑连接两条图线。一般情况下，用于倒圆角的图线有直线、多段线、样条曲线、构造线、射线、圆弧和椭圆弧等。

上机实践——直线与圆弧倒圆角

① 新建空白文件。
② 使用【直线】和【圆弧】命令绘制如图 4-23（左）所示的直线和圆弧。
③ 单击【修改】面板中的【圆角】按钮，激活【圆角】命令，对直线和圆弧进行倒圆角。命令行的操作提示如下：

```
命令:_fillet
当前设置: 模式 = 修剪, 半径 = 0.0000
选择第一个对象或 [放弃(U)/多段线(P)/半径(R)/修剪(T)/多个(M)]: r↙        //激活【半径】选项
指定圆角半径 <0.0000>:100↙                                              //输入半径值并按 Enter 键
选择第一个对象或 [放弃(U)/多段线(P)/半径(R)/修剪(T)/多个(M)]:           //选择倾斜线段
选择第二个对象, 或按住 Shift 键选择要应用角点的对象:                    //选择圆弧
```

④ 图线的圆角效果如图 4-23（右）所示。

> 提醒一下：
> 【多个】选项用于为多个对象进行圆角处理，不需要重复执行命令。如果用于倒圆角的图线处于同一图层中，那么圆角也处于同一图层中；如果倒圆角对象不在同一图层中，那么圆角将处于当前图层中。同样，圆角的颜色、线型和线宽也都遵守这一规则。

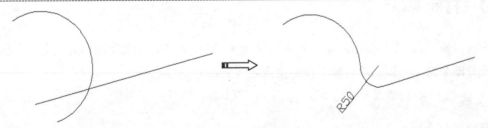

图 4-23 圆角效果

> 提醒一下：
> 【多段线】选项用于对多段线的所有相邻元素进行圆角处理，激活此选项后，AutoCAD 将以默认的圆角半径对整条多段线相邻各边进行圆角操作，如图 4-24 所示。

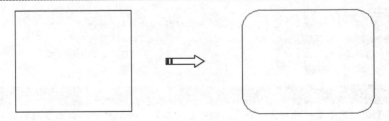

图 4-24 【多段线】圆角效果

与【倒角】命令一样，【圆角】命令也存在两种圆角模式，即【修剪】和【不修剪】，以上案例都是在【修剪】模式下进行倒圆角的，而【非修剪】模式下的圆角效果如图 4-25

所示。

> **提醒一下：**
>
> 用户也可通过系统变量 Trimmode 设置圆角的修剪模式，当 Trimmode=0 时，保持对象不被修剪；当 Trimmode=1 时表示倒圆角后进行修剪对象。

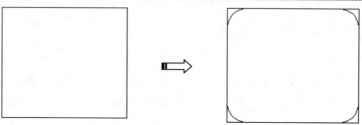

图 4-25　【非修剪】模式下的圆角效果

4.2 分解与合并对象

在 AutoCAD 中，可以将一个对象打断为两个或两个以上的对象，对象之间可以有间隙；也可以将一个多段线分解为多个对象；还可以将多个对象合并为一个对象；更可以选择对象并将其删除。上述操作所涉及的命令包括打断对象、合并对象、分解对象和删除对象。

4.2.1 打断对象

所谓打断对象，指的是将对象打断为相连的两部分，或打断并删除图形对象上的一部分。使用【打断】命令可以删除对象上任意两点之间的部分。

上机实践——打断图形

① 新建空白文件。

② 使用【直线】命令绘制长度为 500 的图线。

③ 单击【修改】面板中的【打断】按钮，配合点的捕捉和输入功能，在水平图线上删除 40 个单位的距离。命令行的操作提示如下：

```
命令：_break
选择对象：                                    //选择刚绘制的线段
指定第二个打断点 或 [第一点(F)]:f↙            //激活【第一点】选项
指定第一个打断点：                            //捕捉线段的中点作为第一断点
指定第二个打断点:@150,0↙                     //定位第二断点
```

> **提醒一下：**
>
> 【第一点】选项用于重新确定第一断点。由于在选择对象时不可能拾取到准确的第一点，所以需要激活该选项，以重新定位第一断点。

④ 打断结果如图 4-26 所示。

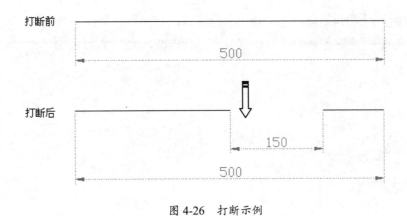

图 4-26 打断示例

4.2.2 合并对象

所谓合并对象，指的是将同角度的两条或多条线段合并为一条线段，还可以将圆弧或椭圆弧合并为一个整圆和椭圆，如图 4-27 所示。

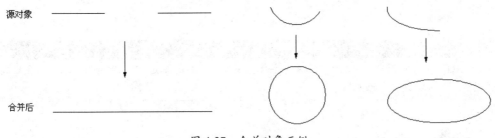

图 4-27 合并对象示例

上机实践——图形的合并

① 使用【直线】命令绘制两条线段。
② 执行【修改】|【合并】命令，将两条线段合并为一条线段，如图 4-28 所示。

图 4-28 合并线段

③ 执行【绘图】|【圆弧】命令，绘制一段圆弧。
④ 执行【修改】|【合并】命令，将圆弧合并为圆，如图 4-29 所示。

图 4-29 合并圆弧

⑤ 执行【绘图】|【圆弧】命令，绘制一段椭圆弧。

⑥ 执行【修改】|【合并】命令，将椭圆弧合并为椭圆，如图 4-30 所示。

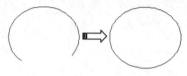

图 4-30 合并椭圆弧

4.2.3 分解对象

【分解】命令用于将组合对象分解成各自独立的对象，以方便对分解后的各对象进行编辑。

经常用于分解的组合对象有矩形、正多边形、多段线、边界以及一些图块等。在激活命令后，只需选择需要分解的对象按 Enter 键即可将对象分解。如果是对具有一定宽度的多段线分解，AutoCAD 将忽略其宽度并沿多段线的中心放置分解的多段线，如图 4-31 所示。

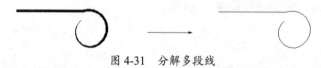

图 4-31 分解多段线

> **提醒一下：**
> AutoCAD 一次只能删除一个编组，如果一个块包含多段线或嵌套块，那么首先分解出该多段线或嵌套块，然后再分别分解该块中的各个对象。

4.3 图形特性修改

前面学习了在图层中赋予图层各种属性的方法，在实际制图过程中也可以直接为实体对象赋予需要的特性。设置对象的特性通常包括线型、线宽和颜色。

4.3.1 修改对象特性

绘制的每个对象都具有独特的特性。某些特性是基本特性，适用于大多数对象，例如图层、颜色、线型和打印样式。有些特性是特定于某个对象的特性，例如，圆的特性包括半径和面积，直线的特性包括长度和角度。

> **提醒一下：**
> 如果将特性设置为【ByLayer】，则将为对象指定与其所在图层相同的值。例如，如果将在图层 0 上绘制的直线的颜色指定为【ByLayer】，并将图层 0 的颜色指定为【红】，则该直线的颜色将为红色。如果将特性设置为一个特定值，则该值将被替换为图层设置的值。例如，如果将在图层 0 上绘制的直线的颜色指定为【蓝】，并将图层 0 的颜色指定为【红】，则该直线的颜色将为蓝色。

大多数图形的基本特性可以通过图层指定给对象，也可以直接指定给对象。直接指定特性给对象需要在【特性】面板中实现。在【默认】选项卡的【特性】面板中，包括对象颜色、线宽、线型、打印样式和列表等列表控制栏。选择要修改的对象后，单击【特性】面板中相应的控制按钮，然后在弹出的下拉列表中选择需要的特性即可修改对象的特性，如图 4-32 所示。

图 4-32　直接修改对象的特性

单击【特性】面板右下方的【特性】按钮，将打开【特性】选项板，在该选项板中可以修改选择对象的完整特性。如果在绘图区选择了多个对象，【特性】选项板中将显示这些对象的共同特性，如图 4-33 所示。

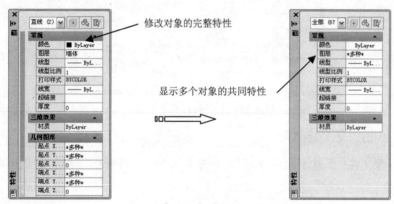

图 4-33　在【特性】选项板中修改特性

4.3.2　匹配对象特性

使用【特性匹配】命令，可以将一个对象所具有的特性复制给其他对象，可以复制的特性包括颜色、图层、线型、线型比例、厚度和打印样式，有时也包括文字、标注和图案填充特性。

在功能区【默认】选项卡的【特性】面板中单击【特性匹配】按钮，系统将提示【选择源对象:】，此时需要用户选择已具有所需要特性的对象。选择源对象后，系统将提示【选择目标对象或 [设置（S）]:】，此时选择应用源对象特性的目标对象即可，如图 4-34 所示。

在执行【特性匹配】命令的过程中，当系统提示【选择目标对象或 [设置（S）]:】时输入 S 并按空格键进行确认或者单击【设置（S）】选项，将打开【特性设置】对话框，如图 4-35 所示。在该对话框中可以设置需要复制的特性，其中包括基本特性和特殊特性。

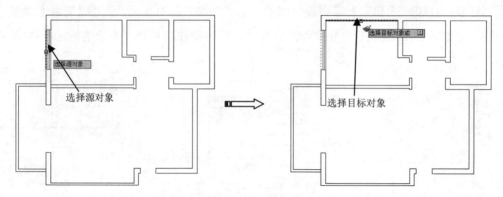

图 4-34　特性匹配

图 4-35　【特性设置】对话框

上机实践——特性匹配操作

① 打开本例源文件"面盆平面图.dwg"，如图 4-36 所示。选择图形中的圆角矩形，如图 4-37 所示。

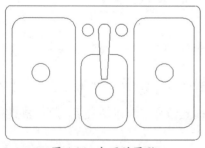

图 4-36　打开的图形

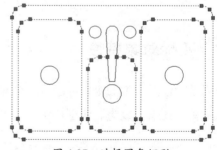

图 4-37　选择圆角矩形

② 单击【特性】面板右下方的【特性】按钮，打开【特性】选项板，如图 4-38 所示。单击【颜色】下拉按钮，在弹出的下拉列表中选择【蓝】选项，如图 4-39 所示。

③ 单击【线宽控制】下拉按钮，在弹出的下拉列表中选择【0.30 mm】选项，如图 4-40 所示。

④ 按 Esc 键取消图形的选择状态，然后重新选择其他图形，如图 4-41 所示。

图 4-38 打开【特性】选项板

图 4-39 设置颜色

图 4-40 选择线宽

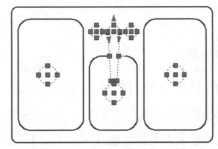

图 4-41 选择图形

⑤ 在【特性】面板中单击【颜色】下拉按钮，在弹出的下拉列表中选择【红】选项，如图 4-42 所示。

⑥ 单击【特性】面板中的【关闭】按钮✕关闭【特性】面板，完成修改，如图 4-43 所示。

图 4-42 设置颜色

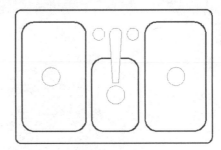

图 4-43 完成修改

4.4 拓展训练

本章前面几节主要介绍了 AutoCAD 2020 的二维图形编辑相关命令及使用方法，本节将以几个典型的图形绘制实例来说明图形编辑命令的应用方法，以帮助读者快速掌握本章所学的重点知识。

4.4.1 训练一：将辅助线转化为图形轮廓线

下面通过绘制如图 4-44 所示的某零件剖视图，对作图辅助线及线的修改编辑工具进行综合练习和巩固。

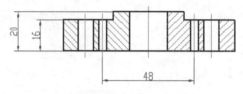

图 4-44 零件剖视图

操作步骤

① 打开本例源文件"零件主视图.dwg"。
② 启用状态栏上的【对象捕捉】功能，并设置捕捉模式为端点捕捉、圆心捕捉和交点捕捉。
③ 展开【图层】工具栏上的【图层控制】列表，选择【轮廓线】作为当前图层。
④ 执行菜单栏中的【绘图】|【构造线】命令，绘制一条水平构造线作为定位辅助线。命令行的操作提示如下：

```
命令：_xline
指定点或 [水平(H)/垂直(V)/角度(A)/二等分(B)/偏移(O)]：H     //激活【水平】选项
指定通过点：                    //在俯视图上侧的适当位置拾取一点
指定通过点：                    //按 Enter 键，绘制结果如图 4-45 所示
```

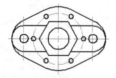

图 4-45 绘制结果

⑤ 按 Enter 键，重复执行【构造线】命令，绘制其他定位辅助线。命令行的操作提示如下：

```
命令：                                  //按 Enter 键，重复执行命令
XLINE
指定点或[水平(H)/垂直(V)/角度(A)/二等分(B)/偏移(O)]:O  //选择选项并按 Enter 键，激活【偏移】选项
指定偏移距离或 [通过(T)] <通过>:16         //输入值按 Enter，设置偏移距离
选择直线对象：                            //选择刚绘制的水平辅助线
指定向哪侧偏移：                          //在水平辅助线上侧拾取一点
选择直线对象：↙                          //按 Enter 键，结果如图 4-46 所示
命令：                                  //按 Enter 键，重复执行命令
XLINE
指定点或 [水平(H)/垂直(V)/角度(A)/二等分(B)/偏移(O)]：O  //激活【偏移】选项
指定偏移距离或 [通过(T)] <通过>:4          //按 Enter 键，设置偏移距离
选择直线对象：                            //选择刚绘制的水平辅助线
指定向哪侧偏移：                          //在水平辅助线上侧拾取一点
选择直线对象：                            //按 Enter 键，结果如图 4-47 所示
```

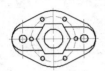

图 4-46　绘制结果　　　　　　　　　图 4-47　绘制结果

⑥ 再次执行【构造线】命令，配合对象的捕捉功能，分别通过俯视图各位置的特征点，绘制如图 4-48 所示的垂直辅助线。

⑦ 综合使用【修改】菜单中的【修剪】和【删除】命令，对刚绘制的水平辅助线和垂直辅助线进行修剪，删除多余图线，将辅助线转化为图形轮廓线，结果如图 4-49 所示。

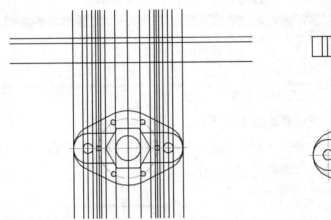
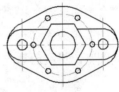

图 4-48　绘制垂直辅助线　　　　　　图 4-49　修剪结果

⑧ 在无命令执行的前提下，选择如图 4-50 所示的图线，使其夹点显示。

⑨ 单击【图层】工具栏上的【图层控制】列表，在展开的下拉列表中选择【点画线】，将夹点显示的图线图层修改为【点画线】。

⑩ 按 Esc 键取消对象的夹点显示状态，结果如图 4-51 所示。

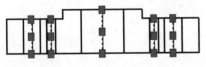
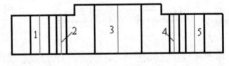

图 4-50　夹点显示图线　　　　　　　图 4-51　修改结果

⑪ 执行菜单栏中的【修改】|【拉长】命令，将各位置中心线进行两端拉长。命令行的操作提示如下：

```
命令：_lengthen
选择对象或 [增量(DE)/百分数(P)/全部(T)/动态(DY)]: de    //激活【增量】选项
输入长度增量或 [角度(A)] <0.0>:3    //设置拉长的长度
选择要修改的对象或 [放弃(U)]:    //在中心线1的上端单击
选择要修改的对象或 [放弃(U)]:    //在中心线1的下端单击
选择要修改的对象或 [放弃(U)]:    //在中心线2的上端单击
选择要修改的对象或 [放弃(U)]:    //在中心线2的下端单击
```

选择要修改的对象或 [放弃(U)]:	//在中心线 3 的上端单击
选择要修改的对象或 [放弃(U)]:	//在中心线 3 的下端单击
选择要修改的对象或 [放弃(U)]:	//在中心线 4 的上端单击
选择要修改的对象或 [放弃(U)]:	//在中心线 4 的下端单击
选择要修改的对象或 [放弃(U)]:	//在中心线 5 的上端单击
选择要修改的对象或 [放弃(U)]:	//在中心线 5 的下端单击
选择要修改的对象或 [放弃(U)]:	//按 Enter 键，拉长结果如图 4-52 所示

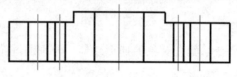

图 4-52　拉长结果

⑫ 将【剖面线】图层设置为当前图层，执行菜单栏中的【绘图】|【图案填充】命令，在弹出的【图案填充创建】选项卡中设置填充参数，如图 4-53 所示。

图 4-53　设置填充参数

⑬ 为剖视图填充剖面图案，填充结果如图 4-54 所示。

⑭ 再次执行【图案填充】命令，将填充角度设置为 90，其他参数保持不变，继续对剖视图填充剖面图案，最终的填充效果如图 4-55 所示。

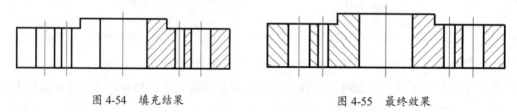

图 4-54　填充结果　　　　　　　图 4-55　最终效果

⑮ 最后执行【文件】菜单中的【另存为】命令，存储当前图形。

4.4.2　训练二：绘制凸轮

本例要绘制如图 4-56 所示的凸轮轮廓图。

操作步骤

① 使用【新建】命令创建一个空白文件。
② 按 F12 键，关闭状态栏上的【动态输入】功能。
③ 执行菜单栏中【视图】|【平移】|【实时】命令，将坐标系图标移至绘图区中央位置上。
④ 执行菜单栏中的【绘图】|【多段线】命令，配合坐标输入法绘制内部轮廓线，绘制结果如图 4-57 所示。命令行的操作提示如下：

```
命令：_pline
指定起点：9.8,0                                          //输入起点坐标并按Enter键
当前线宽为0.0000
指定下一个点或 [圆弧(A)/半宽(H)/长度(L)/放弃(U)/宽度(W)]：9.8,2.5      //输入第二点坐标
指定下一点或 [圆弧(A)/闭合(C)/半宽(H)/长度(L)/放弃(U)/宽度(W)]：@-2.73,0 //输入第三点坐标
指定下一点或 [圆弧(A)/闭合(C)/半宽(H)/长度(L)/放弃(U)/宽度(W)]：a      //转入画弧模式
指定圆弧的端点或 [角度(A)/圆心(CE)/闭合(CL)/方向(D)/半宽(H)/直线(L)/半径(R)/第二个点(S)/放弃
(U)/宽度(W)]：ce                                          //选择圆心选项
指定圆弧的圆心：0,0                                        //输入圆心坐标
指定圆弧的端点或 [角度(A)/长度(L)]：7.07,-2.5              //输入圆弧终点坐标
指定圆弧的端点或 [角度(A)/圆心(CE)/闭合(CL)/方向(D)/半宽(H)/直线(L)/半径(R)/第二个点(S)/放弃
(U)/宽度(W)]：l                                           //转入画直线模式
指定下一点或 [圆弧(A)/闭合(C)/半宽(H)/长度(L)/放弃(U)/宽度(W)]：9.8,-2.5  //输入下一点坐标
指定下一点或 [圆弧(A)/闭合(C)/半宽(H)/长度(L)/放弃(U)/宽度(W)]：c↙
                          //选择【闭合】选项，形成封闭轮廓，按Enter键结束命令
```

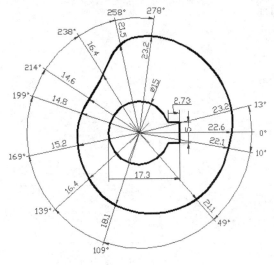

图4-56 凸轮轮廓图

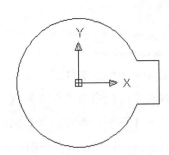

图4-57 绘制内部轮廓线

⑤ 单击【绘图】面板中的 按钮，激活【样条曲线】命令，绘制外部轮廓线。命令行的操作提示如下：

```
命令：_spline
指定第一个点或 [对象(O)]：22.6,0                          // 输入起点坐标
指定下一点：23.2<13 ↙
指定下一点或 [闭合(C)/拟合公差(F)] <起点切向>:23.2<-278↙
指定下一点或 [闭合(C)/拟合公差(F)] <起点切向>:21.5<-258↙
指定下一点或 [闭合(C)/拟合公差(F)] <起点切向>:16.4<-238↙
指定下一点或 [闭合(C)/拟合公差(F)] <起点切向>:14.6<-214↙
指定下一点或 [闭合(C)/拟合公差(F)] <起点切向>:14.8<-199↙
指定下一点或 [闭合(C)/拟合公差(F)] <起点切向>:15.2<-169↙
指定下一点或 [闭合(C)/拟合公差(F)] <起点切向>:16.4<-139↙
指定下一点或 [闭合(C)/拟合公差(F)] <起点切向>:18.1<-109↙
指定下一点或 [闭合(C)/拟合公差(F)] <起点切向>:21.1<-49↙
指定下一点或 [闭合(C)/拟合公差(F)] <起点切向>:22.1<-10↙
指定下一点或 [闭合(C)/拟合公差(F)] <起点切向>: c ↙      //选择闭合选项
指定切向：                //将光标移至如图4-58所示位置单击，以确定切向，绘制结果如图4-59所示
```

⑥ 最后执行【保存】命令，将图形命名并保存。

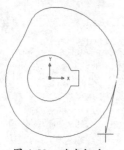
图 4-58 确定切向

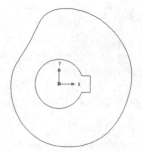
图 4-59 绘制结果

4.4.3 训练三：绘制定位板

绘制如图 4-60 所示的定位板，按照 1:1 尺寸进行绘制，不需要标注尺寸。那些定形尺寸和定位尺寸齐全的图线被称为已知线段，应该先绘制已知线段，再绘制尺寸不齐全的线段。

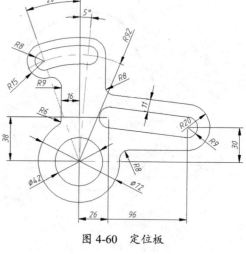

图 4-60 定位板

操作步骤

① 新建一个空白文件。

② 执行菜单栏中的【格式】|【图层】命令，打开【图层特性管理器】选项板。

③ 新建两个图层：第一个图层命名为【轮廓线】，线宽属性为 0.3mm，其余属性保持默认。第二个图层命名为【中心线】，颜色设为红色，线型加载为 CENTER，其余属性保持默认。

④ 将【中心线】图层设置为当前图层。单击【绘图】面板中的【直线】按钮，绘制中心线，结果如图 4-61 所示。

⑤ 单击【偏移】按钮，将竖直中心线分别向右偏移 26 和 96，如图 4-62 所示。

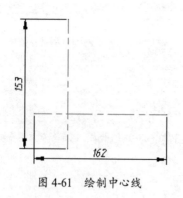

图 4-61 绘制中心线

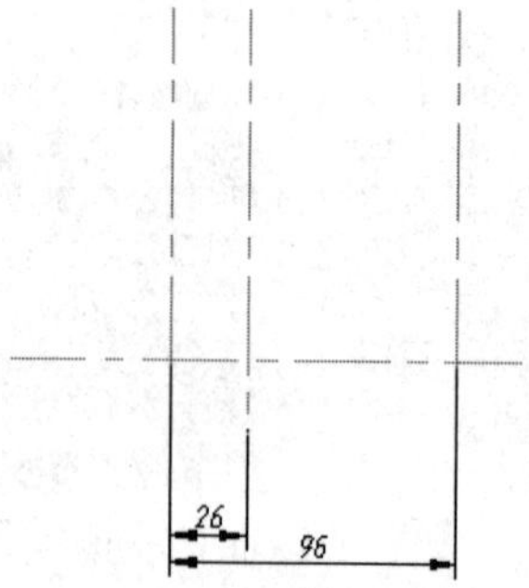

图 4-62 偏移竖直中心线

⑥ 再单击【偏移】按钮，将水平中心线分别向上偏移30和38，如图4-63所示。

⑦ 绘制两条重合于竖直中心线的直线，然后单击【旋转】按钮，分别旋转-5°和20°，如图4-64所示。

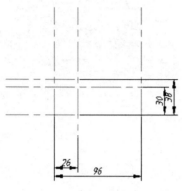

图4-63 偏移水平中心线

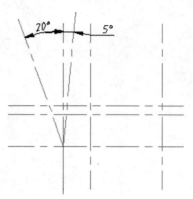

图4-64 旋转直线

⑧ 单击【圆】按钮绘制一个半径为92的圆，绘制结果如图4-65所示。

⑨ 将【轮廓线】图层设置为当前图层。单击【圆】按钮，分别绘制出直径为72、42的两个圆，半径为8的两个圆，半径为9的两个圆，半径为15的两个圆，半径为20的一个圆，如图4-66所示。

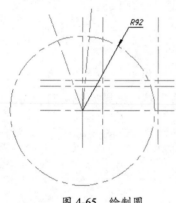

图4-65 绘制圆

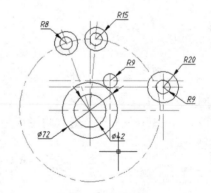

图4-66 绘制圆

⑩ 单击【圆弧】按钮，绘制三条公切线连接上面两个圆。执行【直线】命令，利用对象捕捉功能，绘制两条圆半径为9的公切线，如图4-67所示。

⑪ 执行【偏移】命令，绘制两条偏移直线，如图4-68所示。

⑫ 执行【直线】命令，利用对象捕捉功能，绘制如图4-69所示的两条公切线。

⑬ 单击【绘图】面板中的【相切、相切、半径】按钮，分别绘制相切于四条辅助直线半径分别为9、6、8、8的4个圆，绘制结果如图4-70所示。

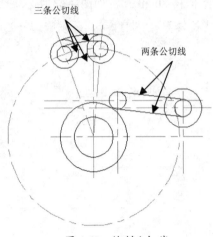

图 4-67　绘制公切线

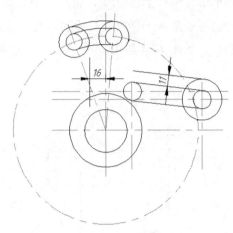

图 4-68　绘制辅助线

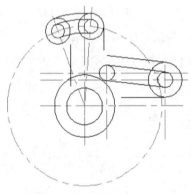

图 4-69　绘制公切线

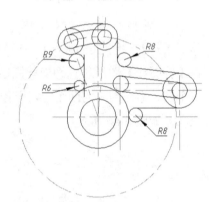

图 4-70　绘制相切圆

⑭　最后执行【修剪】命令对多余图线进行修剪，并标注尺寸，结果如图 4-71 所示。

⑮　按 Ctrl＋Shift＋S 组合键，将图形另存。

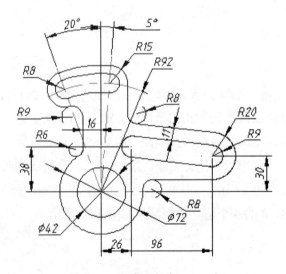

图 4-71　修剪图线并标注尺寸

4.4.4 训练四：绘制垫片

绘制如图 4-72 所示的垫片，按照尺寸 1:1 进行绘制。

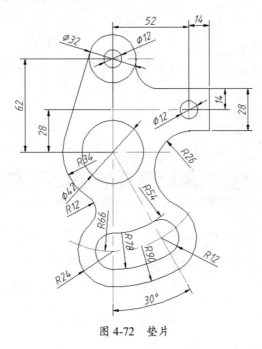

图 4-72 垫片

操作步骤

① 新建一个空白文件。

② 执行菜单栏中的【格式】|【图层】命令，打开【图层特性管理器】选项板。

③ 新建三个图层，如图 4-73 所示。

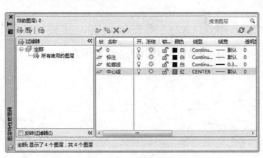

图 4-73 新建图层

④ 将【中心线】图层设置为当前图层。单击【绘图】面板中的【直线】按钮 ，绘制中心线，结果如图 4-74 所示。

⑤ 单击【偏移】按钮 ，将水平中心线分别向上偏移 28 和 62，将竖直中心线分别向右偏移 52 和 66，结果如图 4-75 所示。

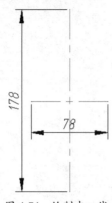
图 4-74 绘制中心线

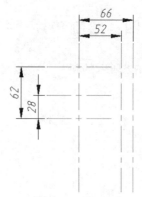
图 4-75 偏移直线

⑥ 利用【直线】命令绘制一条倾斜角度为 30°的直线，如图 4-76 所示。

> 提醒一下：
> 在绘制倾斜直线时，可以按 Tab 键切换图形区中坐标输入的数值文本框，以此确定直线的长度和角度，如图 4-77 所示。

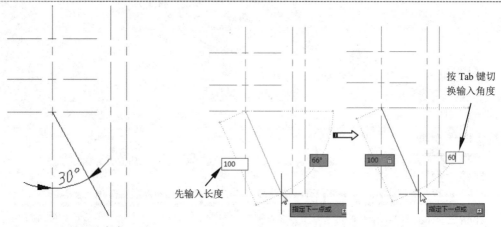

图 4-76 绘制倾斜直线　　　　图 4-77 坐标输入的切换操作

⑦ 单击【圆】按钮绘制一个直径为 132 的辅助圆，结果如图 4-78 所示。

⑧ 再利用【圆】命令，绘制如图 4-79 所示的三个小圆。

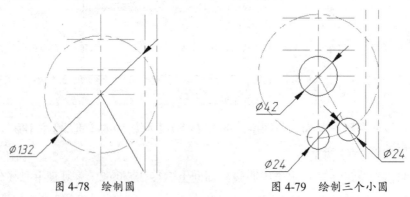

图 4-78 绘制圆　　　　图 4-79 绘制三个小圆

⑨ 利用【圆】命令，绘制如图 4-80 所示的三个同心圆。

⑩ 使用【起点、端点、半径】命令,依次绘制如图 4-81 所示的三条圆弧。

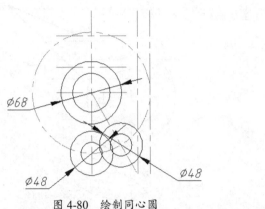

图 4-80 绘制同心圆

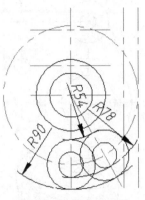

图 4-81 绘制相切圆弧

提醒一下:

利用【起点、端点、半径】命令绘制同时与其他两个对象都相切的圆时,需要输入 tan 命令,使其起点和端点与所选的对象相切。命令行的操作提示如下:

```
命令:_arc
指定圆弧的起点或 [圆心(C)]:tan↙
到
指定圆弧的第二个点或 [圆心(C)/端点(E)]:_e        //指定圆弧起点
指定圆弧的端点:tan↙                              //指定圆弧端点
到
指定圆弧的圆心或 [角度(A)/方向(D)/半径(R)]:_r    //设置圆心选项
指定圆弧的半径:78 ↙                              //输入半径值
```

⑪ 为了后续观察图形的需要,使用【修剪】命令将多余的图线修剪掉,如图 4-82 所示。

⑫ 单击【圆】按钮⊙绘制两个直径为 12 的圆和一个直径为 32 的圆,如图 4-83 所示。

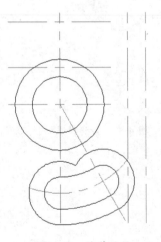

图 4-82 修剪结果

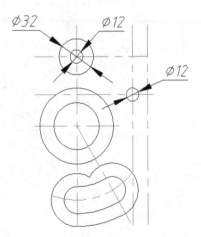

图 4-83 绘制圆

⑬ 使用【直线】命令绘制一条公切线,如图 4-84 所示。

⑭ 使用【偏移】命令绘制两条辅助线,然后连接两条辅助线,如图 4-85 所示。

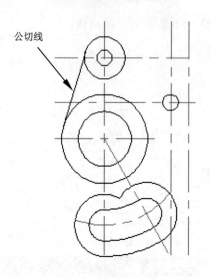

图 4-84　绘制公切线　　　　图 4-85　绘制辅助线和连接线

⑮ 单击【绘图】面板中的【相切、相切、半径】按钮，分别绘制半径为 26、16、12 的相切圆，如图 4-86 所示。

⑯ 使用【修剪】命令修剪多余图线，最终结果如图 4-87 所示。

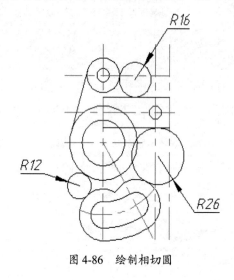
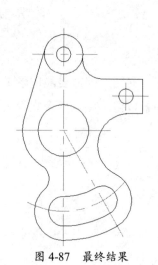

图 4-86　绘制相切圆　　　　图 4-87　最终结果

CHAPTER 5

参数化作图方法

本章导读

图形尺寸的参数化驱动是整个机械设计行业的一个整体趋势，其中就包括了 3D 建模和二维图形驱动设计。本章将学习 AutoCAD 2020 带给用户的设计新理念——图形尺寸的参数化设计功能，可以帮助我们轻松、快速地绘制任何复杂图形。

学习要点

- ☑ 图形参数化功能介绍
- ☑ 几何约束操作
- ☑ 标注约束操作
- ☑ 约束管理

扫码看视频

5.1 图形参数化功能介绍

图形参数化是一项用于具有约束的设计的技术。参数化约束是应用于二维几何图形的关联和限制，包括几何约束和标注约束。如图 5-1 所示为功能区的【参数化】选项卡中的约束命令。

图 5-1 【参数化】选项卡

5.1.1 何为几何约束

在用户绘图过程中，AutoCAD 2020 与旧版本最大的不同就在于：用户不用再考虑图线的精确位置。

为了提高工作效率，先绘制几何图形的大致形状后，再通过几何约束进行精确定位，以达到设计要求。

【几何约束】就是控制物体在空间中的六个自由度，而在 AutoCAD 2020 的【草图与注释】空间中可以控制对象的两个自由度，即平面内的四个方向。在三维建模空间中有六个自由度。

> 提醒一下："自由度"概念
>
> 一个自由的物体，它对三个相互垂直的坐标系来说，有六种活动可能性，其中三种是移动，三种是转动。人们习惯把这种活动的可能性称为自由度，因此空间任一自由物体共有六个自由度，如图 5-2 所示。

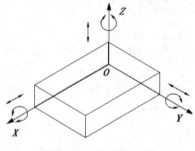

图 5-2 物体的自由度

5.1.2 何为标注约束

【标注约束】不同于简单的尺寸标注，它不仅可以标注图形，还能靠尺寸驱动来改变图形，如图 5-3 所示。

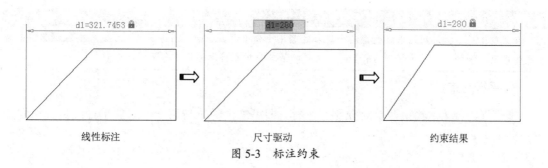

| 线性标注 | 尺寸驱动 | 约束结果 |

图 5-3 标注约束

5.2 几何约束操作

【几何约束】条件一般用于定位对象和确定对象间的相互关系。【几何约束】一般分为【手动约束】和【自动约束】。

在 AutoCAD 2020 中,【几何约束】的类型有 12 种,如表 5-1 所示。

表 5-1 AutoCAD 2020 的几何约束类型

图标	说明	图标	说明	图标	说明	图标	说明
	重合		共线		同心		固定
	平行		垂直		水平		竖直
	相切		平滑		对称		相等

5.2.1 手动几何约束

上表中列出的【几何约束】类型为手动约束类型,也就是需要用户指定要约束的对象。下面把约束类型重点介绍一下。

1. 重合约束

【重合约束】是约束两个点重合,或者约束一个点使其在曲线上,如图 5-4 所示。对象上的点会根据对象类型而有所不同,例如在直线上可以选择中点或端点。

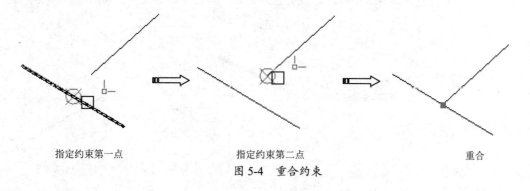

| 指定约束第一点 | 指定约束第二点 | 重合 |

图 5-4 重合约束

> **提醒一下：**
> 在某些情况下，应用约束时选择两个对象的顺序十分重要。通常，所选的第二个对象会根据第一个对象进行调整。例如，应用【重合约束】时，选择的第二个对象将调整为重合于第一个对象。

2. 平行约束

【平行约束】是约束两个对象相互平行，即第二个对象与第一个对象平行或具有相同角度，如图 5-5 所示。

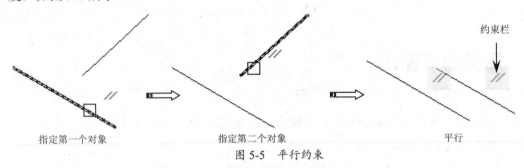

图 5-5　平行约束

3. 相切约束

【相切约束】主要约束直线和圆、圆弧，或者在圆之间、圆弧之间进行相切约束，如图 5-6 所示。

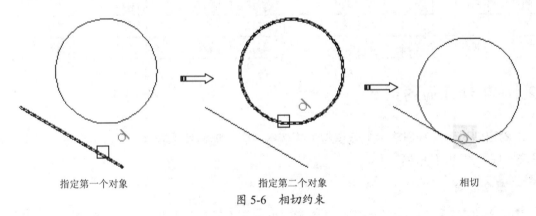

图 5-6　相切约束

4. 共线约束

【共线约束】是约束两条或两条以上的直线在同一条无限长的线上，如图 5-7 所示。

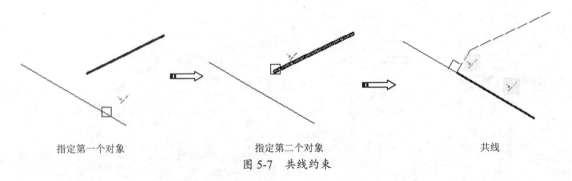

图 5-7　共线约束

5. 平滑约束

【平滑约束】是约束一条样条曲线与其他如直线、样条曲线或圆弧、多短线等对象 G2 连续，如图 5-8 所示。

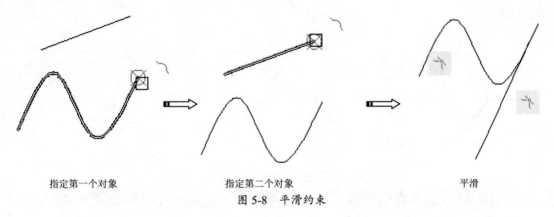

图 5-8　平滑约束

6. 同心约束

【同心约束】是约束圆、圆弧和椭圆，使其圆心在同一点上，如图 5-9 所示。

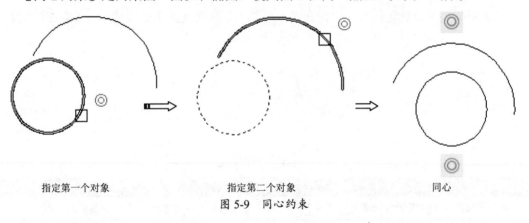

图 5-9　同心约束

7. 水平约束

【水平约束】是约束一条直线或两个点，使其与 UCS 中的 X 轴平行，如图 5-10 所示。

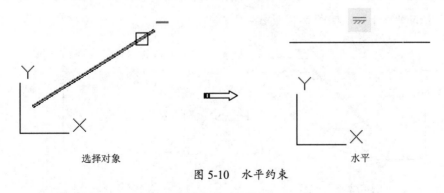

图 5-10　水平约束

8. 对称约束

【对称约束】使选定的对象以直线对称。对于直线，将直线的角度设为对称（而不是使其端点对称）。对于圆弧和圆，将其圆心和半径设为对称（而不是使圆弧的端点对称），如图 5-11 所示。

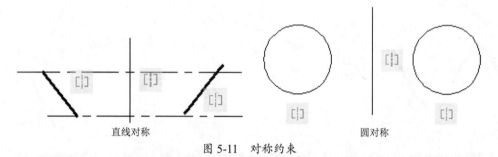

图 5-11 对称约束

提醒一下：
必须具有一个对称轴，从而将对象或点约束为相对于此轴对称。

9. 固定约束

此约束类型是将选定的对象固定在某一位置上，从而使其不被移动。将【固定约束】应用于对象上的点时，会将节点锁定，如图 5-12 所示。

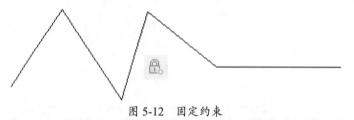

图 5-12 固定约束

提醒一下：
在对某图形中的元素进行约束时，需要对无须改变形状或尺寸的对象进行【固定约束】。

10. 竖直约束

【竖直约束】与【水平约束】是相互垂直的一对约束，它使选定对象（直线或一对点）与当前 UCS 中的 Y 轴平行，如图 5-13 所示。

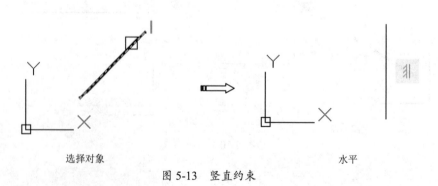

图 5-13 竖直约束

> **提醒一下:**
> 要为某直线使用【竖直约束】,注意光标在直线上选取的位置。光标选取端将是固定端,直线另一端则绕其旋转。

11. 垂直约束

【垂直约束】是使两条直线或多段线的线段,相互垂直(始终保持在90°),如图5-14所示。

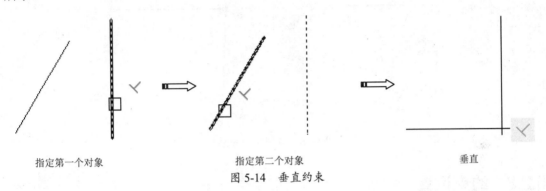

指定第一个对象　　　　　指定第二个对象　　　　　垂直

图 5-14　垂直约束

12. 相等约束

【相等约束】是约束两条直线或多段线的线段等长,约束圆、圆弧的半径相等,如图5-15所示。

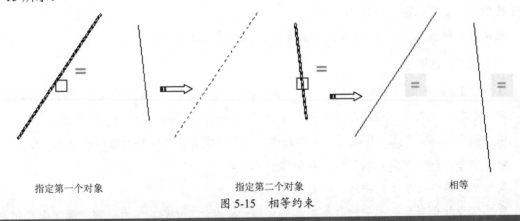

指定第一个对象　　　　　指定第二个对象　　　　　相等

图 5-15　相等约束

> **提醒一下:**
> 可以连续拾取多个对象以使其与第一个对象相等。

5.2.2　自动几何约束

【自动几何约束】用来对选取的对象自动添加几何约束集合。此工具有助于查看图形中各元素的约束情况,并以此做出约束修改。

例如,有两条直线看似相互垂直,但需要验证。因此在【几何】面板中单击【自动约束】按钮 ,然后选取两条直线,随后程序自动约束对象,如图5-16所示。可以看出,图形区中没有显示【垂直约束】的符号，表明两条直线并非两两相互垂直。

要使两条直线垂直，须使用【垂直约束】。

利用【约束设置】对话框的【自动约束】选项卡中的选项，可在指定的公差集内将【几何约束】应用于几何图形的选择集。

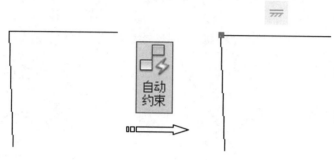

图 5-16 应用自动约束

5.2.3 约束设置

【约束设置】对话框是向用户提供的控制【几何约束】、【标注约束】和【自动约束】设置的工具。在【参数化】选项卡的【几何】面板右下角单击【约束设置，几何】按钮，弹出【约束设置】对话框，如图 5-17 所示。

对话框中包含三个选项卡：【几何】、【标注】和【自动约束】。

1.【几何】选项卡

【几何】选项卡用于控制约束栏上约束类型的显示。选项卡中各选项及按钮的含义如下：

- 推断几何约束：勾选此复选框，在创建和编辑几何图形时推断几何约束。
- 约束栏显示设置：此选项区用来控制约束栏（图 5-5 中所显示的约束符号）的显示。
- 全部选择：单击此按钮，将自动选择所有选项。
- 全部清除：单击此按钮，将自动清除勾选。
- 仅为处于当前平面中的对象显示约束栏：勾选此复选框，仅为当前平面中受几何约束的对象显示约束栏，主要用于三维建模空间。
- 约束栏透明度：设定图形中约束栏的透明度。
- 将约束应用于选定对象后显示约束栏：勾选此复选框，手动应用约束后或使用 AUTOCONSTRAIN 命令时显示相关约束栏。
- 选定对象时显示约束栏：临时显示选定对象的约束栏。

2.【标注】选项卡

【标注】选项卡用来控制标注约束的格式与显示设置，如图 5-18 所示。

CHAPTER 5 参数化作图方法

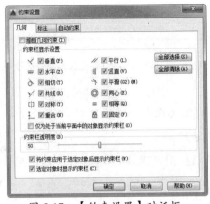

图 5-17 【约束设置】对话框

图 5-18 【标注】选项卡

选项卡中各选项及按钮含义如下：

- 标注名称格式：为应用【标注约束】时显示的文字指定格式。标注名称格式包括【名称】、【值】及【名称和表达式】，如图 5-19 所示。

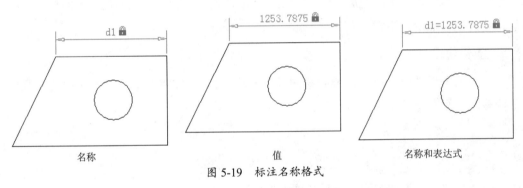

图 5-19 标注名称格式

- 为注释性约束显示锁定图标：针对已应用注释性约束的对象显示锁定图标。
- 为选定对象显示隐藏的动态约束：显示选定时已设定为隐藏的动态约束。

3.【自动约束】选项卡

此选项卡主要控制应用于选择集的约束，以及使用 AUTOCONSTRAIN 命令时约束的应用顺序，如图 5-20 所示。

此选项卡中各选项及按钮的含义如下：

- 上移：将所选的约束类型向列表前面移动。
- 下移：将所选的约束类型向列表后面移动。
- 全部选择：选择所有几何约束类型以进行自动约束。
- 全部清除：将所选几何约束类型全

图 5-20 【自动约束】选项卡

部清除。

- 重置：单击此按钮，将返回到默认设置。
- 相切对象必须共用同一交点：指定两条曲线必须共用一个点（在距离公差内指定）以便应用相切约束。
- 垂直对象必须共用同一交点：指定直线必须相交或者一条直线的端点必须与另一条直线或直线的端点重合（在距离公差内指定）。
- 公差：设定可接受的公差值以确定是否可以应用约束。【距离】公差应用于重合、同心、相切和共线约束。【角度】公差应用于水平、竖直、平行、垂直、相切和共线约束。

5.2.4 几何约束的显示与隐藏

绘制图形后，为了不影响后续的设计工作，用户还可以使用【几何约束】的显示与隐藏功能，将约束栏显示或隐藏。

1. 显示/隐藏

此功能用于手动选择可显示或隐藏的【几何约束】。例如将图形中某一直线的【几何约束】隐藏，其命令行的操作提示如下：

```
命令: _ConstraintBar
选择对象: 找到 1 个
选择对象: ✓
输入选项 [显示(S)/隐藏(H)/重置(R)]<显示>:h
```

隐藏【几何约束】的过程及结果如图 5-21 所示。

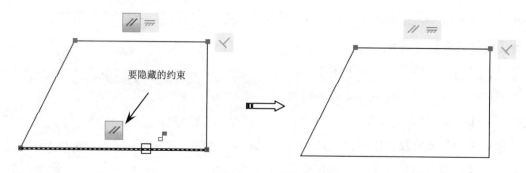

图 5-21　隐藏几何约束

同理，需要将图形中隐藏的【几何约束】单独显示，可在命令行中输入 S。

2. 全部显示

【全部显示】功能将使隐藏的所有【几何约束】同时显示。

3. 全部隐藏

【全部隐藏】功能将使图形中的所有【几何约束】同时隐藏。

5.3 标注约束操作

【标注约束】功能用来控制图形的大小与比例，也就是驱动尺寸来改变图形。它们可以约束以下内容：

- 对象之间或对象上的点之间的距离
- 对象之间或对象上的点之间的角度
- 圆弧和圆的大小

AutoCAD 2020 的标注约束类型与图形注释功能中的尺寸标注类型类似，它们之间有以下几个不同之处：

- 标注约束用于图形的设计阶段，而尺寸标注通常在文档阶段进行创建
- 标注约束驱动对象的大小或角度，而尺寸标注由对象驱动
- 默认情况下，标注约束并不是对象，仅以一种标注样式显示，在缩放操作过程中保持相同大小，并且不能输出到设备

> 提醒一下：
> 如果需要输出具有标注约束的图形或使用标注样式，可以将标注约束的形式从动态更改为注释性。

5.3.1 标注约束类型

【标注约束】会使几何对象之间或对象上的点之间保持指定的距离和角度。AutoCAD 2020 的【标注约束】类型共有八种，见表 5-2。

表 5-2 AutoCAD 2020 的标注约束类型

图标	说明	图标	说明
线性	根据尺寸界线原点和尺寸线的位置创建水平、垂直或旋转约束	角度	约束直线段或多段线段之间的角度、由圆弧或多段线圆弧扫掠得到的角度，或对象上三个点之间的角度
水平	约束对象上的点或不同对象上两个点之间的 X 距离	半径	约束圆或圆弧的半径
竖直	约束对象上的点或不同对象上两个点之间的 Y 距离	直径	约束圆或圆弧的直径
对齐	约束直线的长度或两条直线之间、对象上的点和直线之间或不同对象上两点间的距离	转换	将关联标注转换为标注约束

各标注约束的图解如图 5-22 所示。

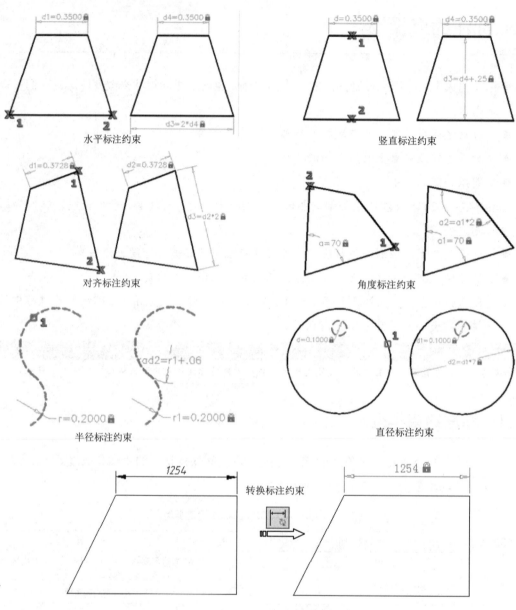

图 5-22　标注约束图解

5.3.2　约束模式

【标注约束】有两种模式：动态约束模式和注释性约束模式。

1. 动态约束模式

此模式允许用户编辑尺寸。默认情况下，标注约束是动态的。它们对于常规参数化图形和设计任务来说非常理想。

动态约束具有以下特征：

- 缩小或放大时保持大小相同
- 可以在图形中轻松全局打开或关闭
- 使用固定的预定义标注样式进行显示
- 自动放置文字信息，并提供三角形夹点，可以使用这些夹点更改标注约束的值
- 打印图形时不显示

2. 注释性约束模式

希望标注约束具有以下特征时，注释性约束会非常有用：

- 缩小或放大时大小发生变化
- 随图层单独显示
- 使用当前标注样式显示
- 提供与标注上的夹点具有类似功能的夹点功能
- 打印图形时显示

5.3.3 标注约束的显示与隐藏

【标注约束】的显示与隐藏功能，与前面介绍的几何约束的显示与隐藏操作是相同的，这里不再赘述。

5.4 约束管理

AutoCAD 2020 还提供了约束管理功能，这也是【几何约束】和【标注约束】的辅助功能，包括【删除约束】和【参数管理器】。

5.4.1 删除约束

当用户需要对参数化约束做出更改时，就会使用此功能来删除约束。例如，对已经进行垂直约束的两条直线再做平行约束，这是不允许的，因此只能是先删除垂直约束再对其进行平行约束。

> 提醒一下：
> 删除约束跟隐藏约束在本质上是有区别的。

5.4.2 参数管理器

【参数管理器】控制图形中使用的关联参数。在【管理】面板中单击【参数管理器】按

钮 fx，弹出【参数管理器】选项板，如图 5-23 所示。

图 5-23　【参数管理器】选项板

在【过滤器】选项区中列出了图形的所有参数组。单击【创建新参数组】按钮，可以添加参数组列。

在选项板右侧的用户参数列表中则列出了当前图形中用户创建的【标注约束】。单击【创建新的用户参数】按钮，可以创建新的用户参数组。

在用户参数列表中可以创建、编辑、重命名、编组和删除关联变量。要编辑某一参数变量，双击即可。

选择【参数管理器】选项板中的【标注约束】时，图形中将亮显关联的对象，如图 5-24 所示。

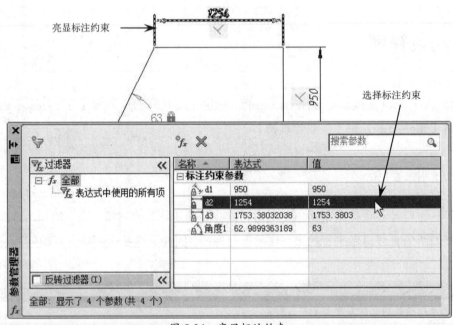

图 5-24　亮显标注约束

> 提醒一下：
> 如果参数为处于隐藏状态的动态约束，则选中单元时将临时显示并亮显动态约束。亮显时并未选中对象，亮显只是直观地标识受标注约束的对象。

5.5 拓展训练

5.5.1 训练一：绘制减速器透视孔盖

减速器透视孔盖虽然有多种类型，一般都以螺纹结构固定。如图 5-25 所示为减速器上透视孔盖。

本例的总体绘制思路：先任意绘制所有的图形元素（包括中心线、矩形、圆、直线等），然后标注约束各图形元素，最后几何约束各图形元素。

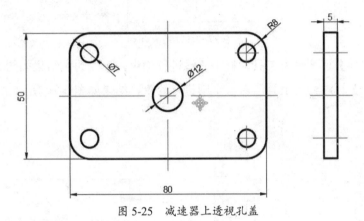

图 5-25　减速器上透视孔盖

操作步骤

① 调用用户自定义的图纸样板文件。
② 使用【矩形】、【直线】和【圆】命令，绘制如图 5-26 所示的多个图形元素。

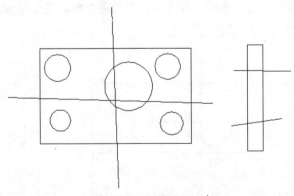

图 5-26　绘制图形元素

提醒一下：
绘制的图形元素，其定位尽量与原图形类似。

③ 在【参数化】选项卡的【标注】面板中单击【注释性约束模式】按钮。
④ 使用【线性】标注约束工具，将两个矩形按如图 5-25 所示的尺寸进行约束，标注约束结果如图 5-27 所示。

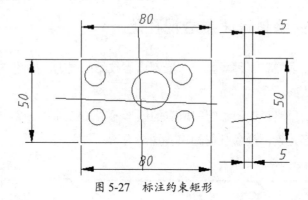

图 5-27 标注约束矩形

⑤ 再使用【线性】标注约束工具，将中心线进行约束，标注约束结果如图 5-28 所示。
⑥ 使用【直径】标注约束工具，对五个圆进行约束，结果如图 5-29 所示。

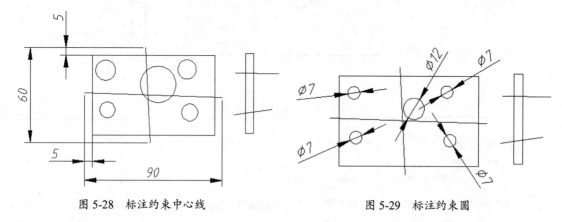

图 5-28 标注约束中心线　　　　　　图 5-29 标注约束圆

⑦ 暂不进行标注约束。使用【水平】和【竖直】约束类型，约束矩形、中心线和侧视图中的直线，结果如图 5-30 所示。

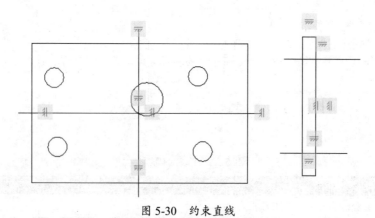

图 5-30 约束直线

⑧ 使用标注约束中的【线性】类型，标注中心线，结果如图 5-31 所示。

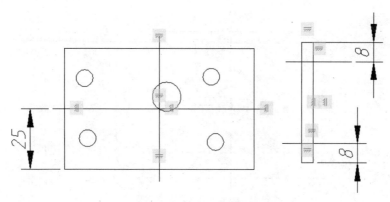

图 5-31　标注约束中心线

⑨ 对大矩形和小矩形应用【共线】约束，使其在同一水平位置上，如图 5-32 所示。

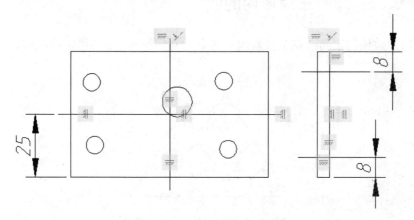

图 5-32　应用【共线】约束

⑩ 对大圆应用【重合】约束，使其与中心线的中点重合，然后使用【圆角】命令对大矩形倒圆角，如图 5-33 所示。

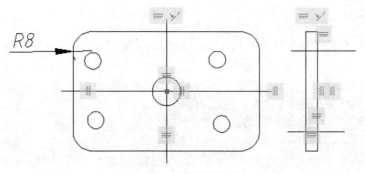

图 5-33　重合约束大圆

⑪ 使用【同心】约束，将四个小圆与四个倒圆角的圆心重合，最后将侧视图中的直线删除，并拉长中心线，修改中心线的线型为 CENTER，结果如图 5-34 示。

⑫ 至此，完成图形的绘制。

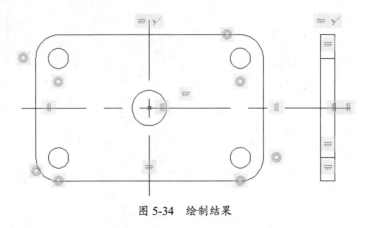

图 5-34　绘制结果

5.5.2　训练二：绘制三角形内的圆

本节利用参数化的工具（完全依赖尺寸约束和几何约束）绘制如图 5-35 所示的图形。

图 5-35　三角形内的圆

操作步骤

① 新建图形文件。

② 首先在绘图区中利用【多边形】命令，绘制边长为 95 的正三角形。命令行的操作提示如下：

```
命令：                                    //执行【多边形】命令
命令：_polygon 输入侧面数 <4>：3            //输入边数
指定正多边形的中心点或 [边(E)]：E          //选择 E 选项
指定边的第一个端点：                       //指定第一点，如图 5-36 所示
指定边的第二个端点：95                     //光标水平移动，并输入值指定第二点，如图 5-36 所示。
                                          按 Enter 键即可创建正三角形，如图 5-37 所示
```

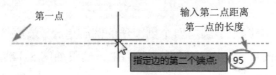

图 5-36　确定正三角形的底边长度与位置

提醒一下：
　　如果没有绘制正三角形，仅使用【直线】命令绘制三角形，那么需要添加尺寸约束和重合约束（直线端点之间）。

③ 绘制的三角形不能让其有任何的自由度，所以框选三条边，然后在【参数化】选项卡的【几何】面板中单击【自动约束】按钮，自动添加水平几何约束。再单击【固定】按钮，把三角形完全固定，如图 5-38 所示。

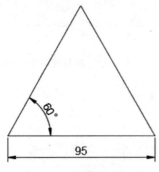

图 5-37　创建正三角形

图 5-38　添加自动约束和固定约束

④ 执行【圆】命令，在正三角形内绘制 15 个小圆，位置和大小随意，尽量不要超出正三角形，避免约束时增加难度，如图 5-39 所示。

⑤ 先单击【相等】约束按钮，将 15 个小圆一一约束为等圆，如图 5-40 所示。

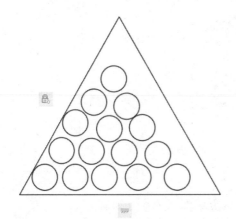

图 5-39　绘制小圆

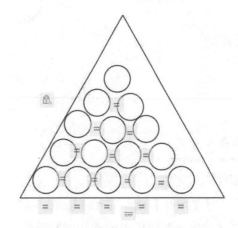

图 5-40　将小圆约束为相等

⑥ 单击【相切】按钮，先将靠近三角形的小圆进行相切约束，如图 5-41 所示。
⑦ 最后再在小圆与小圆之间添加相切约束，最终结果如图 5-42 所示。
⑧ 在【几何】面板和【标注】面板中单击【全部隐藏】按钮，可以将约束符号全部隐藏，不影响后续绘图。

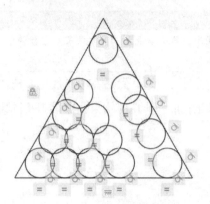
图 5-41 将圆与边的相切约束

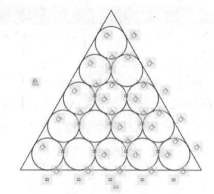
图 5-42 圆与圆的相切约束

5.5.3 训练三：绘制正多边形中的圆

本例继续利用参数化的工具来绘制如图 5-43 所示的图形。这个图形与上一个图形的绘制方法差不多，只是内部的圆需要进行定位。

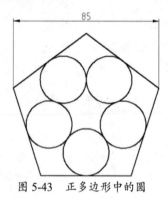
图 5-43 正多边形中的圆

操作步骤

① 新建图形文件。

② 利用【多段线】命令绘制如图 5-44 所示的五边形（无尺寸绘制）。

③ 在【参数化】选项卡的【几何】面板中先利用【自动约束】工具添加自动约束，如图 5-45 所示。自动约束后图形中包括一个水平约束和一个重合约束。

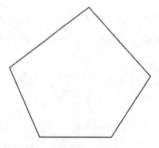
图 5-44 绘制五边形

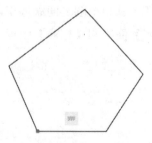
图 5-45 添加自动约束

④ 为五边形的边添加相等约束，结果如图 5-46 所示。
⑤ 在【参数化】选项卡的【标注】面板中使用【线性】工具和【角度】工具对图形进行尺寸约束，结果如图 5-47 所示。

图 5-46　为边添加相等约束

图 5-47　尺寸约束

⑥ 利用【圆】命令在五边形内绘制任意尺寸的五个小圆，如图 5-48 所示。
⑦ 为五个小圆先添加相等约束，如图 5-49 所示。

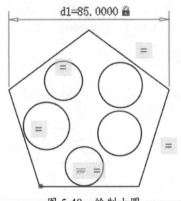
图 5-48　绘制小圆

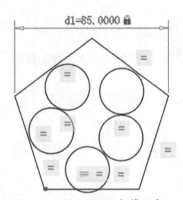
图 5-49　为小圆添加相等约束

⑧ 分别对五个小圆和相邻的边添加相切约束，如图 5-50 所示。
⑨ 在小圆与小圆之间添加相切约束，如图 5-51 所示。

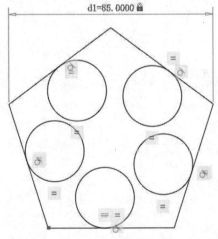
图 5-50　小圆与边的相切约束

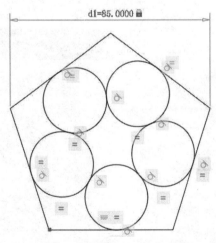
图 5-51　小圆与小圆的相切约束

⑩ 最后要进行定位。每个圆与边的切点其实也是边的中点,先绘制经过一条边的中点垂线,如图 5-52 所示。

⑪ 然后选中圆并显示圆上的节点,如图 5-53 所示。

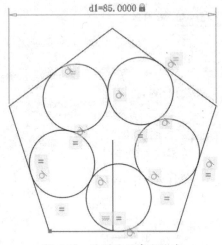

图 5-52　绘制边的中点垂线

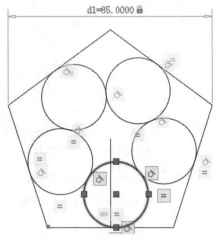

图 5-53　选中圆并显示节点

⑫ 将圆的圆心节点拖动到直线上即可,最终结果如图 5-54 所示。

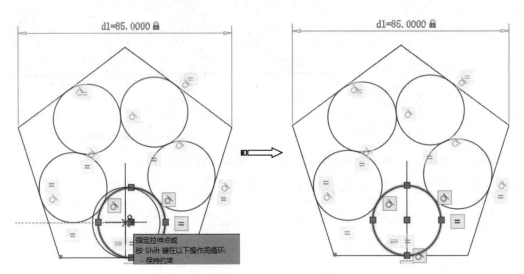

图 5-54　拖动圆心节点完成定位

CHAPTER 6

图形尺寸标注方法

本章导读

图形尺寸标注是 AutoCAD 绘图设计工作中的一项重要内容，因为标注显示了对象的几何测量值、对象之间的距离或角度、部件的位置。AutoCAD 包含了一套完整的尺寸标注命令和实用程序，可以轻松完成图纸中要求的尺寸标注。本章将详细地介绍 AutoCAD 2020 注释功能和尺寸标注的基本知识、尺寸标注的基本应用。

学习要点

- ☑ AutoCAD 图纸尺寸标注常识
- ☑ 标注样式的创建与修改
- ☑ 基本尺寸标注
- ☑ 快速标注工具
- ☑ 公差与引线标注
- ☑ 编辑标注

扫码看视频

6.1　AutoCAD 图纸尺寸标注常识

标注显示出了对象的几何测量值、对象之间的距离或角度或者部件的位置，因此标注图形尺寸时要满足尺寸的合理性。除此之外，用户还要掌握尺寸标注的方法、步骤等。

6.1.1　尺寸的组成

在 AutoCAD 工程图中，一个完整的尺寸标注应由尺寸界线、尺寸线、尺寸数字、箭头及引线等元素组成，如图 6-1 所示。

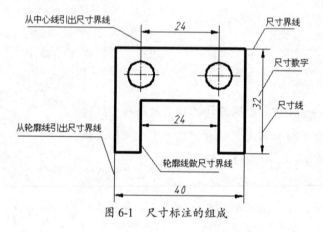

图 6-1　尺寸标注的组成

1. 尺寸界线

尺寸界线表明尺寸的界限，用细实线绘制，并应由轮廓线、轴线或对称中心线引出，也可借用图形的轮廓线、轴线或对称中心线。通常它和尺寸线垂直，必要时允许倾斜。在光滑过渡处标注尺寸时，必须用细实线将轮廓线延长，从它们的交点引出尺寸界线，如图 6-2 所示。

2. 尺寸线

尺寸线表明尺寸的长短，必须用细实线绘制，不能借用图形中的任何图线，一般也不得与其他图线重合或画在延长线上。

3. 尺寸数字

尺寸数字一般在尺寸线的上方，也可在尺寸线的中断处。水平尺寸的数字字头朝上，垂直尺寸数字字头朝左，倾斜方向的数字字头应保持朝上的趋势，并与尺寸线成 75°斜角。

4. 箭头

指示尺寸线的端点。尺寸线终端有两种形式：箭头和斜线。箭头适用于各种类型的图样，如图 6-3a 所示。斜线用细实线绘制，当尺寸线的终端采用斜线形式时，尺寸线与尺寸界线必须互相垂直，如图 6-3b 所示。

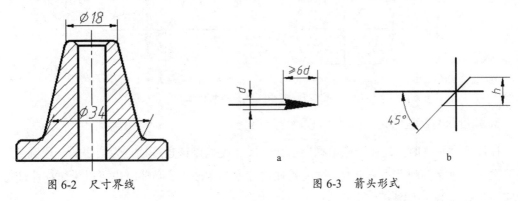

图 6-2　尺寸界线　　　　　　　　　图 6-3　箭头形式

5. 引线

形成一个从注释到参照部件的实线前导。根据标注样式，如果标注文字在延伸线之间容纳不下，将会自动创建引线。也可以创建引线将文字或块与部件连接起来。

6.1.2　尺寸标注类型

工程图纸中的尺寸标注类型大致分为三类：线性尺寸标注、直径或半径尺寸标注、角度尺寸标注。接下来对这三类尺寸标注类型做大致介绍。

1. 线性尺寸标注

线性尺寸标注包括水平标注、垂直标注和对齐标注，如图 6-4 所示。

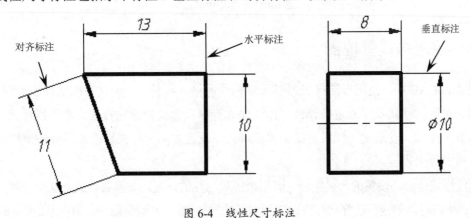

图 6-4　线性尺寸标注

2. 直径或半径尺寸标注

一般情况下，整圆或大于半圆的圆弧应标注直径尺寸，并在数字前面加注符号【ϕ】；小于或等于半圆的圆弧应标注半径尺寸，并在数字前面加上【R】，如图 6-5 所示。

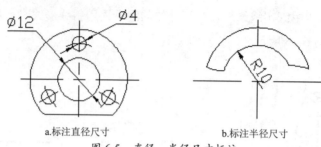

a.标注直径尺寸　　　　b.标注半径尺寸

图 6-5　直径、半径尺寸标注

3. 角度尺寸标注

标注角度尺寸时，延伸线应沿径向引出，尺寸线是以该角度顶点为圆心的一段圆弧。角度的数字一律字头朝上水平书写，并配置在尺寸线的中断处。必要时也可以引出标注或把数字写在尺寸线旁，如图 6-6 所示。

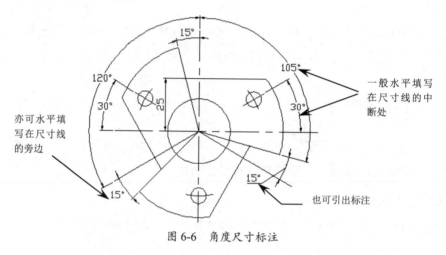

图 6-6　角度尺寸标注

6.1.3　标注样式管理器

在 AutoCAD 中，使用标注样式可以控制标注的格式和外观，建立强制执行的绘图标准，并有利于对标注格式及用途进行修改。标注样式管理包含新建标注样式、设置线样式、设置符号和箭头样式、设置文字样式、设置调整样式、设置主单位样式、设置单位换算样式、设置公差样式等内容。

标注样式是标注设置的命名集合，可用来控制标注的外观，如箭头样式、文字位置和尺寸公差等。用户可以创建标注样式，以快速指定标注的格式，并确保标注符合行业或项目标准。

创建标注时，标注将使用当前标注样式中的设置。如果要修改标注样式中的设置，则图形中的所有标注将自动使用更新后的样式。用户可以创建与当前标注样式不同的指定标注类型的标准子样式，如果需要，可以临时替代标注样式。

在【注释】选项卡的【标注】面板中单击【标注样式】按钮，弹出【标注样式管理器】对话框，如图 6-7 所示。

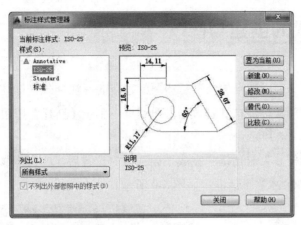

图 6-7 【标注样式管理器】对话框

该对话框中的各选项、命令的含义如下：

- 当前标注样式：显示当前标注样式的名称。默认标注样式为国际标准 ISO-25。当前样式将应用于所创建的标注。
- 样式（S）：列出图形中的标注样式，当前样式被亮显。在列表中单击鼠标右键可显示快捷菜单及选项，可用于设置当前标注样式、重命名样式和删除样式。不能删除当前样式或当前图形使用的样式。样式名称前的 图标表示样式是注释性。
- 列表：在【样式】列表中控制样式显示。

> **提醒一下：**
> 除非勾选【不列出外部参照中的样式】复选框，否则，将使用外部参照命名对象的语法显示外部参照图形中的标注样式。

- 列出（L）：在【列出】下拉列表中选择选项来控制样式显示。如果要查看图形中所有的标注样式，需选择【所有样式】。如果只希望查看图形中标注当前使用的标注样式，选择【正在使用的样式】选项即可。
- 不列出外部参照中的样式：如果勾选此复选框，在【列出】下拉列表中将不显示【外部参照图形的标注样式】选项。
- 说明：主要说明【样式】列表中与当前样式相关的选定样式。如果说明超出给定的空间，可以单击窗格并使用箭头键向下滚动。
- 置为当前（U）：将【样式】列表中选定的标注样式设置为当前标注样式。当前样式将应用于用户所创建的标注中。
- 新建（N）：单击此按钮，可在弹出的【新建标注样式】对话框中创建新的标注样式。
- 修改（M）：单击此按钮，可在弹出的【修改标注样式】对话框中修改当前标注样式。
- 替代（O）：单击此按钮，可在弹出的【替代标注样式】对话框中设置标注样式的临时替代值。替代样式将作为未保存的更改结果显示在【样式】列表中。
- 比较（C）：单击此按钮，可在弹出的【比较标注样式】对话框中比较两个标注样式的所有特性。

6.2 标注样式的创建与修改

多数情况下，用户完成图形的绘制后需要创建新的标注样式来标注图形尺寸，以满足各种各样的设计需要。在【标注样式管理器】对话框中单击【新建】按钮，弹出【创建新标注样式】对话框，如图 6-8 所示。

在【创建新标注样式】对话框中完成系列选项的设置后，单击【继续】按钮，弹出【新建标注样式：副本 ISO-25】对话框，如图 6-9 所示。

图 6-8 【创建新标注样式】对话框

图 6-9 【新建标注样式：副本 ISO-25】对话框

在此对话框中用户可以定义新标注样式的特性，最初显示的特性是在【创建新标注样式】对话框中所选择的基础样式的特性。【新建标注样式：副本 ISO-25】对话框中包括七个功能选项卡：【线】、【符号和箭头】、【文字】、【调整】、【主单位】、【换算单位】和【公差】。

1.【线】选项卡

【线】选项卡的主要功能是设置尺寸线、延伸线、箭头和圆心标记的格式和特性。该选项卡包含两个功能选项区（尺寸线和延伸线）和一个设置预览区。

> 提醒一下：
> AutoCAD 中尺寸标注的【延伸线】就是机械制图中的【尺寸界线】。

2.【符号和箭头】选项卡

【符号和箭头】选项卡的主要功能是设置箭头、圆心标记、弧长符号和折弯半径标注的格式和位置。该选项卡中包括【箭头】、【圆心标记】、【折断标注】、【弧长符号】、【半径折弯标注】和【线性折弯标注】等选项区，如图 6-10 所示。

3.【文字】选项卡

【文字】选项卡主要用于设置标注文字的格式、放置和对齐。该选项卡中包括【文字外观】、【文字位置】和【文字对齐】选项区，如图 6-11 所示。

图 6-10 【符号和箭头】选项卡

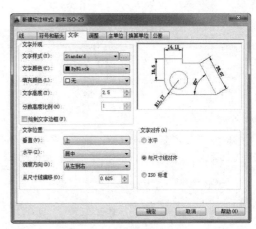

图 6-11 【文字】选项卡

4.【调整】选项卡

【调整】选项卡的主要作用是控制标注文字、箭头、引线和尺寸线的放置。该选项卡中包括【调整选项】、【文字位置】、【标注特征比例】和【优化】选项区，如图 6-12 所示。

5.【主单位】选项卡

【主单位】选项卡的主要功能是设置主标注单位的格式和精度，并设置标注文字的前缀和后缀。该选项卡中包括【线性标注】和【角度标注】选项区，如图 6-13 所示。

图 6-12 【调整】选项卡

图 6-13 【主单位】选项卡

6.【换算单位】选项卡

【换算单位】选项卡的主要功能是设置标注测量值中换算单位的显示及其格式和精度。该选项卡中包括【换算单位】、【消零】和【位置】选项区，如图 6-14 所示。

7.【公差】选项卡

【公差】选项卡的主要功能是设置标注文字中公差的格式和显示。该选项卡中包括【公差格式】和【换算单位公差】选项区，如图 6-15 所示。

图 6-14 【换算单位】选项卡

图 6-15 【公差】选项卡

6.3 基本尺寸标注

AutoCAD 2020 向用户提供了非常全面的基本尺寸标注工具，这些工具包括线性标注、角度标注、半径或直径标注、弧长标注、坐标标注和对齐标注等。

6.3.1 线性标注

线性标注工具包括水平和垂直标注，线性标注可以水平、垂直放置。

1. 水平标注

尺寸线与标注文字始终保持水平放置的尺寸标注就是水平标注。在图形中任选两点作为延伸线的原点，程序自动以水平标注方式作为默认的尺寸标注，如图 6-16 所示。将延伸线沿竖直方向移动至合适位置，即可确定尺寸线中点位置，随后即可生成水平尺寸标注，如图 6-17 所示。

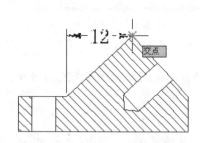
图 6-16 程序默认的水平标注

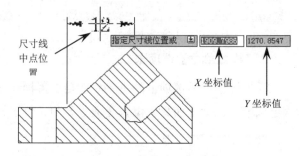
图 6-17 确定尺寸线中点以创建标注

2. 垂直标注

尺寸线与标注文字始终保持竖直方向放置的尺寸标注就是垂直标注。当指定了延伸线原点或标注对象后,程序默认的标注方式是垂直标注,将延伸线沿水平方向进行移动,或在命令行中输入 V,即可创建出垂直标注,如图 6-18 所示。

图 6-18 创建垂直标注

> 提醒一下:
> 垂直标注的命令行提示与水平标注的命令行提示是相同的。

6.3.2 角度标注

角度标注用来测量选定的对象或三个点之间的角度。可选择的测量对象包括圆弧、圆和直线,如图 6-19 所示。

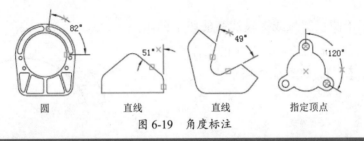

图 6-19 角度标注

> 提醒一下:
> 可以相对于现有角度标注创建基线和连续角度标注。基线和连续角度标注小于或等于 180°。要获得大于 180° 的基线和连续角度标注,请使用夹点编辑拉伸现有基线或连续标注的尺寸延伸线的位置。

6.3.3 半径或直径标注

当标注对象为圆弧或圆时,需创建半径或直径标注。一般情况下,整圆或大于半圆的圆弧应标注直径尺寸,小于或等于半圆的圆弧应标注半径尺寸,如图 6-20 所示。

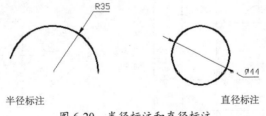

图 6-20 半径标注和直径标注

1. 半径标注

半径标注工具用来测量选定圆或圆弧的半径值,并显示前面带有字母 R 的标注文字。

2. 直径标注

直径标注工具用来测量选定圆或圆弧的直径值，并显示前面带有直径符号的标注文字。

对圆弧进行标注时，半径或直径标注不需要直接沿圆弧进行放置。如果标注位于圆弧末端，则将沿进行标注的圆弧的路径绘制延伸线，或者不绘制延伸线。取消（关闭）延伸线后，半径标注或直径标注的尺寸线将通过圆弧的圆心（而不是按照延伸线）进行绘制，如图 6-21 所示。

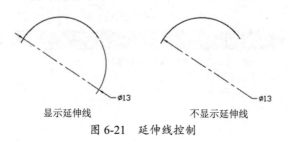

图 6-21　延伸线控制

6.3.4　弧长标注

弧长标注用于测量圆弧或多段线弧线段上的距离。默认情况下，弧长标注在标注文字的上方或前面，将显示圆弧符号【⌒】，如图 6-22 所示。

图 6-22　弧长标注

6.3.5　坐标标注

坐标标注主要用于测量从原点（基准）到要素（如部件上的一个孔）的水平或垂直距离。这种标注保持特征点与基准点的精确偏移量，从而避免增大误差。一般的坐标标注如图 6-23 所示。

在创建坐标标注之前，需要在基点或基线上先创建一个用户坐标系，如图 6-24 所示。

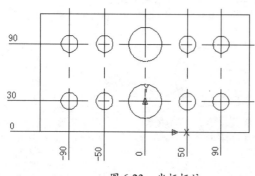

图 6-23　坐标标注

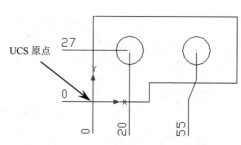

图 6-24　创建用户坐标系

6.3.6 对齐标注

当标注对象为倾斜的直线时，可使用【对齐】标注。对齐标注可以创建与指定位置或对象平行的标注，如图 6-25 所示。

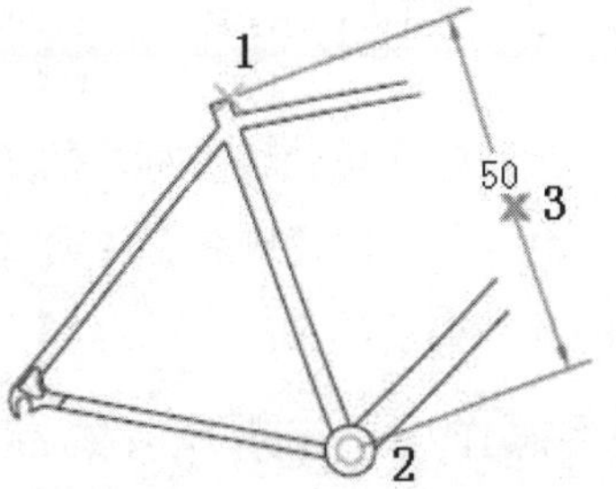

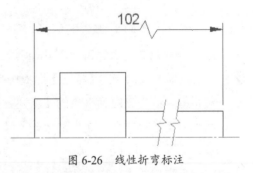

图 6-25 对齐标注

6.3.7 折弯标注

当标注不能表示实际尺寸，或者圆弧或圆的中心无法在实际位置显示时，可使用折弯标注来表达。在 AutoCAD 2020 中，折弯标注包括半径折弯标注和线性折弯标注。

1. 半径折弯标注

当圆弧或圆的中心位于布局之外，并且无法在其实际位置显示时，使用 DIMJOGGED 命令可以创建半径折弯标注，半径折弯标注也称为缩放的半径标注。

2. 线性折弯标注

折弯线用于表示不显示实际测量值的标注值。将折弯线添加到线性标注，即线性折弯标注。通常，折弯标注的实际测量值小于显示的值。

通常，在线性标注或对齐标注中可添加或删除折弯线。如图 6-26 所示，折弯线性标注中的折弯线表示所标注的对象中的折断，标注值表示实际距离，而不是图形中测量的距离。

图 6-26 线性折弯标注

> 提醒一下：
> 折弯由两条平行线和一条与平行线成 40° 角的交叉线组成。折弯的高度由标注样式的线性折弯大小值决定。

6.3.8 折断标注

使用折断标注可以使标注、尺寸延伸线或引线不显示，还可以在标注和延伸线与其他对象的相交处打断或恢复标注和延伸线，如图 6-27 所示。

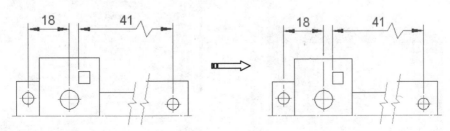

图 6-27 折断标注

6.3.9 倾斜标注

倾斜标注可使线性标注的延伸线倾斜，也可旋转、修改或恢复标注文字。

命令行中的【倾斜】选项将创建线性标注，其延伸线与尺寸线方向垂直。当延伸线与图形的其他要素冲突时，【倾斜】选项将很有用处，如图 6-28 所示。

动手操作——常规尺寸的标注

二维锁钩轮廓图形如图 6-29 所示。

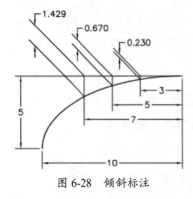

图 6-28 倾斜标注　　　　　　　　图 6-29 锁钩轮廓图形

① 打开本例源文件"锁钩轮廓.dwg"。

② 在【注释】选项卡的【标注】面板中单击【标注样式】按钮，弹出【标注样式管理器】对话框。单击该对话框中的【新建】按钮，再弹出【创建新标注样式】对话框。在该对话框的【新样式名】文本框中输入【机械标注】字样，单击【继续】按钮，进入下一步骤，如图 6-30 所示。

③ 在随后弹出的【新建标注样式：机械标注】对话框中进行选项设置：在【线】选项卡中设置【基线间距】为 7.5、【超出尺寸线】为 2.5；在【箭头和符号】选项卡中设置【箭头大小】为 3.5；在【文字】选项卡中设置【文字高度】为 5、【从尺寸线偏移】为 1、【文字对齐】采用【ISO 标准】；在【主单位】选项中设置【精度】为 0.00、【小数分隔符】为【"."（句点）】，如图 6-31 所示。

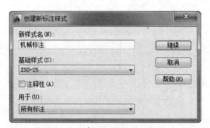
图 6-30 命名新标注样式

图 6-31 设置新标注样式

④ 在【注释】选项卡的【标注】面板中单击【线性】按钮⊢，然后在如图 6-32 所示的图形处选择两个点作为线性标注延伸线的原点，并完成该标注。

⑤ 同理，继续使用【线性】标注工具将其余的主要尺寸进行标注，标注完成的结果如图 6-33 所示。

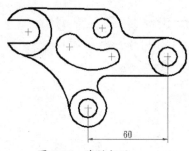 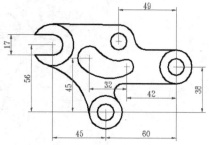

图 6-32 线性标注　　　　　　　　　图 6-33 完成所有线性标注

⑥ 在【注释】选项卡的【标注】面板中单击【半径】按钮◎，然后在图形中选择小于 180°的圆弧进行标注，结果如图 6-34 所示。

⑦ 在【注释】选项卡的【标注】面板中单击【折弯】按钮，然后选择如图 6-35 所示的圆弧进行折弯半径标注。

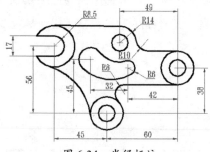 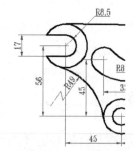

图 6-34 半径标注　　　　　　　　　图 6-35 折弯半径标注

⑧ 在【注释】选项卡的【标注】面板中单击【打断】按钮，然后按命令行的操作提示选择【手动】选项，并选择如图 6-36 所示的线性标注上的两点作为打断点，并最终完成该打断标注。

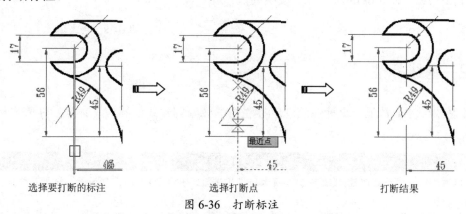

图 6-36 打断标注

⑨ 在【注释】选项卡的【标注】面板中单击【直径】按钮⌀，然后在图形中选择大于 180°的圆弧和整圆进行标注，最终本实例图形标注完成的结果如图 6-37 所示。

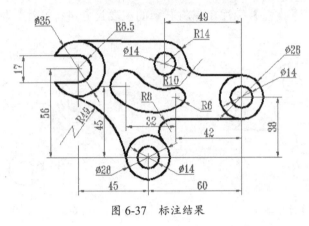

图 6-37 标注结果

6.4 快速标注工具

当图形中存在连续的线段、并列的线条或相似的图样时，可使用 AutoCAD 2020 提供的快速标注工具来完成标注，以此来提高标注的效率。快速标注工具包括【快速标注】、【基线标注】、【连续标注】和【等距标注】。

6.4.1 快速标注工具

【快速标注】就是对选择的对象创建一系列的标注。这一系列的标注可以是一系列连续标注、一系列并列标注、一系列基线标注、一系列坐标标注、一系列半径标注或一系列直径标注，如图 6-38 所示为多段线的快速标注。

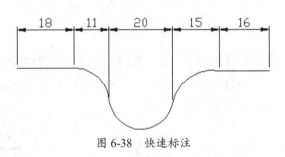

图 6-38 快速标注

6.4.2 基线标注

【基线标注】从上一个标注或选定标注的基线处创建线性标注、角度标注或坐标标注，如图 6-39 所示。

> 提醒一下：
> 可以通过标注样式管理器、【直线】选项卡和【基线间距】（DIMDLI 系统变量）设置基线标注之间的默认间距。

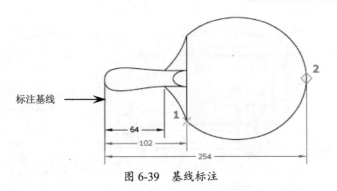

图 6-39 基线标注

6.4.3 连续标注

【连续标注】是从上一个标注或选定标注的第二条延伸线处开始，创建线性标注、角度标注或坐标标注，如图 6-40 所示。

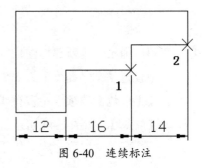

图 6-40 连续标注

6.4.4 等距标注

【等距标注】可自动调整平行的线性标注之间的间距或共享一个公共顶点的角度标注之间的间距；尺寸线之间的间距相等；还可以通过使用间距值 0 来对齐线性标注或角度标注。

例如，间距值为 5 的等距标注，如图 6-41 所示。

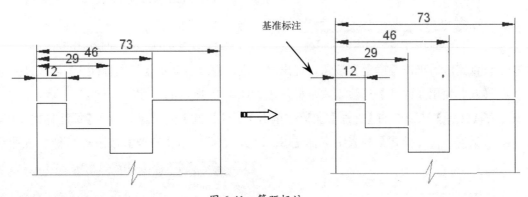

图 6-41 等距标注

动手操作——快速标注范例

标注完成的法兰零件图如图 6-42 所示。

① 打开本例源文件"法兰零件.dwg"。

② 在【注释】选项卡的【标注】面板中单击【标注样式】按钮，打开【标注样式管理器】对话框。单击该对话框中的【新建】按钮，弹出【创建新标注样式】对话框。在此对话框的【新样式名】文本框中输入新样式名【机械标注 1】，并单击【继续】按钮，如图 6-43 所示。

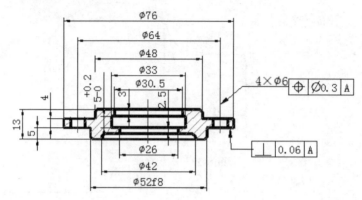

图 6-42 法兰零件图

③ 在随后弹出的【新建标注样式：机械标注1】对话框中进行选项设置：在【文字】选项卡中设置【文字高度】为 3.5、【从尺寸线偏移】为 1、【文字对齐】采用【ISO 标准】；在【主单位】选项卡中设置【精度】为 0.00、【小数分隔符】为【"."（句点）】、【前缀】为【%%c】，如图 6-44 所示。

图 6-43 命名新标注样式

图 6-44 设置新标注样式

④ 设置完成后单击【确定】按钮，退出对话框，程序自动将【机械标注1】样式设为当前样式。使用【线性】标注工具，标注出如图 6-45 所示的尺寸。

⑤ 在【注释】选项卡的【标注】面板中单击【标注样式】按钮，打开【标注样式管理器】对话框。在【样式】列表中选择【ISO-25】，然后单击【修改】按钮，如图 6-46 所示。

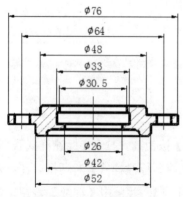

图 6-45 线性标注图形

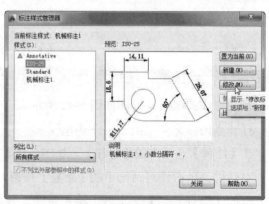

图 6-46 选择要修改的标注样式

⑥ 在弹出的【修改标注样式】对话框中做如下修改：在【文字】选项卡中设置【文字高度】为 3.5、【从尺寸线偏移】为 1，【文字对齐】采用【与尺寸线对齐】；在【主单位】选项卡中设置【精度】为 0.00、【小数分隔符】为【"."】（句点）。

⑦ 使用【线性】标注工具，标注出如图 6-47 所示的尺寸。

⑧ 在【注释】选项卡的【标注】面板中单击【标注样式】按钮，打开【标注样式管理器】对话框。在【样式】列表中选择【ISO-25】，然后单击【替代】按钮，打开【替代当前样式】对话框。在对话框的【公差】选项卡的【公差格式】选项区中设置【方式】为【极限偏差】、【上偏差】为 0.2，单击【确定】按钮，退出替代样式设置。

⑨ 使用【线性】标注工具，标注出如图 6-48 所示的尺寸。

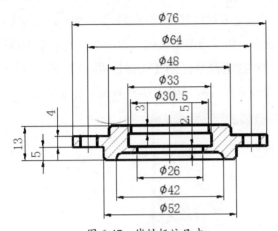
图 6-47　线性标注尺寸

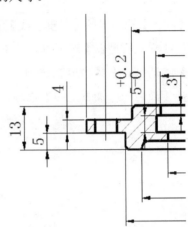
图 6-48　替代样式的标注

⑩ 在【注释】选项卡的【标注】面板中单击【折断标注】按钮，然后按命令行的操作提示选择【手动】选项，选择如图 6-49 所示的线性标注上的两点作为打断点，并完成折断标注。

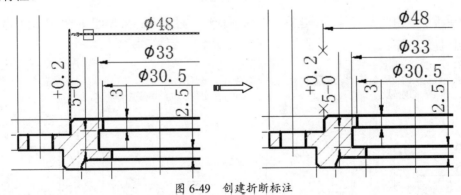
图 6-49　创建折断标注

⑪ 使用【编辑标注】工具编辑【φ52】的标注文字，编辑文字的过程及结果如图 6-50 所示。命令行的操作提示如下：

```
命令：_dimedit
输入标注编辑类型 [默认(H)/新建(N)/旋转(R)/倾斜(O)] <默认>: n↙
选择对象: 找到 1 个                    //选择要编辑文字的标注
```

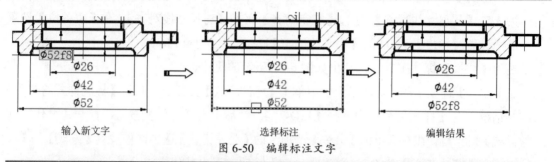

图 6-50 编辑标注文字

> 提醒一下：
> 直径符号φ，可输入符号"%%c"替代。

⑫ 在【注释】选项卡的【多重引线】面板中单击【多重引线样式管理器】按钮，打开【多重引线样式管理器】对话框，单击该对话框中的【修改】按钮，弹出【修改多重引线样式】对话框。在【内容】选项卡的【引线连接】选项区的【连接位置-左】下拉列表中选择【最后一行加下画线】选项，单击【确定】按钮，如图 6-51 所示。

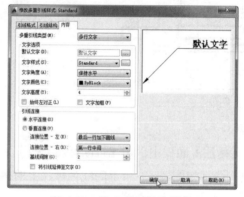

图 6-51 修改多重引线样式

⑬ 使用【多重引线】工具，创建第一个引线标注，过程及结果如图 6-52 所示。命令行的操作提示如下：

```
命令：_mleader
指定引线箭头的位置或 [引线基线优先(L)/内容优先(C)/选项(O)] <选项>：
指定引线基线的位置：              //指定基线位置并单击鼠标
```

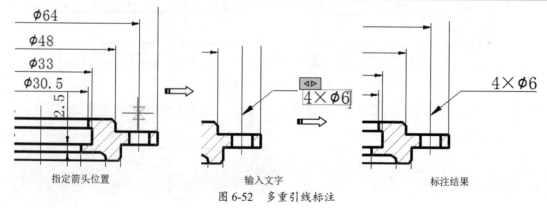

图 6-52 多重引线标注

⑭ 再使用【多重引线】工具，创建第二个引线标注，但不标注文字，如图 6-53 所示。
⑮ 在【标注】面板中单击【公差】按钮，然后在随后弹出的【形位公差】对话框中设置特征符号、公差 1 及公差 2，如图 6-54 所示。

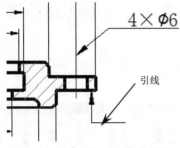

图 6-53 创建不标注文字的引线

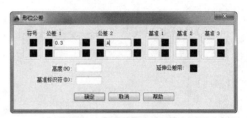

图 6-54 设置形位公差

⑯ 设置完成后，将特征框置于第一条引线的标注上，如图 6-55 所示。
⑰ 同理，在另一条引线上也创建出如图 6-56 所示的形位公差标注。

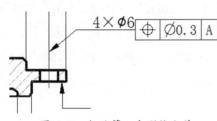

图 6-55 标注第一个形位公差

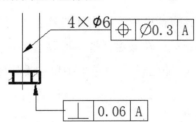

图 6-56 标注第二个形位公差

⑱ 至此，本例的零件图形的尺寸标注全部完成，结果如图 6-57 所示。

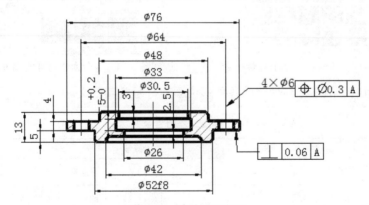

图 6-57 零件图形标注

6.5 公差与引线标注

在 AutoCAD 2020 中，除基本尺寸标注和快速标注工具外，还有用于特殊情况下的图形标注或注释，如形位公差标注、引线标注及尺寸公差标注等。

6.5.1 形位公差标注

形位公差表示特征的形状、轮廓、方向、位置和跳动的允许偏差。

形位公差一般由形位公差代号、形位公差框、形位公差值及基准代号组成，如图 6-58 所示。

执行 TOLERANCE 命令，弹出【形位公差】对话框，如图 6-59 所示。在该对话框中可以设置公差值和修改符号。

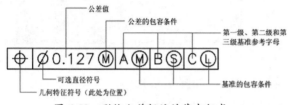

图 6-58 形位公差标注的基本组成

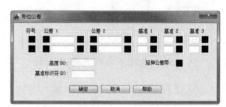

图 6-59 【形位公差】对话框

在该对话框中，单击【符号】选项区中的黑色小方格将打开如图 6-60 所示的【特征符号】对话框。在该对话框中可以选择特征符号，当确定好符号后单击该符号即可。

在【形位公差】对话框中单击【基准 1】选项区后面的黑色小方格将打开如图 6-61 所示的【附加符号】对话框。在该对话框中可以选择包容条件，当确定好包容条件后单击该特征符号即可。

图 6-60 【特征符号】对话框

图 6-61 【附加符号】对话框

表 6-1 中列出了国家标准规定的各种形位公差符号及其含义。

表 6-1 形位公差符号及其含义

符号	含义	符号	含义
⌖	位置度	▱	平面度
◎	同轴度	○	圆度
=	对称度	—	直线度
∥	平行度	⌒	面轮廓度
⊥	垂直度	⌒	线轮廓度
∠	倾斜度	↗	圆跳度
⌭	圆柱度	⌰	全跳度

表 6-2 列出了与形位公差有关的材料控制符号及其含义。

表6-2 材料控制符号及其含义

符号	含义
Ⓜ	材料的一般中等状况
Ⓛ	材料的最大状况
Ⓢ	材料的最小状况

6.5.2 多重引线标注

引线是连接注释和图形对象的一条带箭头的线,用户可从图形的任意点或对象上创建引线。引线可由直线段或平滑的样条曲线组成,注释文字就放在引线末端,如图6-62所示。

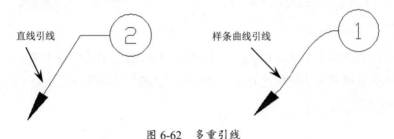

图6-62 多重引线

多重引线对象或多重引线可先创建箭头,也可先创建尾部或内容。如果已使用多重引线样式,则可以从该样式创建多重引线。

6.6 编辑标注

当标注的尺寸界线、文字和箭头与当前图形文件中的几何对象重叠时,用户可能不想显示这些标注元素,或者要进行适当的位置调整,通过更改、替换标注尺寸样式或者编辑标注的外观,可以使图纸更加清晰、美观,增强可读性。

1. 修改与替代标注样式

要对当前样式进行修改但又不想创建新的标注样式,此时可以修改当前标注样式或创建标注样式替代。执行菜单栏中的【标注】|【样式】命令,在弹出的【标注样式管理器】对话框中选择Standard标注样式,再单击右侧的【修改】按钮,打开如图6-63所示的【修改标注样式:Standard】对话框。在该对话框中可以调整、修改样式,包括尺寸界线、公差、单位以及可见性。

若用户创建标注样式替代,替代标注样式后,AutoCAD将在标注样式名下显示【<样式替代>】,如图6-64所示。

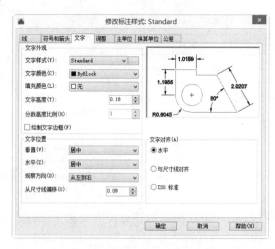

图 6-63 【修改标注样式：Standard】对话框

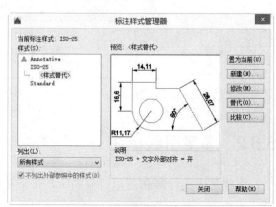

图 6-64 显示样式替代

2. 尺寸文字的调整

尺寸文字的位置调整可通过移动夹点来调整。也可利用快捷菜单来调整标注的位置。在利用移动夹点调整尺寸文字的位置时，先选中要调整的标注，按住夹点直接拖动光标进行移动，如图 6-65 所示。

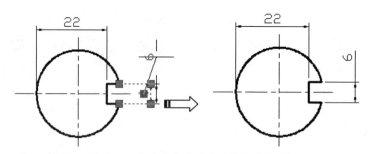

图 6-65 使用夹点移动来调整文字位置

利用右键菜单命令来调整文字位置时，先选择要调整的标注，单击鼠标右键，在弹出的快捷菜单中选择【标注文字位置】命令，然后再从下拉菜单中选择一条适当的命令，如图 6-66 所示。

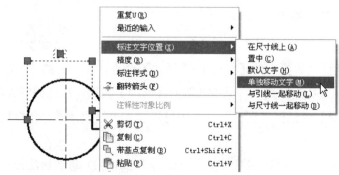

图 6-66 使用右键菜单命令调整文字位置

3. 编辑标注文字

有时需要将线性标注修改为直径标注，这就需要对标注的文字进行编辑，AutoCAD 2020 提供了标注文字编辑功能。

执行编辑文字命令后，可以通过在功能区弹出的【文字编辑器】选项卡，对标注文字进行编辑。如图 6-67 所示为编辑标注文字前后的对比。

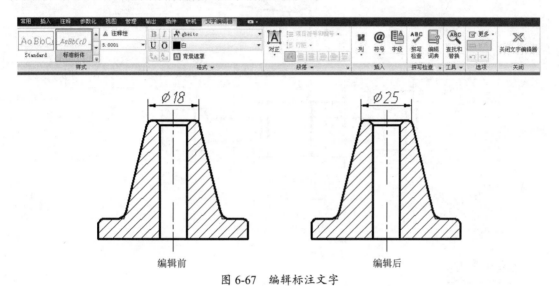

图 6-67　编辑标注文字

6.7　拓展训练

为了便于读者能熟练应用基本尺寸标注工具来标注零件图形，特以两个机械零件图形的图形尺寸标注为例，来说明零件图尺寸标注的方法。

6.7.1　训练一：标注曲柄零件尺寸

机械图中的尺寸标注包括线性尺寸标注、角度标注、引线标注、粗糙度标注等。

该图形中除了前面介绍过的尺寸标注，又增加了对齐尺寸【48】的标注。通过本例的学习，不但可以进一步巩固在前面使用过的标注命令及表面粗糙度、形位公差的标注方法，同时还将掌握对齐标注命令。标注完成的曲柄零件如图 6-68 所示。

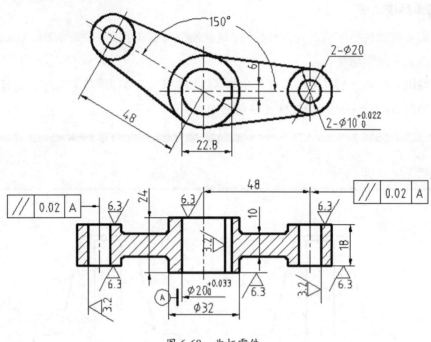

图 6-68 曲柄零件

操作步骤

1. 创建一个新图层【bz】用于尺寸标注

① 单击【标准】工具栏中的【打开】按钮，在弹出的【选择文件】对话框中，选取前面保存的图形文件"曲柄零件.dwg"，单击【确定】按钮，则该图形显示在绘图窗口中，如图 6-69 所示。

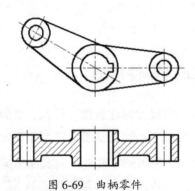

图 6-69 曲柄零件

② 单击【图层】工具栏中的【图层特性管理器】按钮，打开【图层特性管理器】选项板。

③ 创建一个新图层【bz】，线宽为 0.09，其他设置不变，用于标注尺寸，并将其设置为当前图层。

④ 执行菜单栏中的【格式】|【文字样式】命令，打开【文字样式】对话框，创建一个新的文字样式【SZ】。

2. 设置尺寸标注样

① 单击【标注】工具栏中的【标注样式】按钮，设置标注样式。在打开的【标注样式管理器】对话框中，单击【新建】按钮，创建新的标注样式【机械图样】，用于标注图样中的线性尺寸。

② 单击【继续】按钮，对打开的【新建标注样式：机械图样】对话框中的各个选项卡进行设置，如图6-70～图6-72所示。设置完成后，单击【确定】按钮。选取【机械图样】，单击【新建】按钮，分别设置直径及角度标注样式。

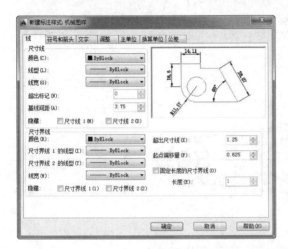

图 6-70 【线】选项卡

图 6-71 【文字】选项卡

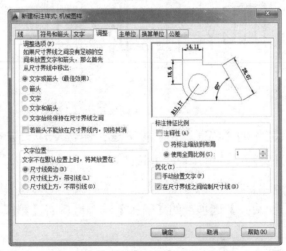

图 6-72 【调整】选项卡

③ 同理，再依次建立直径标注样式、半径标注样式、角度标注样式等标注样式。其中，在建立直径标注样式时，须在【调整】选项卡中勾选【标注时手动放置文字】复选框，在【文字】选项卡的【文字对齐】选项区中选择【ISO标准】；在角度标注样式的【文字】选项卡的【文字对齐】选项区中选择【水平】，其他选项卡的设置均不变。

④ 在【标注样式管理器】对话框中，选取【机械图样】标注样式，单击【置为当前】按钮，

将其设置为当前标注样式。

3. 标注曲柄视图中的线性尺寸

① 单击【标注】工具栏中的【线性标注】按钮，从上至下依次标注曲柄主视图及俯视图中的线性尺寸【6】、【22.8】、【48】、【18】、【10】、【φ20】和【φ32】。

② 在标注尺寸【φ20】时，需要输入【%%c20{\h0.7x;\s+0.033^0;}】。

③ 单击【标注】工具栏中的【编辑标注文字】按钮，命令行的操作提示如下：

```
命令：_dimtedit
选择标注：                    //选取曲柄俯视图中的线性尺寸【24】
为标注文字指定新位置或 [左对齐(L)/右对齐(R)/居中(C)/默认(H)/角度(A)]：   //拖动文字到尺寸界线外部
```

④ 单击【标注】工具栏中的【编辑标注文字】按钮，选取俯视图中的线性尺寸【10】，将文字拖动到适当位置，结果如图6-73所示。

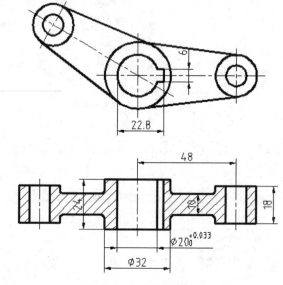

图6-73 标注线性尺寸

⑤ 单击【标注】工具栏中的【标注样式】按钮，在打开的【标注样式管理器】的样式列表中选择【机械图样】，单击【替代】按钮。

⑥ 打开【替代当前样式】对话框。在【线】选项卡的【隐藏】选项区中勾选【尺寸线2】复选框；在【符号和箭头】选项卡的【箭头】选项区中将【第二个】设置为【无】，如图6-74所示。

⑦ 单击【标注】工具栏中的【标注更新】按钮，更新该尺寸样式，命令行的操作提示如下：

```
命令：_-dimstyle
当前标注样式：               //机械标注样式    注释性：否
输入标注样式选项
[注释性(AN)/保存(S)/恢复(R)/状态(ST)/变量(V)/应用(A)/?] <恢复>：   //_apply
选择对象：                   //选取俯视图中的线性尺寸【φ20】
选择对象：✓
```

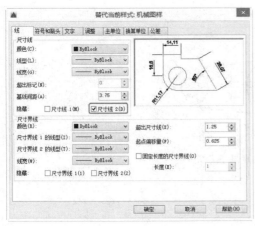 

图 6-74 替代样式

⑧ 单击【标注】工具栏中的【标注更新】按钮，选取更新的线性尺寸，将其文字拖动到适当位置，结果如图 6-75 所示。

⑨ 单击【标注】工具栏中的【对齐】按钮，标注对齐尺寸【48】，结果如图 6-76 所示。

4. 标注曲柄主视图中的角度尺寸等

① 单击【标注】工具栏中的【角度标注】按钮，标注角度尺寸【150°】。

② 单击【标注】工具栏中的【直径标注】按钮，标注曲柄水平臂中的直径尺寸【2-ϕ10】及【2-ϕ20】。

③ 单击【标注】工具栏中的【标注样式】按钮，在打开的【标注样式管理器】对话框的样式列表中选择【机械图样】，单击【替代】按钮。

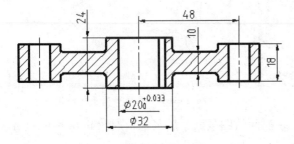 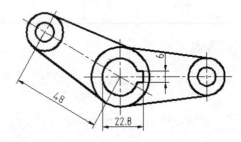

图 6-75 编辑俯视图中的线性尺寸　　图 6-76 标注主视图对齐尺寸

④ 打开【替代当前样式】对话框。单击【主单位】选项卡，将【线性标注】选项区中的【精度】设置为 0.000；单击【公差】选项卡，在【公差格式】选项区中将【方式】设置为【极限偏差】，设置【上偏差】为 0.022、下偏差为 0、【高度比例】为 0.7，设置完成后单击【确定】按钮。

⑤ 单击【标注】工具栏中的【标注更新】按钮，选取直径尺寸【2-ϕ10】，即可为该尺寸添加尺寸偏差，结果如图 6-77 所示。

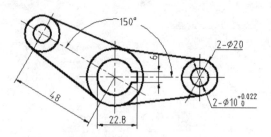

图 6-77 标注角度及直径尺寸

5. 标注曲柄俯视图中的表面粗糙度

① 首先绘制表面粗糙度符号，如图 6-78 所示。
② 执行菜单栏中的【格式】|【文字样式】命令，打开【文字样式】对话框，在其中设置标注的粗糙度值的文字样式，如图 6-79 所示。
③ 在命令行中输入 DDATTDEF 命令，打开【属性定义】对话框进行参数设置，如图 6-80 所示。

图 6-78 绘制的表面粗糙度符号

图 6-79 【文字样式】对话框

图 6-80 【属性定义】对话框

④ 设置完毕后，单击【拾取点】按钮，此时返回绘图区域。用鼠标拾取图 6-78 中的点 A，此时返回【属性定义】对话框，单击【确定】按钮，完成属性设置。
⑤ 在功能区的【插入】选项卡中单击【创建块】按钮，打开【块定义】对话框进行参数设置，如图 6-81 所示。
⑥ 设置完毕后，单击【拾取点】按钮，此时返回绘图区域。用鼠标拾取图 6-78 中的点 B，此时返回【块定义】对话框。再单击【选择对象】按钮，选择如图 6-78 所示的图形，此时返回【块定义】对话框，单击【确定】按钮完成块定义。
⑦ 在功能区的【插入】选项卡中单击【插入】按钮，打开【插入】对话框，在【名称】下拉列表中选择【粗糙度】，如图 6-82 所示。

图 6-81 【块定义】对话框

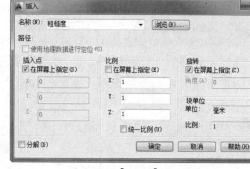

图 6-82 【插入】对话框

⑧ 单击【确定】按钮,此时命令行的操作提示如下:

```
指定插入点或[基点(B)/比例(S)/X/Y/Z/旋转(R)]:  //捕捉曲柄俯视图中的左臂上线的最近点,作为插入点
指定旋转角度 <0>:                            //输入要旋转的角度
输入属性值
请输入表面粗糙度值 <1.6>:6.3↙               //输入表面粗糙度的值6.3
```

⑨ 单击【修改】工具栏中的【复制】按钮,选取标注的表面粗糙度,将其复制到俯视图右边需要标注的地方,结果如图 6-83 所示。

⑩ 单击【修改】工具栏中的【镜像】按钮,选取插入的表面粗糙度图块,分别以水平线及竖直线为镜像线,进行镜像操作,并且镜像后不保留源对象。

⑪ 单击【修改】工具栏中的【复制】按钮,选取镜像后的表面粗糙度,将其复制到俯视图下部需要标注的地方,结果如图 6-84 所示。

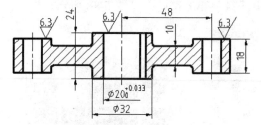

图 6-83 标注表面粗糙度

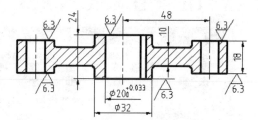

图 6-84 标注表面粗糙度

⑫ 单击【绘图】面板中的【插入块】按钮,打开【插入块】对话框,插入【粗糙度】图块。重复执行【插入块】命令,标注曲柄俯视图中的其他表面粗糙度,结果如图 6-85 所示。

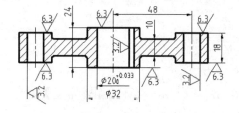

图 6-85 标注表面粗糙度

6. 标注曲柄俯视图中的形位公差

① 在标注表面及形位公差之前,首先需要设置引线的样式,然后再标注表面及形位公差。

在命令行中输入 QLEADER 命令，命令行的操作提示如下：

```
命令:QLEADER↙
指定第一个引线点或 [设置(S)] <设置>: S↙
```

② 选择该选项后，打开如图 6-86 所示的【引线设置】对话框，在其中选择【公差】选项，即把引线设置为公差类型。设置完毕后，单击【确定】按钮，返回命令行。命令行的操作提示如下：

```
指定第一个引线点或 [设置(S)] <设置>:    //用鼠标光标指定引线的第一个点
指定下一点:                              //用鼠标光标指定引线的第二个点
指定下一点:                              //用鼠标光标指定引线的第三个点
```

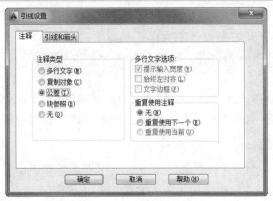

图 6-86 【引线设置】对话框

③ 此时，AutoCAD 自动打开【形位公差】对话框，如图 6-87 所示。单击【符号】黑框，打开【特征符号】对话框，用户可以在其中选择需要的符号，如图 6-88 所示。

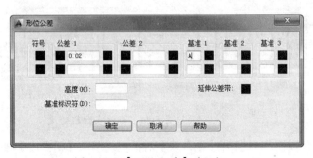

图 6-87 【形位公差】对话框

图 6-88 【特征符号】对话框

④ 设置完【形位公差】对话框后，单击【确定】按钮，则返回绘图区域，完成形位公差的标注。

⑤ 方法同前，标注俯视图左边的形位公差。

⑥ 绘制基准符号，如图 6-89 所示。

⑦ 在命令行中输入 DDATTDEF 命令，打开【属性定义】对话框进行参数设置，如图 6-90 所示。

⑧ 设置完毕后，单击【确定】按钮，此时返回绘图区域，用鼠标光标拾取图中的圆心。

图 6-89 绘制的基准符号

⑨ 创建基准符号块。单击【绘图】面板中的【创建块】按钮，打开【块定义】对话框进

行参数设置，如图 6-91 所示。

图 6-90 【属性定义】对话框

图 6-91 【块定义】对话框

⑩ 设置完毕后，单击【拾取点】按钮，此时返回绘图区域，用鼠标拾取图中的水平直线的中点，此时返回【块定义】对话框。单击【选择对象】按钮，在绘图区域中选择图形后再次返回【块定义】对话框，最后单击【确定】按钮，完成块的定义。

⑪ 单击【绘图】面板中的【插入块】按钮，打开【插入】对话框，在【名称】下拉列表中选择【基准符号】，如图 6-92 所示。

图 6-92 【插入】对话框

⑫ 单击【确定】按钮，此时命令行的操作提示如下：
指定插入点或 [基点(B)/比例(S)/X/Y/Z/旋转(R)]：
　　//在尺寸【φ20】左边尺寸界线的左部适当位置拾取一点

⑬ 单击【修改】工具栏中的【旋转】按钮，选取插入的【基准符号】图块，将其旋转 90°。

⑭ 选取旋转后的【基准符号】图块，单击鼠标右键，在打开的如图 6-93 所示的快捷菜单中选择【编辑属性】，打开【增强属性编辑器】对话框，单击【文字选项】选项卡，如图 6-94 所示，

⑮ 将【旋转】设置为 0.00，最终的标注结果如图 6-95 所示。

图 6-93 快捷菜单

图 6-94 【增强属性编辑器】对话框

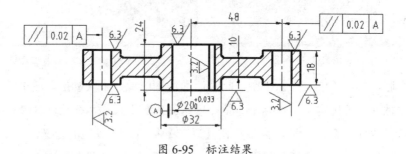

图 6-95 标注结果

6.7.2 训练二：标注泵轴尺寸

本例着重介绍编辑标注文字位置命令的使用以及表面粗糙度的标注方法，同时对尺寸偏差的标注进行进一步的巩固练习。标注完成的泵轴如图 6-96 所示。

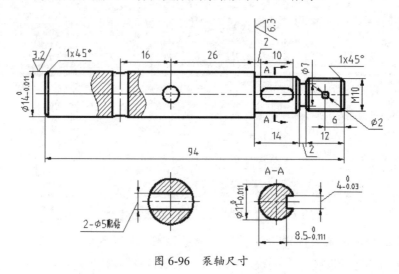

图 6-96 泵轴尺寸

操作步骤

1. 标注设置

① 打开本例源文件"泵轴.dwg"，如图 6-97 所示。

② 单击【图层】工具栏中的【图层特性管理器】按钮，打开【图层特性管理器】选项板。创建一个新图层【BZ】，线宽为 0.09，其他设置不变，用于标注尺寸，并将其设置为当前图层。

③ 执行菜单栏中的【格式】|【文字样式】命令，弹出【文字样式】对话框，创建一个新的文字样式【SZ】。

④ 单击【标注】工具栏中的【标注样式】按钮，设置标注样式。方法同前，在打开的【标注样式管理器】对话框中，单击【新建】按钮，创建新的标注样式【机械图样】，用于标注图样中的尺寸。

⑤ 单击【继续】按钮，对打开的【新建标注样式：机械图样】对话框中的各个选项卡进行设置，如图 6-98～图 6-100 所示。不再设置其他标注样式。

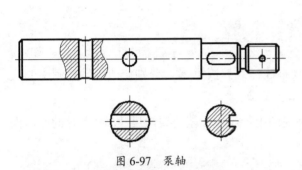

图 6-97　泵轴

图 6-98　【线】选项卡

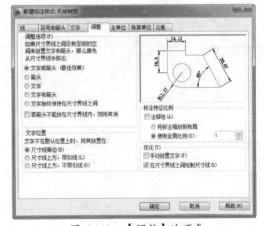

图 6-99　【文字】选项卡　　　　　图 6-100　【调整】选项卡

2. 标注尺寸

① 在【标注样式管理器】对话框中，选择【机械图样】标注样式，单击【置为当前】按钮，将其设置为当前标注样式。

② 单击【标注】工具栏中的【线性标注】按钮，标注泵轴主视图中的线性尺寸【m10】、【φ7】及【6】。

③ 单击【标注】工具栏中的【基线标注】按钮，以尺寸【6】的右端尺寸线为基线，进行基线标注，标注尺寸【12】及【94】。

④ 单击【标注】工具栏中的【连续标注】按钮，选取尺寸【12】的左端尺寸线，标注连续尺寸【2】及【14】。

⑤ 单击【标注】工具栏中的【线性标注】按钮，标注泵轴主视图中的线性尺寸【16】。

⑥ 单击【标注】工具栏中的【连续标注】按钮，标注连续尺寸【26】、【2】及【10】。

⑦ 单击【标注】工具栏中的【直径标注】按钮，标注泵轴主视图中的直径尺寸【φ2】。

⑧ 单击【标注】工具栏中的【线性标注】按钮，标注泵轴剖面图中的线性尺寸【2-φ5配钻】，此时应输入标注文字【2-%%c5配钻】。

⑨ 单击【标注】工具栏中的【线性标注】按钮，标注泵轴剖面图中的线性尺寸【8.5】和【4】，结果如图6-101所示。

⑩ 修改泵轴视图中的基本尺寸。命令行的操作提示如下：

```
命令: dimtedit↙
选择标注:            //（选择主视图中的尺寸【2】
指定标注文字的新位置或 [左(l)/右(r)/中心(c)/默认(h)/角度(a)]:
                    //拖动光标，在适当位置单击，确定新的标注文字位置
```

⑪ 方法同前，单击【标注】工具栏中的【标注样式】按钮，分别修改泵轴视图中的尺寸【2-φ5配钻】及【2】，结果如图6-102所示。

⑫ 用重新输入标注文字的方法，标注泵轴视图中带尺寸偏差的线性尺寸。命令行的操作提示如下：

```
命令: dimlinear↙
指定第一条尺寸界线原点或 <选择对象>:（捕捉泵轴主视图左轴段的左上角点）
指定第二条尺寸界线原点:（捕捉泵轴主视图左轴段的左下角点）
指定尺寸线位置或[多行文字(M)/文字(T)/角度(A)/水平(H)/垂直(V)/旋转(R)]: t↙
输入标注<14>: %%c14{\h0.7x;\s0^-0.011;}↙
指定尺寸线位置或[多行文字(M)/文字(T)/角度(A)/水平(H)/垂直(V)/旋转(R)]:
                    //拖动光标，在适当位置单击
标注文字 =14
```

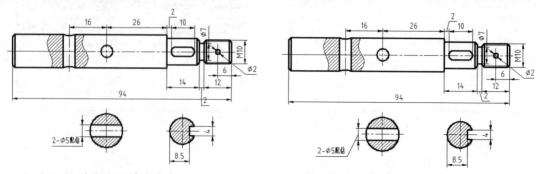

图 6-101 基本尺寸　　　　　　　　图 6-102 修改视图中的标注文字位置

⑬ 标注泵轴剖面图中的尺寸【φ11】，输入标注文字【%%c11{\h0.7x;\s0^ 0.011;}】，结果如图6-103所示。

⑭ 用标注替代的方法，为泵轴剖面图中的线性尺寸添加尺寸偏差，单击【标注】工具栏中

的【标注样式】按钮,在打开的【标注样式管理器】的样式列表中选择【机械图样】,单击【替代】按钮。

⑮ 打开【替代当前样式】对话框。单击【主单位】选项卡,将【线性标注】选项区中的【精度】值设置为 0.000;单击【公差】选项卡,在【公差格式】选项区中将【方式】设置为【极限偏差】,设置【上偏差】为 0、【下偏差】为 0.111、【高度比例】为 0.7,设置完成后单击【确定】按钮。

⑯ 单击【标注】工具栏中的【标注更新】按钮,选取剖面图中的线性尺寸【8.5】,即可为该尺寸添加尺寸偏差。

⑰ 继续设置替代样式。设置【公差】选项卡中的【上偏差】为 0、【下偏差】为 0.030。单击【标注】工具栏中的【标注更新】按钮,选取线性尺寸【4】,即可为该尺寸添加尺寸偏差,结果如图 6-104 所示。

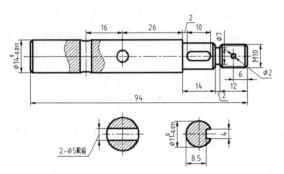

图 6-103 标注尺寸【φ11】

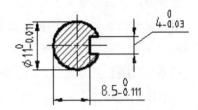

图 6-104 替代剖面图中的线性尺寸

⑱ 标注主视图中的倒角尺寸,单击【标注】工具栏中的【标注样式】按钮,设置同前。

3. 标注粗糙度

① 标注泵轴主视图中的表面粗糙度。在功能区的【插入】选项卡中单击【插入】按钮,打开【插入】对话框,如图 6-105 所示。单击【浏览】按钮,选取本例源文件夹中名为"粗糙度"的块文件;在【比例】选项区中勾选【统一比例】复选框。命令行的操作提示如下:

图 6-105 【插入】对话框

```
指定插入点或 [基点(B)/比例(S)/旋转(R)]: //捕捉 φ14 尺寸上端尺寸界线的最近点,作为插入点
输入属性值
请输入表面粗糙度值 <1.6>: 3.2↙     //输入表面粗糙度的值 3.2,结果如图 6-106 所示
```

② 单击【绘图】面板中的【直线】按钮,捕捉尺寸【26】右端尺寸界线的上端点,绘制竖直线。

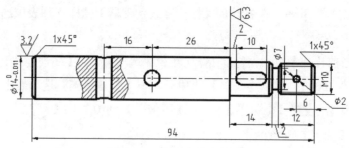

图 6-106 标注表面粗糙度

③ 单击【绘图】面板中的【插入块】按钮，插入【粗糙度】图块。此时，输入属性值 6.3。

④ 单击【修改】工具栏中的【镜像】按钮，将刚刚插入的图块，以水平线为镜像线，进行镜像操作，并且镜像后不保留源对象。

⑤ 单击【修改】工具栏中的【旋转】按钮，选取镜像后的图块，将其旋转 90°。

⑥ 单击【修改】工具栏中的【镜像】按钮，将旋转后的图块以竖直线为镜像线，进行镜像操作，并且镜像后不保留源对象。

⑦ 标注泵轴剖面图的剖切符号及名称，执行菜单栏中的【标注】|【多重引线】命令，从右向左绘制剖切符号中的箭头。

⑧ 将【轮廓线】图层设置为当前图层，单击【绘图】面板中的【直线】按钮，捕捉带箭头引线的左端点，向下绘制一小段竖直线。

⑨ 在命令行中输入 text，或者执行菜单栏中的【绘图】|【文字】|【单行文字】命令，在适当位置单击，输入文字【A】。

⑩ 单击【修改】工具栏中的【镜像】按钮，将输入的文字及绘制的剖切符号，以水平中心线为镜像线，进行镜像操作。在泵轴剖面图上方输入文字【A-A】，结果如图 6-107 所示。

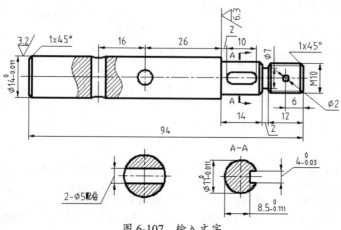

图 6-107 输入文字

图纸的注释

本章导读

标注尺寸以后，还要添加说明文字和明细表格，这样才算一幅完整的工程图。本章将着重介绍文字和表格的添加与编辑，并让读者详细了解文字样式、表格样式的编辑方法。

学习要点

- ☑ 图纸中的文字注释
- ☑ 使用文字样式
- ☑ 单行文字
- ☑ 多行文字
- ☑ 符号与特殊符号
- ☑ 图纸中的表格

扫码看视频

7.1 图纸中的文字注释

文字注释是 AutoCAD 图形中很重要的图形元素,也是机械制图、建筑工程图等制图中不可或缺的重要组成部分。在一个完整的图样中,还包括一些文字注释来标注图样中的一些非图形信息。例如,机械图形中的技术要求、装配说明、标题栏信息、选项卡,以及建筑工程图中的材料说明、施工要求等。

文字注释功能可通过在【文字】面板、【文字】工具栏中选择相应命令进行调用,也可通过在菜单栏中执行【绘图】|【文字】命令,在弹出的【文字】面板中选择。【文字】面板如图 7-1 所示,【文字】工具栏如图 7-2 所示。

图形注释文字包括单行文字或多行文字。对于不需要多种字体或多行的简短项,可以创建单行文字。对于较长、较为复杂的内容,可以创建多行或段落文字。

在创建单行或多行文字前,要指定文字样式并设置对齐方式,文字样式设置文字对象的默认特征。

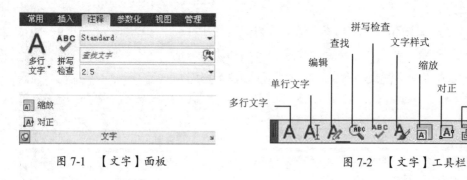

图 7-1 【文字】面板　　　　　图 7-2 【文字】工具栏

7.2 使用文字样式

在 AutoCAD 中,所有文字都有与之相关联的文字样式。文字样式包括【字体】、【字体样式】、【高度】、【宽度因子】、【倾斜角度】、【反向】、【颠倒】以及【垂直】等参数。在图形中输入文字时,当前的文字样式决定输入文字的字体、字号、角度、方向和其他文字特征。

7.2.1 创建文字样式

在创建文字注释和尺寸标注时,AutoCAD 通常使用当前的文字样式,用户也可根据具体要求重新设置文字样式或创建新的样式。文字样式的新建、修改是通过【文字样式】对话框来设置的,如图 7-3 所示。

图 7-3 【文字样式】对话框

【字体】选项区：该选项区用于设置字体名、字体格式及字体样式等属性。其中，【字体名】选项下拉列表中列出了 FONTS 文件夹中所有注册的 TrueType 字体和所有编译的形（SHX）字体的字体名。【字体样式】下拉列表中的选项用于指定字体格式，如粗体、斜体等。【使用大字体】复选框用于指定亚洲语言的大字体文件，只有在【字体名】下拉列表中选择带有 shx 后缀的字体文件，该复选框才被激活，如选择 iso.shx。

7.2.2 修改文字样式

修改多行文字对象的文字样式时，已更新的设置将应用到整个对象中，单个字符的某些格式可能不会被保留。例如，颜色、堆叠和下画线等格式将继续使用原格式，而粗体、字体、高度及斜体等格式，将随着格式的修改而发生改变。

通过修改设置，可以在【文字样式】对话框中修改现有的样式；也可以更新使用该文字样式的现有文字来反映修改的效果。

> **技巧点拨：**
> 某些样式设置对多行文字和单行文字对象的影响不同。例如，修改【颠倒】和【反向】选项对多行文字对象无影响，修改【宽度因子】和【倾斜角度】对单行文字无影响。

7.3 单行文字

对于不需要多种字体或多行的简短项，可以创建单行文字。使用【单行文字】命令创建文本时，可创建单行文字，也可创建出多行文字，但创建的多行文字的每一行都是独立的，可对其进行单独编辑，如图 7-4 所示。

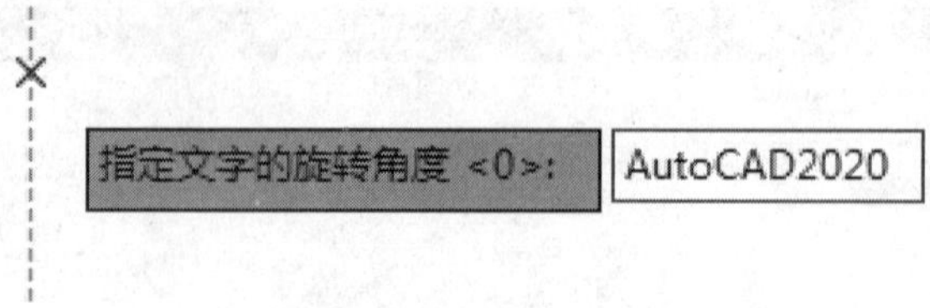

指定文字的旋转角度 <0>: AutoCAD2020

图 7-4　使用【单行文字】命令创建多行文字

7.3.1　创建单行文字

单行文字可输入单行文本，也可输入多行文本。在文字创建过程中，在图形窗口中选择一个点作为文字的起点，并输入文本文字，通过按 Enter 键来结束每一行，若要停止命令，则按 Esc 键。单行文字的每行文字都是独立的对象，可以重新定位、调整格式或进行其他修改。

执行 TEXT 命令，命令行将显示如下操作提示：

```
命令: text
当前文字样式:【Standard】　文字高度: 2.5000　注释性: 否　　//文字样式设置
指定文字的起点或 [对正(J)/样式(S)]:　　　　　　　　　　　　//文字选项
```

上述操作提示中的选项含义如下：

- 文字的起点：指定文字对象的起点。当指定文字起点后，命令行显示【指定高度<2.5000>:】。若要另行输入高度值，直接输入即可创建指定高度的文字。若使用默认高度值，按 Enter 键即可。
- 对正：控制文字的对正方式。
- 样式：指定文字样式，文字样式决定文字字符的外观。使用此选项，需要在【文字样式】对话框中新建文字样式。

若选择【对正】选项，命令行将显示如下操作提示：

```
输入选项
[对齐(A)/布满(F)/居中(C)/中间(M)/右对齐(R)/左上(TL)/中上(TC)/右上(TR)/左中(ML)/正中(MC)/右中(MR)/左下(BL)/中下(BC)/右下(BR)]:
```

此操作提示下的各选项含义如下：

- 对齐：通过指定基线端点来指定文字的高度和方向，如图 7-5 所示。
- 布满：指定文字按照由两点定义的方向和一个高度值布满一个区域。此选项只适用于水平方向的文字，如图 7-6 所示。

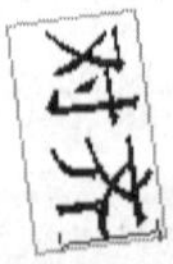

图 7-5　对齐文字

图 7-6　布满文字

技巧点拨：

对于对齐文字，字符的大小根据其高度按比例调整。文字字符串越长，字符越矮。

- 居中：从基线的水平中心对齐文字。此基线是由用户给出的点指定的，另外居中文字还可以调整其角度，如图 7-7 所示。
- 中间：文字在基线的水平中点和指定高度的垂直中点上对齐，中间对齐的文字不保持在基线上，如图 7-8 所示（该选项也可使文字旋转）。

图 7-7　居中文字

图 7-8　中间文字

其余选项所表示的文字对正方式如图 7-9 所示。

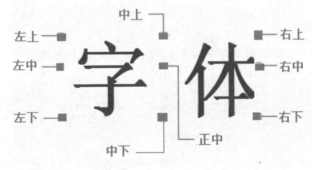

图 7-9　文字的对正方式

7.3.2　编辑单行文字

编辑单行文字包括编辑文字的内容、对正方式及缩放比例。用户可通过在菜单栏中执行【修改】|【对象】|【文字】命令，在弹出的下拉子菜单中选择相应命令来编辑单行文字，如图 7-10 所示。

用户也可以在图形区中双击要编辑的单行文字，然后重新输入新内容。

1.【编辑】命令

【编辑】命令用于编辑文字的内容。执行【编辑】命令后，选择要编辑的单行文字，即可在激活的文本框中重新输入文字，如图 7-11 所示。

图 7-10　编辑单行文字的命令

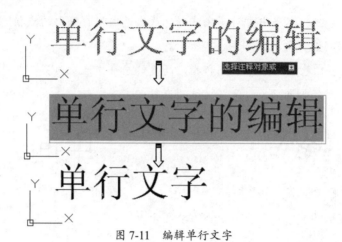

图 7-11　编辑单行文字

2.【比例】命令

【比例】命令用于重新设置文字的图纸高度、匹配对象和比例因子，如图 7-12 所示。命令行的操作提示如下：

```
SCALETEXT
选择对象：找到 1 个
选择对象：找到 1 个 (1 个重复)，总计 1 个
选择对象：
输入缩放的基点选项
[现有(E)/左对齐(L)/居中(C)/中间(M)/右对齐(R)/左上(TL)/中上(TC)/右上(TR)/左中(ML)/正中(MC)/右中(MR)/左下(BL
)/中下(BC)/右下(BR)] <现有>: C
指定新模型高度或 [图纸高度(P)/匹配对象(M)/比例因子(S)] <1856.7662>:
1 个对象已更改
```

图 7-12　设置单行文字的比例

3.【对正】命令

【对正】命令用于更改文字的对正方式。执行【对正】命令，选择要编辑的单行文字后，图形区显示对齐菜单。命令行的操作提示如下：

```
命令: _justifytext
选择对象：找到 1 个
选择对象：
输入对正选项
[左对齐(L)/对齐(A)/布满(F)/居中(C)/中间(M)/右对齐(R)/左上(TL)/中上(TC)/右上(TR)/左中(ML)/正中(MC)/右中(MR)
/左下(BL)/中下(BC)/右下(BR)] <居中>:
```

7.4 多行文字

【多行文字】又称为段落文字，是一种更易于管理的文字对象，可以由两行以上的文字组成，而且各行文字都是作为一个整体处理的。在机械制图中，常使用多行文字功能创建较为复杂的文字说明，如图样的技术要求等。

7.4.1 创建多行文字

在 AutoCAD 2020 中，多行文字创建与编辑功能得到了增强。

执行 MTEXT 命令，命令行显示的操作信息，提示用户需要在图形窗口中指定两点作为多行文字的输入起点与段落对角点。指定点后，程序会自动打开【文字编辑器】选项卡和在位文字编辑器，如图 7-13 和图 7-14 所示。

图 7-13　【文字编辑器】选项卡

【文字编辑器】选项卡中包括【样式】面板、【格式】面板、【段落】面板、【插入】面板、【拼写检查】面板、【工具】面板、【选项】面板和【关闭】面板。

图 7-14　在位文字编辑器

1.【样式】面板

【样式】面板用于设置当前多行文字样式、注释性和文字高度。面板中包含三个命令：文字样式、注释性、选择和输入文字高度，如图 7-15 所示。

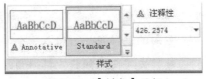

图 7-15　【样式】面板

面板中各命令含义如下：

- 文字样式：向多行文字对象应用文字样式。如果用户没有新建文字样式，单击【展开】按钮，在弹出的样式列表中选择可用的文字样式。
- 注释性：单击【注释性】按钮，打开或关闭当前多行文字对象的注释性。

- 选择和输入文字高度：按图形单位设置新文字的字符高度或修改选定文字的高度。用户可在文本框中输入新的文字高度来替代当前文字高度。

2.【格式】面板

【格式】面板用于字体的大小、粗细、颜色、下画线、倾斜、宽度等格式设置，如图 7-16 所示。

图 7-16 【格式】面板

面板中各命令的含义如下：

- 粗体 B：开启或关闭选定文字的粗体格式。此选项仅适用于使用 TrueType 字体的字符。
- 斜体 I：打开和关闭新文字或选定文字的斜体格式。此选项仅适用于使用 TrueType 字体的字符。
- 下画线 U：打开和关闭新文字或选定文字的下画线。
- 上画线 Ō：打开和关闭新文字或选定文字的上画线。
- 选择文字的字体：为新输入的文字指定字体或改变选定文字的字体。单击下拉三角按钮，即可弹出文字字体列表，如图 7-17 所示。
- 选择文字的颜色：指定新文字的颜色或更改选定文字的颜色。单击下拉三角按钮，即可弹出字体颜色下拉列表，如图 7-18 所示。

图 7-17 选择文字字体

图 7-18 选择文字颜色

- 倾斜角度 0/：确定文字是向前倾斜还是向后倾斜。倾斜角度表示的是相对于 90°角方向的偏移角度。输入一个 -85 到 85 之间的数值使文字倾斜。倾斜角度的值为正数时文字向右倾斜，倾斜角度的值为负数时文字向左倾斜。
- 追踪 a·b：增大或减小选定字符之间的空间。1.0 是常规间距，大于 1.0 可增大间距，小于 1.0 可减小间距。
- 宽度因子 O：扩展或收缩选定字符。1.0 是此字体中字母的常规宽度。

3.【段落】面板

【段落】面板中包含段落的对正、行距的设置、段落格式设置、段落对齐，以及段落的分布、编号等功能。在【段落】面板右下角单击 按钮，弹出【段落】对话框，如图7-19所示。【段落】对话框可以为段落和段落的第一行设置缩进，指定制表位和缩进，控制段落对齐方式、段落间距和段落行距等。

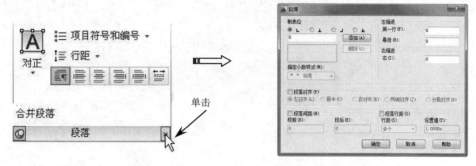

图7-19 【段落】面板与【段落】对话框

【段落】面板中各命令的含义如下：

- 对正：单击此按钮，弹出【对正】菜单，如图7-20所示。
- 行距：单击此按钮，显示程序提供的默认间距值菜单，如图7-21所示。选择菜单中的【更多】命令，则弹出【段落】对话框，可在该对话框中设置段落行距。

> 技巧点拨：
> 行距是多行段落中文字的上一行底部和下一行顶部之间的距离。

- 项目符号和编号：单击此按钮，显示用于创建列表的选项菜单，如图7-22所示。

图7-20 【对正】菜单　　图7-21 【行距】菜单　　图7-22 【项目符号和编号】菜单

- 左对齐、居中、右对齐、分布对齐：设置当前段落或选定段落文字的对正和对齐方式。包括在一行的末尾输入的空格，并且这些空格会影响行的对正。
- 合并段落：创建多个文字段落，选择要合并的段落，此命令被激活。执行此命令，多段落会合并为一个段落，如图7-23所示。

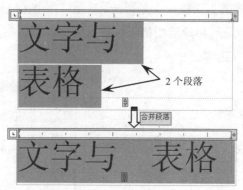

图 7-23 合并段落

4.【插入】面板

【插入】面板主要用于插入字符、列、字段的设置,如图 7-24 所示。

面板中的各命令含义如下:

- 符号:在光标位置插入符号或不间断空格,也可以手动插入符号。单击此按钮,弹出【符号】菜单。
- 字段:单击此按钮,打开【字段】对话框,从中可以选择要插入到文字中的字段。
- 列:单击此按钮,显示栏弹出【列】菜单,该菜单中提供三个栏选项:【不分栏】、【静态栏】和【动态栏】。

5.【拼写检查】、【工具】和【选项】面板

三个命令执行面板主要用于字体的查找和替换、拼写检查,以及文字的编辑等,如图 7-25 所示。

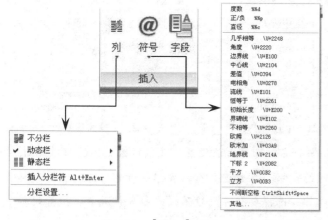

图 7-24 【插入】面板

图 7-25 三个命令执行的面板

面板中各命令的含义如下:

- 查找和替换:单击此按钮,可弹出【查找和替换】对话框,如图 7-26 所示。在该对话框中输入字体以查找并替换。
- 拼写检查:打开或关闭【拼写检查】状态。在文字编辑器中输入文字时,使用该功

能可以检查拼写错误，下方将以红色虚线标记，如图 7-27 所示。

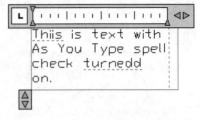

图 7-26 【查找和替换】对话框　　　　图 7-27 虚线表示有错误的拼写

- 放弃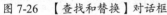：放弃在【多行文字】选项卡中执行的操作，包括对文字内容或文字格式的更改。
- 重做：重做在【多行文字】选项卡中执行的操作，包括对文字内容或文字格式的更改。
- 标尺：在编辑器顶部显示标尺。拖动标尺末尾的箭头可更改多行文字对象的宽度。
- 选项：单击此按钮，显示其他文字选项列表。

6.【关闭】面板

【关闭】面板中只有一个选项命令，即【关闭文字编辑器】命令，执行该命令，将关闭在位文字编辑器。

上机实践——创建多行文字

① 打开本例源文件"ex-1.dwg"。

② 在【文字】面板中单击【多行文字】按钮 A，然后按命令行的提示进行操作：

```
命令: _mtext
当前文字样式: "Standard"  文字高度: 2.5  注释性: 否
指定第一角点：                                    //指定多行文字的角点1
指定对角点或 [高度(H)/对正(J)/行距(L)/旋转(R)/样式(S)/宽度(W)/栏(C)]：  //指定多行文字的角点2
```

③ 指定的角点如图 7-28 所示。

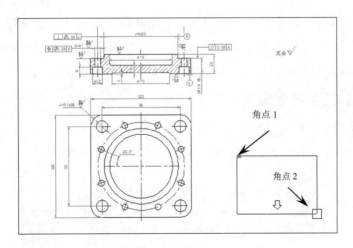

图 7-28 指定角点

④ 打开在位文字编辑器后，输入如图 7-29 所示的文字。

⑤ 在文字编辑器中选择【技术要求】字段，然后在【多行文字】选项卡的【样式】面板中输入新的文字高度值 4，并按 Enter 键，字体高度随之改变，如图 7-30 所示。

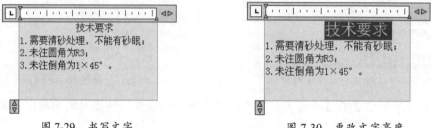

图 7-29　书写文字　　　　　　　　图 7-30　更改文字高度

⑥ 在【关闭】面板中单击【关闭文字编辑器】按钮，退出文字编辑器，并完成多行文字的创建，如图 7-31 所示。

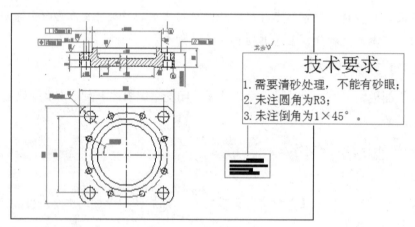

图 7-31　创建的多行文字

7.4.2　编辑多行文字

在菜单栏中执行【修改】|【对象】|【文字】|【编辑】命令，或者在命令行中输入 DDEDIT，并选择创建的多行文字，打开文字编辑器，可以修改并编辑文字的内容、格式、颜色等特性。

用户也可以在图形窗口中双击多行文字，打开文字编辑器。

上机实践——编辑多行文字

① 打开本例源文件"多行文字.dwg"。

② 在图形窗口中双击多行文字，打开文字编辑器，如图 7-32 所示。

图 7-32　打开文字编辑器

③ 选择多行文字中的【AutoCAD 2020 多行文字的输入】字段，将其高度设为 70，颜色设为红色，取消【粗体】字体，如图 7-33 所示。

AutoCAD 2020多行文字的输入
以适当的大小在水平方向显示文字，以便以后可以轻松地阅读和
编辑文字，否则文字将难以阅读。

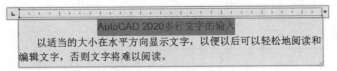

图 7-33 修改文字

④ 选择其余的文字，加上下画线，字体设为斜体，如图 7-34 所示。

AutoCAD 2020多行文字的输入
以适当的大小在水平方向显示文字，以便以后可以轻松地
阅读和编辑文字，否则文字将难以阅读。

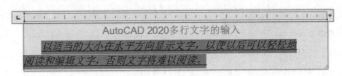

图 7-34 修改其余文字的字体样式

⑤ 单击【关闭】面板中的【关闭文字编辑器】按钮，退出文字编辑器。创建的多行文字如图 7-35 所示。

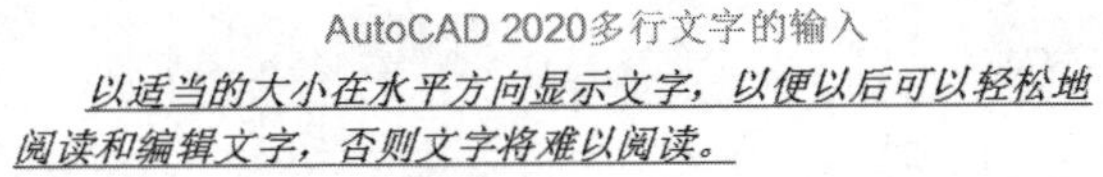
AutoCAD 2020多行文字的输入
以适当的大小在水平方向显示文字，以便以后可以轻松地
阅读和编辑文字，否则文字将难以阅读。

图 7-35 多行文字

⑥ 最后将创建的多行文字另存为“编辑多行文字.dwg”。

7.5 符号与特殊字符

在工程图标注中，往往需要标注一些特殊的符号和字符，例如度的符号“°”、公差符号“±”或直径符号“ϕ”。这些符号从键盘上不能直接输入，AutoCAD 通过输入控制代码或 Unicode 字符串可以输入这些特殊字符或符号。

AutoCAD 常用标注符号的控制代码、字符串及符号如表 7-1 所示。

表 7-1 AutoCAD 常用标注符号

控制代码	字符串	符号
%%C	\U+2205	直径（ϕ）
%%D	\U+00B0	度（°）
%%P	\U+00B1	公差（±）

若要插入其他的数学、数字符号，可在展开的【插入】面板中单击【符号】按钮，或在右键菜单中选择【符号】命令，或在文本编辑器中输入适当的 Unicode 字符串。如表 7-2 所示为其他常见的数学、数字符号及字符串。

表 7-2 数学、数字符号及字符串

名称	符号	Unicode 字符串	名称	符号	Unicode 字符串
约等于	≈	\U+2248	界碑线	ⅎ	\U+E102
角度	∠	\U+2220	不相等	≠	\U+2260
边界线	℔	\U+E100	欧姆	Ω	\U+2126
中心线	℄	\U+2104	欧米加	Ω	\U+03A9
增量	△	\U+0394	地界线	℞	\U+214A
电相位	φ	\U+0278	下标 2	5₂	\U+2082
流线	℔	\U+E101	平方	5²	\U+00B2
恒等于	≌	\U+2261	立方	5³	\U+00B3
初始长度	○	\U+E200			

用户还可以通过利用 Windows 提供的软键盘来输入特殊字符，先将 Windows 的文字输入法设为【智能 ABC】，用鼠标右键单击【定位】按钮，然后在弹出的快捷菜单中选择符号软键盘命令，打开软键盘后，即可输入需要的字符，如图 7-36 所示。打开的【数学符号】软键盘如图 7-37 所示。

图 7-36 快捷菜单

图 7-37 【数学符号】软键盘

7.6 图纸中的表格

表格是由包含注释（以文字为主，也包含多个块）的单元构成的矩形阵列。在 AutoCAD 2020 中，可以使用【表格】命令建立表格，还可以从其他应用软件 Microsoft Excel 中直接复制表格，并将其作为 AutoCAD 表格对象粘贴到图形中。此外，还可以输出来自 AutoCAD 的表格数据，以供在 Microsoft Excel 或其他应用程序中使用。

7.6.1 新建表格样式

表格样式控制一个表格的外观，确保使用标准的字体、颜色、文本、高度和行距。可以使用默认的表格样式，也可以根据需要自定义表格样式。

创建新的表格样式时，可以指定一个起始表格。起始表格是图形中用作设置新表格样式的样例的表格。一旦选定表格，用户即可指定要从此表格复制到表格样式的结构和内容。表格样式是在【表格样式】对话框中创建的，如图 7-38 所示。

用户可通过以下命令方式打开此对话框：

- 菜单栏：执行【格式】|【表格样式】命令
- 面板：在【注释】选项卡的【表格】面板中单击【表格样式】按钮
- 命令行：输入 TABLESTYLE

执行 TABLESTYLE 命令，弹出【表格样式】对话框。单击该对话框中的【新建】按钮，再弹出【创建新的表格样式】对话框，如图 7-39 所示。

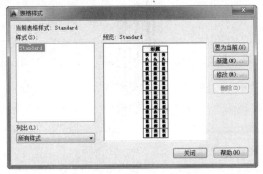

图 7-38　【表格样式】对话框　　　　图 7-39　【创建新的表格样式】对话框

输入新的表格样式名后，单击【继续】按钮，即可在随后弹出的【新建表格样式】对话框中设置相关选项，以此创建新表格样式，如图 7-40 所示。

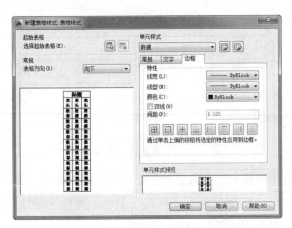

图 7-40　【新建表格样式】对话框

【新建表格样式】对话框中包含四个功能选项区和一个预览选项区。

1.【起始表格】选项区

该选项区使用户可以在图形中指定一个表格用作样例来设置此表格样式的格式。选择表格后，可以指定要从该表格复制到表格样式的结构和内容。

单击【选择一个表格用作此表格样式的起始表格】按钮，程序暂时关闭对话框，用户在图形窗口中选择表格后，会再次弹出【新建表格样式】对话框。单击【从此表格样式中删除起始表格】按钮，可以将表格从当前指定的表格样式中删除。

2.【常规】选项区

该选项区用于更改表格的方向。在【表格方向】下拉列表中包括【向上】和【向下】两个方向选项，如图 7-41 所示。

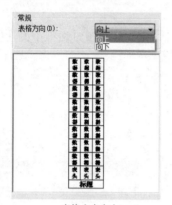 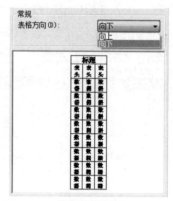

表格方向向上　　　　　　　　　　表格方向向下

图 7-41　【常规】选项区

3.【单元样式】选项区

该选项区可定义新的单元样式或修改现有单元样式，也可以创建任意数量的单元样式。该选项区中包含三个选项卡：【常规】、【文字】和【边框】，如图 7-42 所示。

【常规】选项卡　　　　　　　【文字】选项卡　　　　　　　【边框】选项卡

图 7-42　【单元样式】选项区

【常规】选项卡主要设置表格的背景颜色、对齐方式、格式、类型和页边距等特性。【文字】选项卡主要设置表格中文字的高度、样式、颜色、角度等特性。【边框】选项卡主要设置表格的线宽、线型、颜色和间距等特性。

在【单元样式】下拉列表中列出了多个表格样式，以便用户自行选择合适的表格样式，如图 7-43 所示。

单击【创建新单元样式】按钮，可在弹出的【创建新单元样式】对话框中输入新名称，以创建新样式，如图 7-44 所示。

若单击【管理单元样式】按钮，则弹出【管理单元样式】对话框。该对话框显示当前表格样式中的所有单元样式，并且可以创建或删除单元样式，如图 7-45 所示。

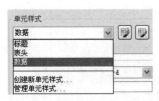  

图 7-43 【单元样式】下拉列表　　图 7-44 【创建新单元样式】对话框　　图 7-45 【管理单元样式】对话框

4.【单元样式预览】选项区

该选项区显示当前表格样式设置效果的样例。

7.6.2 创建表格

表格是在行和列中包含数据的对象。创建表格对象，首先要创建一个空表格，然后在其中添加要说明的内容。

用户可通过以下命令方式来执行此操作：

- 菜单栏：执行【绘图】|【表格】命令
- 面板：在【注释】选项卡的【表格】面板中单击【表格】按钮
- 命令行：输入 TABLE

执行 TABLE 命令，弹出【插入表格】对话框，如图 7-46 所示。该对话框中包括【表格样式】、【插入选项】、【预览】、【插入方式】、【列和行设置】和【设置单元样式】选项区。

- 表格样式：在要从中创建表格的当前图形中选择表格样式。
- 插入选项：指定插入选项的方式，包括【从空表格开始】、【自数据链接】和【自图形中的对象数据】。
- 预览：显示当前表格样式的样例。
- 插入方式：指定表格位置，包括【指定插入点】和【指定窗口】。
- 列和行设置：设置列和行的数目和大小。
- 设置单元样式：对于那些不包含起始表格的表格样式，需要指定新表格中行的单元格式。

> 技巧点拨：
> 表格样式的设置尽量按照 ISO 国际标准或国家标准。

上机实践——创建表格

① 新建文件。

② 在【注释】选项卡的【表格】面板中单击【表格样式】按钮 ，弹出【表格样式】对话

框。单击该对话框中的【新建】按钮,弹出【创建新的表格样式】对话框,在该对话框中输入新的表格样式名称【表格】,如图 7-47 所示。

图 7-46 【插入表格】对话框

图 7-47 【创建新的表格样式】对话框

③ 单击【继续】按钮,弹出【新建表格样式:表格】对话框。在该对话框的【单元样式】选项区的【文字】选项卡中设置文字颜色为红色,在【边框】选项卡中设置所有边框颜色为蓝色,并单击【所有边框】按钮,将设置的表格特性应用到新表格样式中,如图 7-48 所示。

④ 单击【新建表格样式】对话框中的【确定】按钮,接着再单击【表格样式】对话框中的【关闭】按钮,完成新表格样式的创建,如图 7-49 所示。此时,新建的表格样式被自动设为当前样式。

图 7-48 设置新表格样式的特性

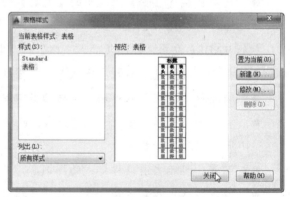

图 7-49 完成新表格样式的创建

⑤ 在【表格】面板中单击【表格】按钮,弹出【插入表格】对话框,在【列和行设置】选项区中设置【列数】为 7、【数据行数】为 4,如图 7-50 所示。

⑥ 保留该对话框中其余选项的默认设置,单击【确定】按钮,关闭对话框。然后在图形区中指定一个点作为表格的放置位置,即可创建一个 7 列 4 行的空表格,如图 7-51 所示。

图 7-50 设置列数与行数

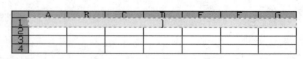

图 7-51 在窗口中插入的空表格

⑦　插入空表格后，程序自动打开文字编辑器及【多行文字】选项卡。利用文字编辑器在空表格中输入文字，如图 7-52 所示。将主题文字高度设为 60，其余文字高度为 40。

技巧点拨：

在输入文字过程中，可以使用 Tab 键或方向键在表格的单元格上左右上下移动。双击某个单元格，可对其进行文本编辑。

	A	B	C	D	E	F	G
1	零件明细表						
2	序号	代号	名称	数量	材料	重量	备注
3	1	9	皮带轮轴	5	45	100Kg	
4	2	17	皮带轮	1	HT20	50Kg	

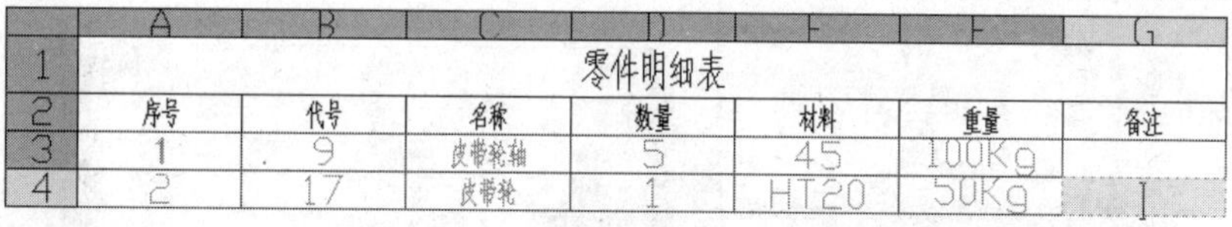

图 7-52　在空表格中输入文字

技巧点拨：

若输入的文字没有在单元格中间，可使用【段落】面板中的【正中】工具来对正文字。

⑧　最后按 Enter 键，完成表格对象的创建，结果如图 7-53 所示。

零件明细表						
序号	代号	名称	数量	材料	重量	备注
1	9	皮带轮轴	5	45	100Kg	
2	17	皮带轮	1	HT20	50Kg	

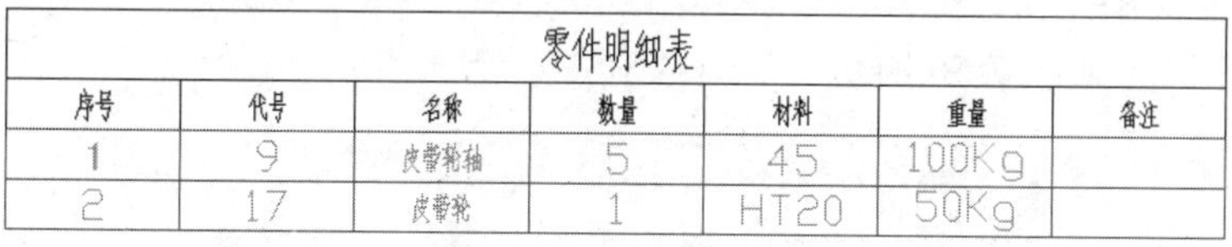

图 7-53　创建的表格对象

7.6.3　修改表格

表格创建完成后，用户可以单击或双击该表格上的任意网格线以选中该表格，然后通过【特性】选项板或使用夹点来修改该表格。单击表格线显示的表格夹点如图 7-54 所示。

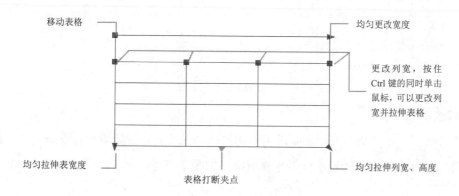

图 7-54　使用夹点修改表格

双击表格线显示的【特性】选项板和属性面板，如图 7-55 所示。

图 7-55　表格的【特性】选项板和属性面板

1. 修改表格行与列

用户在更改表格的高度或宽度时，只有与所选夹点相邻的行或列才会更改，表格的高度或宽度均保持不变，如图 7-56 所示。

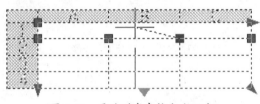

图 7-56　更改列宽表格大小不变

使用列夹点时按住 **Ctrl** 键可根据行或列的大小按比例来编辑表格的大小，如图 7-57 所示。

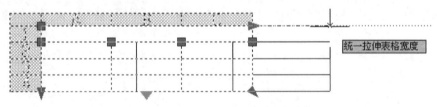

图 7-57　按住 **Ctrl** 键的同时拉伸列宽

2. 修改单元格

用户若要修改单元格，可在单元格内单击以选中，单元边框的中央将显示夹点。拖动单元上的夹点可以使单元及其列或行更宽或更窄，如图 7-58 所示。

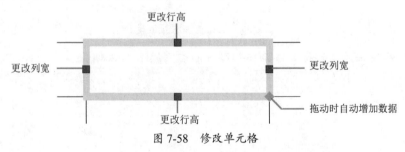

图 7-58　修改单元格

> **技巧点拨：**
> 选择一个单元，再按 F2 键可以编辑该单元格内的文字。

若要选择多个单元，单击第一个单元格后，然后在多个单元上拖动。或者按住 Shift 键并在另一个单元内单击，也可以同时选中这两个单元以及它们之间的所有单元，如图 7-59 所示。

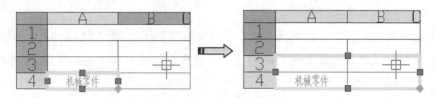

图 7-59 选择多个单元格

3. 打断表格

当表格太多时，用户可以将包含大量数据的表格打断成主要和次要的表格片段。使用表格底部的表格打断夹点，可以使表格覆盖图形中的多列或操作已创建的不同的表格部分。

上机实践——打断表格

① 打开本例源文件"ex-2.dwg"。

② 单击表格线，然后拖动表格打断夹点向表格上方拖动至如图 7-60 所示的位置。

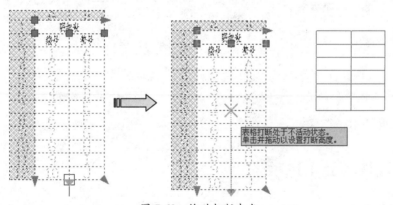

图 7-60 拖动打断夹点

③ 在合适位置单击，原表格被分成两个表格，但两个分表格之间仍然有关联，如图 7-61 所示。

> **技巧点拨：**
> 被分隔出去的表格，其行数为原表格总数的一半。如果将打断点移动至少于总数一半的位置时，将会自动生成三个及三个以上的表格。

④ 此时，若移动一个表格，则另一个表格也随之移动，如图 7-62 所示。

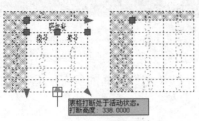
图 7-61 分成两部分的表格
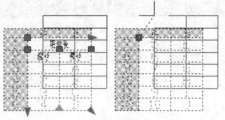
图 7-62 移动表格

⑤ 单击鼠标右键，并在弹出的快捷菜单中选择【特性】命令，弹出【特性】选项板。在【特性】选项板的【表格打断】选项区的【手动位置】下拉列表中选择【是】，如图7-63所示。

⑥ 关闭【特性】选项板，移动单个表格，另一个表格则不移动，如图7-64所示。

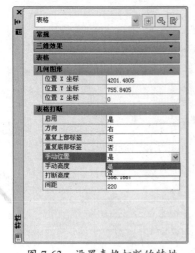
图 7-63 设置表格打断的特性
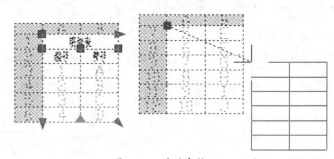
图 7-64 移动表格

⑦ 最后将打断的表格保存。

7.6.4 【表格单元】选项卡

在功能区处于活动状态时单击某个单元表格，功能区中将显示【表格单元】选项卡，如图7-65所示。

图 7-65 【表格单元】选项卡

1.【行】面板与【列】面板

【行】面板与【列】面板主要是编辑行与列，如插入行与列或删除行与列，如图7-66所示。

图 7-66 【行】面板与【列】面板

面板中的各选项含义如下：

- 从上方插入：在当前选定单元或行的上方插入行，如图 7-67b 所示。
- 从下方插入：在当前选定单元或行的下方插入行，如图 7-67c 所示。
- 删除行：删除当前选定行。
- 从左侧插入：在当前选定单元或行的左侧插入列，如图 7-67d 所示。
- 从右侧插入：在当前选定单元或行的右侧插入列，如图 7-67e 所示。
- 删除列：删除当前选定列。

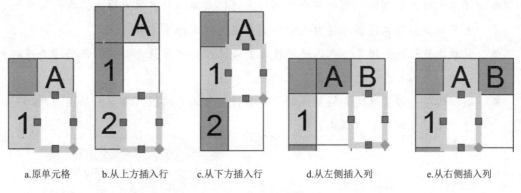

图 7-67 插入行与列

2.【合并】面板、【单元样式】面板和【单元格式】面板

【合并】面板、【单元样式】面板和【单元格式】面板的主要功能是合并和取消合并单元、编辑数据格式和对齐、改变单元边框的外观、锁定和解锁编辑单元，以及创建和编辑单元样式，如图 7-68 所示。

图 7-68 三个面板的工具命令

面板中的各选项含义如下：

- 合并单元：当选择多个单元格后，该命令被激活。执行此命令，将选定单元合并到一个大单元中，如图 7-69 所示。

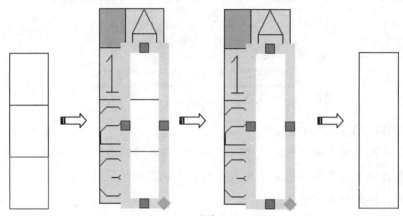

图 7-69　合并单元格的过程

- 取消合并单元：对之前合并的单元取消合并。
- 匹配单元：将选定单元的特性应用到其他单元。
- 【单元样式】列表：列出包含在当前表格样式中的所有单元样式。单元样式标题、表头和数据通常包含在任意表格样式中且无法删除或重命名。
- 背景填充：指定填充颜色。选择【无】或选择一种背景色，或者选择【选择颜色】选项，可以打开【选择颜色】对话框，如图 7-70 所示。
- 编辑边框：设置选定表格单元的边界特性。单击此按钮，将弹出如图 7-71 所示的【单元边框特性】对话框。

图 7-70　【选择颜色】对话框

图 7-71　【单元边框特性】对话框

- 【对齐方式】列表：对单元内的内容指定对齐。内容相对于单元的顶部边框和底部边框进行居中对齐、上对齐或下对齐。内容相对于单元的左侧边框和右侧边框居中对齐、左对齐或右对齐。
- 单元锁定：锁定单元内容/格式（无法进行编辑），或者对其解锁。

- 数据格式：显示数据类型列表（角度、日期、十进制数等），从而可以设置表格行的格式。

3.【插入】面板和【数据】面板

【插入】面板和【数据】面板中的工具命令所起的主要作用是插入块、字段和公式，将表格链接至外部数据等。【插入】面板和【数据】面板中的工具命令如图7-72所示。

面板中所包含的工具命令的含义如下：

- 块：将块插入当前选定的表格单元中。单击此按钮，将弹出【在表格单元中插入块】对话框，如图7-73所示。

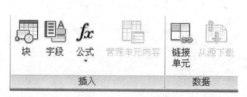

图7-72 【插入】面板和【数据】面板

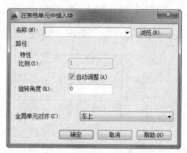

图7-73 【在表格单元中插入块】对话框

- 字段：将字段插入当前选定的表格单元中。单击此按钮，将弹出【字段】对话框，如图7-74示。

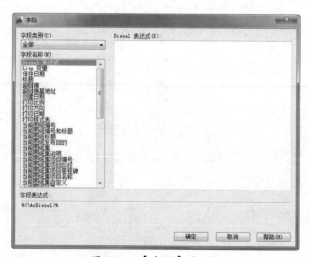

图7-74 【字段】对话框

- 公式：将公式插入当前选定的表格单元中。公式必须以等号（=）开始。用于求和、求平均值和计数的公式将忽略空单元以及未解析为数值的单元。

技巧点拨：
如果在算术表达式中的任何单元为空，或者包含非数字数据，则其他公式将显示错误（#）。

- 管理单元内容：显示选定单元的内容。可以更改单元内容的次序以及单元内容的显示方向。

- 链接单元：将数据从 Microsoft Excel 中创建的电子表格链接至图形中的表格。
- 从源下载：更新由已建立的数据链接中的已更改数据参照的表格单元中的数据。

7.7 拓展训练

7.7.1 训练一：在机械零件图纸中建立表格

本节将通过为一张机械零件图样添加文字及制作明细表格，来温习前面几节中所讲解的文字样式、文字编辑、添加文字、表格制作等内容。本例的蜗杆零件图样如图 7-75 所示。

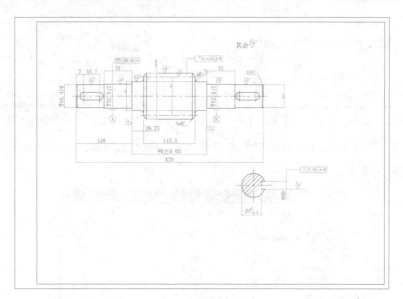

图 7-75 蜗杆零件图样

本例操作的过程是，首先为图样添加技术要求等说明文字，然后创建空表格，并编辑表格，最后在空表格中添加文字。

操作步骤

1. 添加多行文字

零件图样的技术要求是通过多行文字来输入的，创建多行文字时，可利用默认的文字样式，最后可利用【多行文字】选项卡中的工具来编辑多行文字的样式、格式、颜色、字体等。

① 打开本例源文件"蜗杆零件图.dwg"。

② 在【注释】选项卡的【文字】面板中单击【多行文字】按钮 A，然后在图样中指定两个点以放置多行文字，如图 7-76 所示。

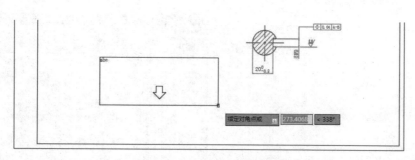

图 7-76 指定多行文字放置点

③ 指定点后，程序打开文字编辑器。在文字编辑器中输入文字，如图 7-77 所示。

④ 在【多行文字】选项卡中，设置【技术要求】字段的字体高度为 8，字体颜色为红色，并加粗。将下面几点要求的字体高度设为 6，字体颜色为蓝色，如图 7-78 所示。

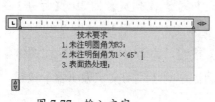

图 7-77 输入文字

图 7-78 修改文字

⑤ 单击文字编辑器中标尺上的【设置文字宽度】按钮 （按住不放），将标尺宽度拉长到合适位置，使文字在一行中显示，如图 7-79 所示。

图 7-79 拉长标尺宽度

⑥ 单击完成图样中技术要求的输入。

2. 创建空表格

根据零件图样的要求，需要制作两个空表格对象，用作技术参数明细表和标题栏。创建表格之前，还需创建新表格样式。

① 在【注释】选项卡的【表格】面板中单击【表格样式】按钮，弹出【表格样式】对话框。单击该对话框中的【新建】按钮，弹出【创建新的表格样式】对话框，在该对话框中输入新的表格样式名称【表格 样式 1】，如图 7-80 所示。

② 单击【继续】按钮，弹出【新建表格样式】对话框。在该对话框的【单元样式】选项区的【文字】选项卡中设置文字颜色为蓝色，在【边框】选项卡中设置所有边框颜色为红色，并单击【所有边框】按钮，将设置的表格特性应用到新表格样式中，如图 7-81 所示。

图 7-80 新建表格样式

图 7-81 设置表格样式的特性

③ 单击【新建表格样式】对话框中的【确定】按钮，接着再单击【表格样式】对话框中的【关闭】按钮，完成新表格样式的创建，新建的表格样式被自动设为当前样式。

④ 在【表格】面板中单击【表格】按钮，弹出【插入表格】对话框。在【列和行设置】选项区中设置【列数】为10、【数据行数】为5、【列宽】为30、【行高】为2；在【设置单元样式】选项区中设置所有行的单元样式为【数据】，如图 7-82 所示。

⑤ 保留其余选项的默认设置，单击【确定】按钮，关闭对话框。然后在图纸中的右下角指定一个点并放置表格，再单击【关闭】面板中的【关闭文字编辑器】按钮，退出文字编辑器。创建的空表格如图 7-83 所示。

图 7-82 设置表格样式

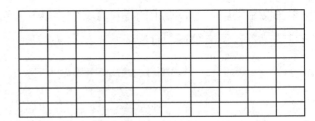

图 7-83 在图纸中插入的空表格

⑥ 使用夹点编辑功能，单击表格线，修改空表格的列宽，并将表格边框与图纸边框对齐，如图 7-84 所示。

⑦ 在单元格中单击，打开【表格】选项卡。选择多个单元格，再使用【合并】面板中的【合并全部】命令，将选择的多个单元格合并，最终结果如图 7-85 所示。

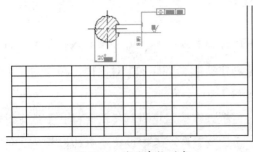

图 7-84 修改表格列宽

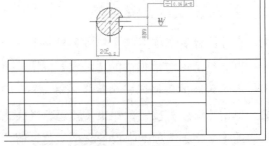

图 7-85 合并单元格

⑧ 在【表格】面板中单击【表格】按钮，弹出【插入表格】对话框。在【列和行设置】

选项区中设置【列数】为3、【数据行数】为9、【列宽】为30、【行高】为2；在【设置单元样式】选项区中设置所有行的单元样式为【数据】，如图7-86所示。

⑨ 保留其余选项的默认设置，单击【确定】按钮，关闭对话框。然后在图纸中的右上角指定一个点并放置表格，再单击【关闭】面板中的【关闭文字编辑器】按钮，退出文字编辑器。创建的空表格如图7-87所示。

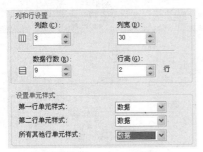

图7-86　设置列数与行数

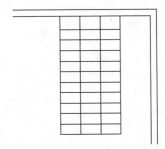

图7-87　在图纸中插入的空表格

⑩ 使用夹点编辑功能，修改空表格的列宽，如图7-88所示。

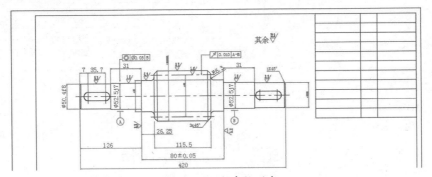

图7-88　调整表格列宽

3. 输入字体

当空表格创建和修改完成后，即可在单元格内输入文字了。

① 在要输入文字的单元格内单击，即可打开文字编辑器。

② 利用文字编辑器在标题栏空表格中需要添加文字的单元格内输入文字，小文字的高度均为8，大文字的高度为12，如图7-89所示。在技术参数明细表的空表格内输入文字，如图7-90所示。

	A	B	C	D	E	F	G	H	I	J
1					设计			图样标记	S	红星机械厂
2					制图			材料	比例	
3					描图			45	1:02:00	
4					校对			共1张　第1张		蜗杆
5					工艺检查			上针刺机 (QBG-421)		QBG421-3109
6					标准化检查					
7	标记	更改内容和依据	更改人	日期	审核					

图7-89　输入标题栏文字

	A	B	C
1	蜗杆类型		阿基米德
2	蜗杆头数	Z1	1
3	轴面模数	m_x	4
4	直径系数	q	10
5	轴面齿形角	a	20°
6	螺旋线升角		5° 42′ 38″
7	螺旋线方向		右
8	轴向齿距累积公差	$\pm f_{px}$	±0.020
9	轴向齿距极限偏差	f_{pxl}	0.0340
10	齿新公差	f_{f1}	0.032
11			

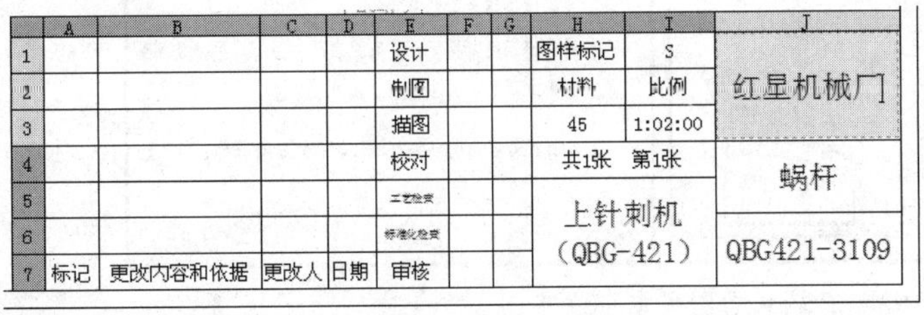

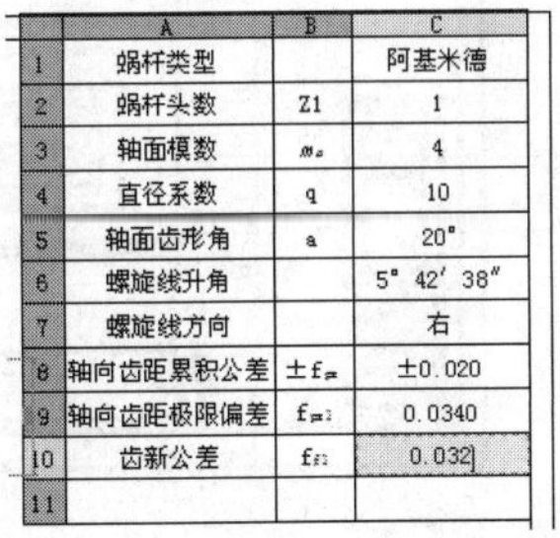

图7-90　输入参数明细表文字

③ 添加文字和表格的完成结果如图 7-91 所示。

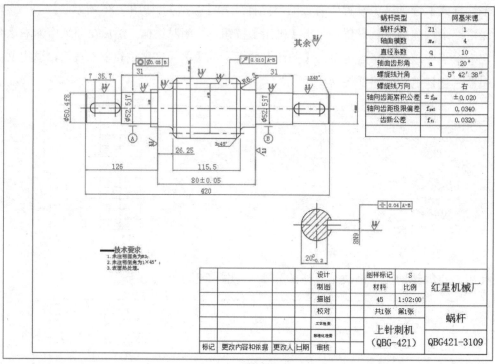

图 7-91　最终结果

④ 最后将结果保存。

7.7.2　训练二：在建筑立面图中添加文字注释

新建一个文本标注样式，使用该标注样式对如图 7-92 所示的沙发背景立面图进行文本标注，在该立面图的右侧输入备注内容，最后使用 FIND 命令将标注文本中的【门窗】替换为【窗户】。其中，标注样式名为【建筑设计文本标注】，标注文本的字体为楷体，字号为 150；设置文本以【左上】方式对齐，宽度为 5 000，并调整其行间距至少为 1.5 倍。

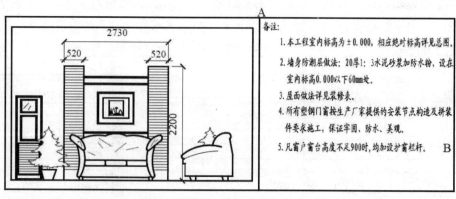

图 7-92　建筑立面图文本标注实例

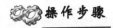 操作步骤

1. 新建文本标注样式

根据要求，首先新建一个文本标注样式，设置其字体、字号等格式，文本标注样式可通过【文字样式】对话框来进行设置。

① 打开本例源文件"建筑立面图.dwg"。

② 在命令行中输入 STYLE，打开如图 7-93 所示的【文字样式】对话框。

③ 单击【新建】按钮，打开如图 7-94 所示的【新建文字样式】对话框。在该对话框中输入【建筑设计文本标注】，单击【确定】按钮返回【文字样式】对话框。

图 7-93 【文字样式】对话框   图 7-94 【新建文字样式】对话框

④ 在【字体名】下拉列表中选择【楷体_GB2312】选项，在【图纸文字高度】文本框中输入 150。

> **技巧点拨：**
> 不同的 Windows 操作系统，自带的字体也会有所不同。如果没有【楷体_GB2312】字体，可以从网络中下载再存放到 C:\Windows\Fonts 文件夹中。

⑤ 其他选项保持默认设置，单击【应用】按钮，再单击【完成】按钮。

2. 注释建筑立面图

完成标注样式的设置后，即可使用 MTEXT 命令标注建筑立面图，读者应注意特殊符号的标注方法。

① 在命令行中输入 MTEXT，系统提示：

```
命令：MTEXT↙                                    //激活 MTEXT 命令对立面图进行文本标注
当前文字样式："建筑设计文本标注"当前文字高度：150    //系统显示当前文字样式
指定第一角点：点取对角点 1                        //指定标注区域的第一点
指定对角点或【高度(H)/对正(J)/行距(L)/旋转(R)/样式(S)/宽度(W)】：点取对角点 2
                    //指定标注区域的对角点，也可选择相应的选项对标注进行设置
```

② 打开【多行文字编辑器】对话框，在对话框下方的文本编辑框中输入如图 7-95 所示的图形右侧的标注文本。

> **技巧点拨：**
> 读者试思考如何在标注文本中输入【±0.000】。

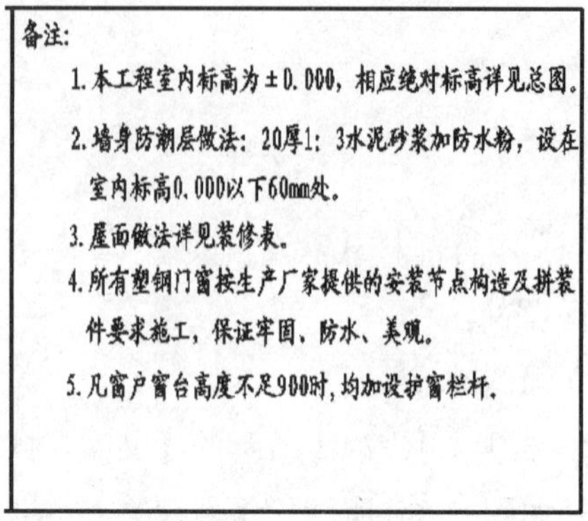

图 7-95 输入文字

③ 单击【特性】选项卡，在【对正】下拉列表中选择【左上】选项，在【宽度】下拉列表框中输入 5 000。

④ 单击【行距】选项卡，在【行距】下拉列表中选择【至少】选项，再在其后的【精度值】下拉列表中选择【1.5 倍】选项。

⑤ 单击【确定】按钮。

3. 替换标注文本

完成文本标注后，再使用 FIND 命令将【门窗】替换为【窗户】。

① 在命令行中输入 FIND，打开如图 7-96 所示的【查找和替换】对话框。

② 在【查找内容】下拉列表中输入【门窗】，在【替换为】下拉列表中输入【窗户】，确定要查找和替换的字符。

③ 在【查找位置】下拉列表中选择【整个图形】选项。

④ 单击【选项】下拉菜单按钮，勾选【标注/引线文字】、【单行/多行文字】和【全字匹配】复选框，如图 7-97 所示。

图 7-96 【查找和替换】对话框

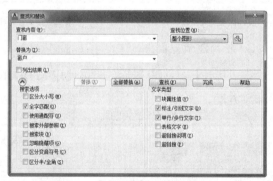

图 7-97 【查找和替换】对话框

⑤ 单击【全部替换】按钮，在【查找和替换】对话框下方将显示替换的结果。

⑥ 单击【完成】按钮。

CHAPTER 8

图层应用

本章导读

图层与图形特性是 AutoCAD 中的重要内容，本章将介绍图层的基础知识、应用和控制图层的方法，最后还将介绍图形的特性，从而使读者能够全面地了解并掌握图层和图形特性的功能。

学习要点

- ☑ 图层概述
- ☑ 操作图层
- ☑ CAD 标准图纸样板
- ☑ 图块的应用

扫码看视频

8.1 图层概述

图层是 AutoCAD 提供的一个管理图形对象的工具。用户可以根据图层对图形几何对象、文字、标注等进行归类处理，使用图层来管理它们，这样不仅能使图形的各种信息清晰、有序，便于观察，而且也会给图形的编辑、修改和输出带来很大的方便。图层相当于图纸绘图中使用的重叠图纸，如图 8-1 所示。

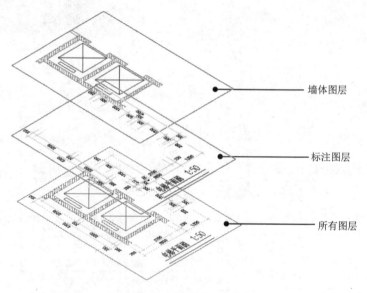

图 8-1　图层的分层含义图

AutoCAD 2020 向用户提供了多种图层管理工具，这些工具包括图层特性管理器、图层工具等，其中图层工具又包含【将对象的图层置于当前】、【上一个图层】和【图层漫游】等功能。接下来对图层管理、图层工具等功能做简要介绍。

8.1.1　图层特性管理器

AutoCAD 提供了图层特性管理器，利用该工具可以很方便地创建图层以及设置其基本属性。用户可通过以下命令方式打开【图层特性管理器】选项板：

- 在菜单栏中执行【格式】|【图层】命令
- 在【默认】选项卡的【图层】面板中单击【图层特性】按钮
- 在命令行中输入 LAYER

打开的【图层特性管理器】选项板，如图 8-2 所示。新的【图层特性管理器】提供了更加直观的管理和访问图层的方式。在该对话框的右侧新增了图层列表框，用户在创建图层时可以清楚地看到该图层的从属关系及属性，同时还可以添加、删除和修改图层。

CHAPTER 8 图层应用

图 8-2 【图层特性管理器】选项板

下面对【图层特性管理器】选项板中的按钮、选项的功能进行介绍。

1. 新建特性过滤器

【新建特性过滤器】的主要功能是根据图层的一个或多个特性创建图层过滤器。单击【新建特性过滤器】按钮，弹出【图层过滤器特性】对话框，如图 8-3 所示。

在【图层特性管理器】选项板的树状图中选定图层过滤器后，将在列表视图中显示符合过滤条件的图层。

2. 新建组过滤器

【新建组过滤器】的主要功能是创建图层过滤器，其中包含选择并添加到该过滤器的图层。

3. 图层状态管理器

【图层状态管理器】的主要功能是显示图形中已保存的图层状态列表。单击【图层状态管理器】按钮，弹出【图层状态管理器】对话框（也可在菜单栏中执行【格式】|【图层状态管理器】命令），如图 8-4 所示。用户通过该对话框可以创建、重命名、编辑和删除图层状态。

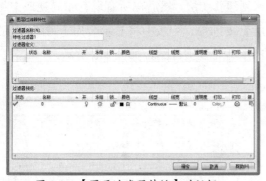

图 8-3 【图层过滤器特性】对话框

图 8-4 【图层状态管理器】对话框

【图层状态管理器】对话框中的选项、功能按钮含义如下：

- 图层状态：列出已保存在图形中的图层名称、保存它们的空间（模型空间、布局或外部参照）、图层列表是否与图形中的图层列表相同以及可选说明。

231

- 不列出外部参照中的图层状态：控制是否显示外部参照中的图层状态。
- 关闭未在图层状态中找到的图层：恢复图层状态后，请关闭未保存设置的新图层，以使图形看起来与保存命名图层状态时一样。
- 将特性作为视口替代应用：将图层特性替代应用于当前视口。仅当布局视口处于活动状态并访问图层状态管理器时，此选项才可用。
- 更多恢复选项 ⊙：控制【图层状态管理器】对话框中其他选项的显示。
- 新建：为在图层状态管理器中定义的图层状态指定名称和说明。
- 保存：保存选定的命名图层状态。
- 编辑：显示选定的图层状态中已保存的所有图层及其特性，视口替代特性除外。
- 重命名：为图层重命名。
- 删除：删除选定的命名图层状态。
- 输入：显示标准的文件选择对话框，从中可以将之前输出的图层状态（LAS）文件加载到当前图形。
- 输出：显示标准的文件选择对话框，从中可以将选定的命名图层状态保存到图层状态（LAS）文件中。
- 恢复：将图形中所有图层的状态和特性设置恢复为之前保存的设置（仅恢复使用复选框指定的图层状态和特性设置）。

4. 新建图层

【新建图层】工具用来创建新图层。单击【新建图层】按钮 ，列表中将显示名为【图层1】的新图层，图层名文本框处于编辑状态。新图层将继承图层列表中当前选定图层的特性（颜色、开或关状态等），如图8-5所示。

5. 所有视口中已冻结的新图层

【所有视口中已冻结的新图层】工具用来创建新图层，然后在所有现有布局视口中将其冻结。单击【在所有视口中都被冻结的新图层】按钮 ，列表中将显示名为【图层2】的新图层，图层名文本框处于编辑状态。该图层的所有特性被冻结，如图8-6所示。

图 8-5　新建的图层

图 8-6　新建图层的所有特征被冻结

6. 删除图层

【删除图层】工具只能删除未被参照的图层。图层 0 和 DEFPOINTS、包含对象（包括块定义中的对象）的图层、当前图层以及依赖外部参照的图层是不能被删除的。

7. 设为当前

【设为当前】工具是将选定图层设置为当前图层。将某一图层设置为当前图层后，在列表中该图层的状态以 ✔ 显示，然后用户就可以在图层中创建图形对象了。

8. 树状图

在【图层特性管理器】选项板中的树状图窗格，可以显示图形中图层和过滤器的层次结构列表，如图 8-7 所示。顶层节点（全部）显示图形中的所有图层。单击窗格中的【收拢图层过滤器】按钮 «，即可将树状图窗格收拢，再单击此按钮，则展开树状图窗格。

9. 列表视图

列表视图显示了图层和图层过滤器及其特性和说明。如果在树状图中选定了一个图层过滤器，则列表视图将仅显示该图层过滤器中的图层。树状图中的【全部】过滤器将显示图形中的所有图层和图层过滤器。当选定某一个图层特性过滤器，并且没有符合其定义的图层时，列表视图将为空。要修改选定过滤器中某一个选定图层或所有图层的特性，请单击该特性的图标。

【图层特性管理器】选项板的列表视图如图 8-8 所示。

图 8-7　树状图

图 8-8　列表视图

列表视图中各选项含义如下：

- 状态：显示项目的类型（包括图层过滤器、正在使用的图层、空图层或当前图层）。
- 名称：显示图层或过滤器的名称。选择一个图层名称，按 F2 键即可编辑图层名称。
- 开：打开和关闭选定图层。单击 💡 按钮，即可将选定图层打开或关闭。当 💡 呈亮色时，图层已打开；当 💡 呈暗灰色时，图层已关闭。
- 冻结：冻结所有视口中选定的图层，包括【模型】选项卡。单击 ☀ 按钮，可冻结或解冻图层，图层冻结后将不会显示、打印、消隐、渲染或重生成冻结图层上的对象。当 ☀ 呈亮色时，图层已解冻。当 ☀ 呈暗灰色时，图层已冻结。
- 锁定：锁定和解锁选定图层。图层被锁定后，将无法更改图层中的对象。单击 🔓 按钮（此符号表示锁已打开），图层被锁定；单击 🔒 按钮（此符号表示锁已关闭），图层被解除锁定。
- 颜色：更改与选定图层关联的颜色。默认状态下，图层中的对象呈黑色，单击【颜色】按钮 ■，弹出【选择颜色】对话框，如图 8-9 所示。在此对话框中用户可选择任意颜色来显示图层中的对象元素。

- 线型：更改与选定图层关联的线型。选择线型名称（如 Continuous），则会弹出【选择线型】对话框，如图 8-10 所示。单击【选择线型】对话框中的【加载】按钮，再弹出【加载或重载线型】对话框，如图 8-11 所示。在此对话框中，用户可选择任意线型来加载，使图层中的对象线型为加载的线型。
- 线宽：更改与选定图层关联的线宽。选择线宽的名称后，弹出【线宽】对话框，如图 8-12 所示。通过该对话框可以选择适合图形对象的线宽值。

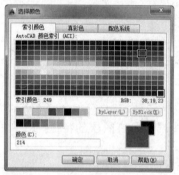

图 8-9 【选择颜色】对话框

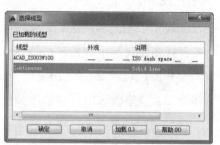

图 8-10 【选择线型】对话框

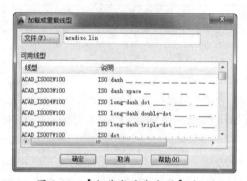

图 8-11 【加载或重载线型】对话框

图 8-12 【线宽】对话框

- 打印样式：更改与选定图层关联的打印样式。
- 打印：控制是否打印选定图层中的对象。
- 新视口冻结：在新布局视口中冻结选定图层。
- 说明：描述图层或图层过滤器。

8.1.2 图层工具

图层工具是 AutoCAD 向用户提供的图层创建、编辑的管理工具。在菜单栏中执行【格式】|【图层工具】命令，即可打开图层工具菜单，如图 8-13 所示。

图层工具菜单上的工具命令除在【图层特性管理器】选项板中已介绍的打开或关闭图层、冻结或解冻图层、锁定或解锁图层、删除图层外，还包括上一个图层、图层漫游、图层匹配、更改为当前图层、将对象复制到新图层、图层隔离、将图层隔离到当前视口、取消图层隔离及图层合并等工具，接下来就对这些图层工具进行简要介绍。

1. 上一个图层

【上一个图层】工具用来放弃对图层设置所做的更改，并返回到上一个图层状态。用户可通过以下命令方式来执行此操作：

- 菜单栏：执行【格式】|【图层工具】|【上一个图层】命令
- 面板：在【默认】选项卡的【图层】面板中单击【上一个】按钮
- 命令行：输入 LAYERP

2. 图层漫游

【图层漫游】工具的作用是显示选定图层上的对象并隐藏所有其他图层上的对象。用户可通过以下命令方式来执行此操作：

- 菜单栏：执行【格式】|【图层工具】|【图层漫游】命令
- 面板：在【默认】选项卡的【图层】面板中单击【图层漫游】按钮
- 命令行：输入 LAYWALK

在【默认】选项卡的【图层】面板中单击【图层漫游】按钮，弹出【图层漫游】对话框，如图 8-14 所示。通过该对话框，用户可在图形窗口中显示或隐藏选择的对象或图层。

图 8-13　图层工具菜单

图 8-14　【图层漫游】对话框

3. 图层匹配

【图层匹配】工具的作用是更改选定对象所在的图层，使之与目标图层相匹配。用户可通过以下命令方式来执行此操作：

- 菜单栏：执行【格式】|【图层工具】|【图层匹配】命令
- 面板：在【默认】选项卡的【图层】面板中单击【图层匹配】按钮
- 命令行：输入 LAYMCH

4. 更改为当前图层

【更改为当前图层】工具的作用是将选定对象所在的图层更改为当前图层。用户可通过以下命令方式来执行此操作：

- 菜单栏：执行【格式】|【图层工具】|【更改为当前图层】命令
- 面板：在【默认】选项卡的【图层】面板中单击【更改为当前图层】按钮
- 命令行：输入 LAYCUR

5. 将对象复制到新图层

【将对象复制到新图层】工具的作用是将一个或多个对象复制到其他图层。用户可通过以下命令方式来执行此操作：

- 菜单栏：执行【格式】|【图层工具】|【将对象复制到新图层】命令
- 面板：在【默认】选项卡的【图层】面板中单击【将对象复制到新图层】按钮
- 命令行：输入 COPYTOLAYER

6. 图层隔离

【图层隔离】工具的作用是隐藏或锁定除选定对象所在图层外的所有图层。用户可通过以下命令方式来执行此操作：

- 菜单栏：执行【格式】|【图层工具】|【图层隔离】命令
- 面板：在【默认】选项卡的【图层】面板中单击【图层隔离】按钮
- 命令行：输入 LAYISO

7. 将图层隔离到当前视口

【将图层隔离到当前视口】工具的作用是冻结除当前视口以外的所有布局视口中的选定图层。用户可通过以下命令方式来执行此操作：

- 菜单栏：执行【格式】|【图层工具】|【将图层隔离到当前视口】命令
- 面板：在【默认】选项卡的【图层】面板中单击【将图层隔离到当前视口】按钮
- 命令行：输入 LAYVPI

8. 取消图层隔离

【取消图层隔离】工具的作用是恢复使用 LAYISO（图层隔离）命令隐藏或锁定的所有图层。用户可通过以下命令方式来执行此操作：

- 菜单栏：执行【格式】|【图层工具】|【取消图层隔离】命令
- 面板：在【默认】选项卡的【图层】面板中单击【取消图层隔离】按钮
- 命令行：输入 LAYUNISO

9. 图层合并

【图层合并】工具的作用是将选定图层合并到目标图层中，并将以前的图层从图形中删除。用户可通过以下命令方式来执行此操作：

- 菜单栏：执行【格式】|【图层工具】|【图层合并】命令
- 面板：在【默认】选项卡的【图层】面板中单击【图层合并】按钮
- 命令行：输入 LAYMRG

上机实践——利用图层绘制电梯间平面图

本例要绘制电梯间平面图如图 8-15 所示。

① 执行【文件】|【新建】命令，弹出【创建新图形】对话框，单击【使用向导】按钮并选择【快速设置】选项，如图 8-16 所示。

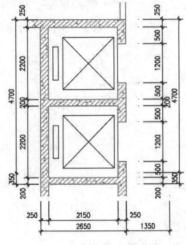

图 8-15 电梯间平面图

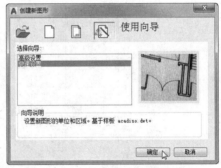

图 8-16 【创建新图形】对话框

② 单击【确定】按钮，关闭对话框，弹出【快速设置】对话框。选择【建筑】单选项，单击【下一步】按钮，设置图形界限，如图 8-17 所示，单击【完成】按钮，创建新的图形文件。

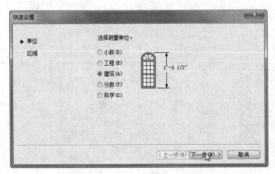

图 8-17 设置图形界限

③ 使用【视图】命令调整绘图窗口显示的范围，使图形能够被完全显示。

④ 执行【格式】|【图层】命令，弹出【图层特性管理器】选项板，单击【新建图层】按钮创建所需要的新图层，并设置图层的名称、颜色等。双击【墙体】图层，将其设置为当前图层，如图 8-18 所示。

⑤ 选择【直线】工具，按 F8 键，打开【正交】模式，分别绘制一条垂直方向和水平方

向的线段，效果如图 8-19 所示。

图 8-18　置为当前图层

图 8-19　绘制线段

⑥ 使用【偏移】工具 偏移线段图形，如图 8-20 所示；选择【修剪】工具 对线段图形进行修剪，制作出墙体效果，如图 8-21 所示。

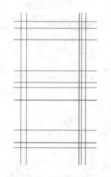
图 8-20　偏移线段

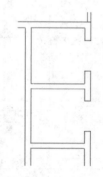
图 8-21　墙体效果

⑦ 在【图层】工具栏的图层列表中选择【电梯】图层，并将其设置为当前图层。用【直线】工具 在电梯门口位置绘制一条线段，将图形连接起来，如图 8-22 所示。再使用与前面相同的偏移复制和修剪方法，绘制出一部电梯的图形效果，如图 8-23 所示。

⑧ 使用【直线】工具 捕捉矩形的端点，在图形内部绘制交叉线标记电梯图形，如图 8-24 所示。

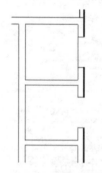
图 8-22　绘制直线

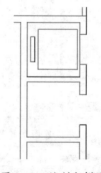
图 8-23　绘制电梯图

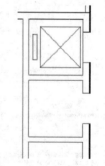
图 8-24　标记电梯图形

⑨ 使用【复制】工具 选择所绘制的电梯图形，将其复制到下面的电梯井空间中，效果如图 8-25 所示。用【直线】工具 绘制线段将墙体图形封闭，如图 8-26 所示。

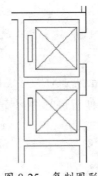
图 8-25 复制图形

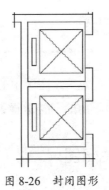
图 8-26 封闭图形

⑩ 在【图层】工具栏的图层列表中选择【填充】图层,将其设置为当前图层。

⑪ 选择【图案填充】工具 ,弹出【图案填充创建】选项卡,选择【AR-CONC】图案,并对填充参数进行设置,如图 8-27 所示。

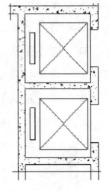

图 8-27 对图形进行填充

⑫ 重新调用【图案填充】命令,选择【ANSI31】图案,并对填充参数进行设置,如图 8-28 所示。

⑬ 选择之前绘制的用来封闭选择区域的线段,按 Delete 键,将线段删除,完成电梯间平面图的绘制,如图 8-29 所示。

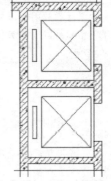

图 8-28 对图形进行填充　　　　　　图 8-29 绘制完成的电梯间

8.2 操作图层

在绘图过程中，如果绘图区中的图形过于复杂，将不便于对图形进行操作。此时可以使用图层功能将暂时不用的图层进行关闭或冻结处理，以便于进行图形操作。

8.2.1 打开/关闭图层

利用关闭和打开图层的方法，可以关闭暂时不需要显示的图层，以及打开被关闭的图层。

1. 关闭暂时不用的图层

在 AutoCAD 中，可以将图层中的对象暂时隐藏起来，或将图层中隐藏的对象显示出来。图层中隐藏的图形将不能被选择、编辑、修改、打印。

默认情况下，所有的图层都处于打开状态，通过以下两种方法可以关闭图层：

- 在【图层特性管理器】选项板中单击要关闭图层前方的 图标，如图 8-30 所示，该图标将变为 ，表示该图层已关闭。
- 在【默认】选项卡的【图层】面板中单击【图层控制】下拉列表中的【开/关图层】图标 ，如图 8-31 所示，该图标将变为 ，表示该图层已关闭。

图 8-30　关闭图层

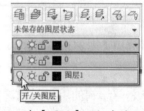

图 8-31　在【图层】面板中关闭图层

> **提醒一下：**
> 如果进行关闭的图层是当前图层，将打开询问对话框，在对话框中单击【关闭当前图层】选项即可。如果不小心对当前图层执行关闭操作，可以在打开的对话框中单击【使当前图层保持打开状态】选项，如图 8-32 所示。
>
>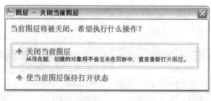
>
> 图 8-32　关闭当前图层

2. 打开被关闭的图层

打开图层的操作与关闭图层的操作相似。当图层被关闭后，在【图层特性管理器】选项板中单击图层前面的【打开】图标💡，或者在【图层】面板中单击【图层控制】下拉列表中的【开/关图层】图标💡，可以打开被关闭的图层，此时图层前面的图标💡将转变为💡。

8.2.2 冻结/解冻图层

利用冻结和解冻图层的方法，可以冻结暂时不需要修改的图层，以及解冻被冻结的图层。

1. 冻结不需要修改的图层

在绘图操作中，可以对图层中不需要修改的对象进行冻结处理，以避免这些图形受到错误操作的影响。另外，还可以缩短绘图过程中系统生成图形的时间，从而提高计算机的运行速度，因此在绘制复杂图形时冻结图层非常重要。被冻结的图层对象将不能被选择、编辑、修改和打印。

默认情况下，所有图层都处于解冻状态，可以通过以下两种方法将图层冻结。

- 在【图层特性管理器】选项板中选择要冻结的图层，单击该图层前面的【冻结】图标☀，如图 8-33 所示，该图标将变为❄，表示该图层已经被冻结。
- 在【图层】面板中单击【图层控制】下拉列表中的【在所有视口冻结/解冻图层】图标☀，如图 8-34 所示，该图标将变为❄，表示该图层已经被冻结。

图 8-33　冻结图层

图 8-34　在【图层】面板中冻结图层

2. 解冻被冻结的图层

解冻图层的操作与冻结图层的操作相似。当图层被冻结后，在【图层特性管理器】选项板中单击图层前面的【解冻】图标❄，或者在【图层】面板中单击【图层控制】下拉列表中的【在所有视口中冻结/解冻图层】图标❄，可以解冻被冻结的图层，此时图层前面的图标❄将变为☀。

8.2.3 锁定/解锁图层

利用锁定和解锁图层的方法，可以锁定暂时不需要修改的图层，以及解锁被锁定的图层。

1. 锁定不修改的图层

在 AutoCAD 中，锁定图层可以将该图层中的对象锁定。锁定图层后，图层上的对象仍然处于显示状态，但是用户无法对其进行选择和编辑修改等操作。

默认情况下，所有的图层都处于解锁状态，可以通过以下两种方法将图层锁定。

- 在【图层特性管理器】选项板中选择要锁定的图层，单击该图层前面的【锁定】图标 ，如图 8-35 所示，该图标将变为 ，表示该图层已经被锁定。
- 在【图层】面板中单击【图层控制】下拉列表中的【锁定/解锁图层】图标 ，如图 8-36 所示，该图标将变为 ，表示该图层已经被锁定。

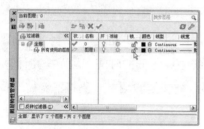
图 8-35 锁定图层

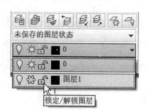
图 8-36 在【图层】面板中锁定图层

2. 解锁被锁定的图层

解锁图层的操作与锁定图层的操作相似。当图层被锁定后，在【图层特性管理器】选项板中单击图层前面的【解锁】图标 ，或者在【图层】面板中单击【图层控制】下拉列表中的【锁定/解锁图层】图标 ，可以解锁被锁定的图层，此时图层前面的图标 将变为 。

上机实践——图层基本操作

① 打开本例源文件 "ex-1.dwg"，如图 8-37 所示。单击【默认】选项卡，在【图层】面板中单击【图层特性】按钮 ，如图 8-38 所示。

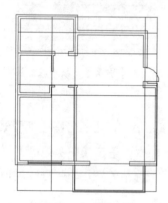
图 8-37 打开源文件

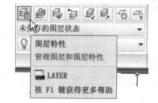
图 8-38 单击【图层特性】按钮

② 在打开的【图层特性管理器】选项板中创建【墙体】、【门窗】和【轴线】图层，各个图层的特性如图 8-39 所示。

③ 关闭【图层特性管理器】选项板，然后在建筑结构图中选择所有的轴线对象，如图 8-40 所示。

图 8-39 创建图层

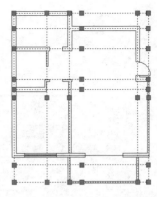
图 8-40 选择轴线对象

④ 在【图层】面板中单击【图层控制】下拉按钮,在弹出的下拉列表中选择【轴线】图层,如图 8-41 所示。

⑤ 按 Esc 键取消图形的选择状态,然后选择建筑结构图中的门窗图形,如图 8-42 所示。

图 8-41 选择图层

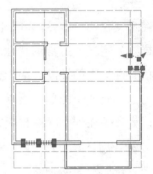
图 8-42 选择图层中的对象

⑥ 在【图层】面板中单击【图层控制】下拉按钮,在弹出的下拉列表中选择【门窗】图层,如图 8-43 所示,然后按 Esc 键取消图形的选择状态。

⑦ 在【图层】面板中单击【图层控制】下拉按钮,在弹出的下拉列表中单击【轴线】图层前面的【开/关图层】图标💡,将【轴线】图层关闭,如图 8-44 所示。

图 8-43 选择图层

图 8-44 关闭图层

⑧ 选择建筑结构图中的所有墙体图形,然后在【图层】面板中单击【图层控制】下拉按钮,在弹出的下拉列表中选择【墙体】图层,如图 8-45 所示。

⑨ 按 Esc 键取消图形的选择状态,完成对图形的修改,如图 8-46 所示。

图 8-45　选择图层

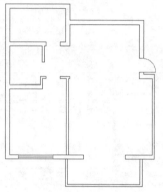

图 8-46　完成修改

8.3　CAD 标准图纸样板

为保持图形文件的一致性，可以创建标准文件以定义常用属性。标准为命名对象（例如图层和文字样式）定义一组常用特性。为了增强一致性，用户或用户的 CAD 管理员可以创建、应用和核查图形中的标准。因为标准可使其他人容易对图形做出解释，在合作环境下，许多人都致力于创建一个图形，所以标准特别有用。

用户可以为存储在一个标准样板文件中的图层、线型、尺寸标注和文字样式创建标准；也可以使用 DWS 文件来运行一个图形或者图形集的检查，修复或者忽略标准文件和当前图形之间的不一致，如图 8-47 所示。

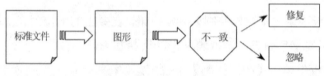

图 8-47　图形处理过程

CAD 标准样板是一个 CAD 管理器在其产品环境中，用来创建和管理标准的 CAD 工具。当标准发生冲突的时候，CAD 标准样板的用户界面中提供了一个状态栏图标通知和气泡式通知。

一旦创建了一个标准文件（DWS），用户能将它与当前图形关联，并且校验图形与 CAD 标准之间的依从关系，如图 8-48 所示。

图 8-48　图形关联

用户可以用一个图形样板文件（DWT）开始创建新的图形。CAD 标准样板文件（DWS）由有经验的 AutoCAD 用户创建，通常是基于 DWT 文件的，但是也可以基于一个图形文件（DWG）。利用 DWS 文件，用户能够检查当前图形文件，检查它与标准的依从关系，如图 8-49 所示。

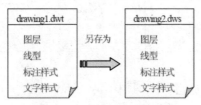

图 8-49　标准样板和图形关系

DWS 文件至少包含图层、线型、标注样式和文字样式。更复杂的标准样板还包括系统变量设置和图形单位。一旦用户创建了 CAD 标准样板，【配置标准】对话框将作为一个标准管理器，用户可以进行以下操作：

- 指定 CAD 标准样板。
- 在用户计算机上标识插入模块。
- 检查 CAD 标准冲突。
- 评估、忽略或者应用解决方案。

下面以实例来说明创建和附加 CAD 标准样板的步骤。在本例中，用户基于图层、线型以及其他规定创建一个图形样板文件，然后将这个图形样板保存为一个标准样板，最后将这个标准样板附加给一个图形。

上机实践——制作标准图纸样板

① 在快速访问工具栏中单击【新建】按钮，弹出【选择样板文件】对话框。选择基于 AutoCAD 的 acadiso.dwt 样板文件并将其打开，如图 8-50 所示。

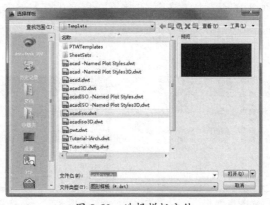

图 8-50　选择样板文件

② 在【图层】面板中单击【图层特性】按钮，在打开的【图层特性管理器】选项板中单击【新建图层】按钮，然后依次创建五个新图层，然后关闭该选项板，如图 8-51 所示。

③ 在【特性】面板的【选择线型】下拉列表中，选择【其他】选项，在弹出的【线型管理

器】对话框中，单击【加载】按钮，如图 8-52 所示。

图 8-51　新建图层

图 8-52　【线型管理器】对话框

④ 在弹出的【加载或重载线型】对话框中，从 acadiso.lin 文件的【可用线型】列表中，按住 Ctrl 键，选择两个线型：【BORDER】和【DASHDOT2】，然后单击对话框中的【确定】按钮，如图 8-53 所示。

⑤ 在【图层】面板中单击【图层特性】按钮，打开【图层特性管理器】选项板。在【图层 2】的【线型】列表中单击默认线型【Continuous】，即可打开【选择线型】对话框，在该对话框的【已加载的线型】列表中选择【DASHDOT2】线型，并单击【确定】按钮，如图 8-54 所示。

图 8-53　加载线型

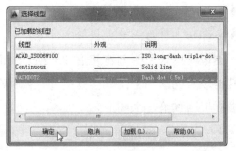

图 8-54　选择线型

⑥ 同理，将【图层 3】的线型更改为【BORDER】，如图 8-55 所示。

⑦ 在【注释】面板中单击【标注样式】按钮，在打开的【标注样式管理器】对话框中单击【新建】按钮，在弹出的【创建新标注样式】对话框中输入新样式名【机械标准标注】，如图 8-56 所示。

图 8-55　更改线型

图 8-56　新建标注样式

⑧ 在弹出的【新建标注样式】对话框的【箭头】选项区中，分别设置【第一个】和【第二个】箭头为【建筑标记】，如图 8-57 所示。

⑨ 单击【确定】按钮，关闭【标注样式管理器】对话框。在【注释】面板的【选择标注样

式】列表中选择【机械标准标注】选项，如图 8-58 所示。

⑩ 单击【注释】面板中的【文字样式】按钮，弹出【文字样式】对话框。单击【新建】按钮，即可打开【新建文字样式】对话框。在【样式名】文本框中输入【标准样式 1】，单击【确定】按钮，如图 8-59 所示。

图 8-57　设置箭头　　　　图 8-58　选择样式　　　　图 8-59　新建文字样式

⑪ 从【字体名】下拉列表中选择 simplex.shx 字体，然后在【效果】选项区中指定【宽度因子】为 0.75000。使用相同的方法，创建另一个名为【标准样式 2】的文字样式，并且使用 simplex.shx 字体与 0.50000 的宽度因子。单击【应用】按钮，再关闭该对话框，如图 8-60 所示。

⑫ 在菜单栏中执行【文件】|【另存为】命令，在【文件类型】下拉列表中选择【AutoCAD 图形样板（*.dwt）】文件，并将其命名为【标准图形样板】。AutoCAD 将这个文件保存在 Template 目录下，如图 8-61 所示。

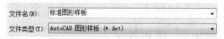

图 8-60　设置文字样式　　　　　　　　图 8-61　另存文件

⑬ 然后在弹出的【样板选项】对话框中输入【Office drawing template-DWT】，并单击【确定】按钮，程序自动保存样板文件，如图 8-62 所示。

⑭ 同理，执行【文件】|【另存为】命令，从【文件类型】下拉列表中选择【AutoCAD 图形标准（*.dws）】，然后在【文件名】文本框中输入【标准图形样板】，最后单击【保存】按钮，如图 8-63 所示。

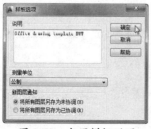

图 8-62　书写样板说明　　　　　　　　图 8-63　另存文件

⑮ 附加标准文件到图形。打开本例源文件"零件图形.dwg",打开的图形如图 8-64 所示。

⑯ 在菜单栏中执行【工具】|【CAD 标准】|【配置】命令,弹出【配置标准】对话框。单击该对话框中的【添加标准文件】按钮,然后从【选择标准文件】对话框中的 Template 目录下选择【标准图形样板.dws】文件,【配置标准】对话框的【说明】列表中显示了 CAD 标准文件的描述信息。最后单击【确定】按钮,CAD 标准样板文件将与当前图形相关联,如图 8-65 所示。

> **提醒一下:**
> 执行【工具】|【CAD 标准】|【图层转换器】命令,可将当前图形转换成自定义的新图层。

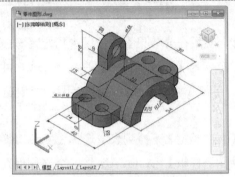

图 8-64 零件图形

图 8-65 【配置标准】对话框

8.4 图块的应用

AutoCAD 中的块是一种图形集合,它可以是绘制在几个图层上的不同颜色、线型和线宽特性的对象的组合。块可以重复使用。例如,在机械装配图中,常用的螺帽、螺钉、弹簧等标准件都可以定义为块。在定义成块时,需指定块名、块中对象、块插入基点和块插入单位等。如图 8-66 所示为机械零件装配图。

块的定义方法主要有以下几种:

- 合并对象以在当前图形中创建块定义。
- 使用【块编辑器】将动态行为添加到当前图形中的块定义。

图 8-66 机械零件装配图

- 创建一个图形文件,随后将它作为块插入到其他图形中。
- 使用若干种相关块定义创建一个图形文件以用作块库。

8.4.1 块的创建

通过选择对象、指定插入点然后为其命名，可创建块定义。用户可以创建自己的块，也可以使用设计中心或工具选项板中提供的块。

用户可通过以下命令方式来执行此操作：

- 菜单栏：执行【绘图】|【块】|【创建】命令
- 面板：在【默认】选项卡的【块】面板中单击【创建】按钮
- 面板：在【插入】选项卡的【块定义】面板中单击【创建块】按钮
- 命令行：输入 BLOCK

执行 BLOCK 命令，弹出【块定义】对话框，如图 8-67 所示。

该对话框中各选项含义如下：

- 名称：指定块的名称。名称最多可以包含 255 个字符，包括字母、数字、空格，以及操作系统或程序未做他用的任何特殊字符（注意：不能用 DIRECT、LIGHT、AVE_RENDER、RM_SDB、

图 8-67 【块定义】对话框

SH_SPOT 和 OVERHEAD 作为有效的块名称）。

- 【基点】选项区：指定块的插入基点，默认值是（0,0,0）（注意：此基点是图形插入过程中旋转或移动的参照点）。
  - 在屏幕上指定：在屏幕窗口上指定块的插入基点。
  - 【拾取点】按钮：暂时关闭对话框以使用户能在当前图形中拾取插入基点。
  - X：指定基点的 X 坐标值。
  - Y：指定基点的 Y 坐标值。
  - Z：指定基点的 Z 坐标值。
- 【设置】选项区：指定块的设置。
  - 块单位：指定块参照插入单位。
  - 【超链接】按钮：单击此按钮，打开【插入超链接】对话框。使用该对话框将某个超链接与块定义相关联，如图 8-68 所示。
- 在块编辑器中打开：勾选此复选框，将在块编辑器中打开当前的块定义。
- 【对象】选项区：指定新块中要包含的对象，以及创建块之后如何处理这些对象，是保留还是删除选定的对象或者是将它们转换成块实例。

- 在屏幕上指定：在屏幕中选择块包含的对象。
- 【选择对象】按钮：暂时关闭【块定义】对话框，允许用户选择块对象。完成选择对象后，按 Enter 键重新打开【块定义】对话框。
- 【快速选择】按钮：单击此按钮，将打开【快速选择】对话框。使用该对话框可以定义选择集，如图 8-69 所示。

图 8-68 【插入超链接】对话框

图 8-69 【快速选择】对话框

- 保留：创建块以后，将选定对象保留在图形中作为区别对象。
- 转换为块：创建块以后，将选定对象转换成图形中的块实例。
- 删除：创建块以后，从图形中删除选定的对象。
- 未选定对象：此区域将显示选定对象的数目。

● 【方式】选项区：指定块的生成方式。
- 注释性：指定块为注释性。单击信息图标可以了解有关注释性对象的更多信息。
- 使块方向与布局匹配：指定在布局空间视口中的块参照的方向与布局的方向匹配。如果未选择【注释性】选项，则该选项不可用。
- 按统一比例缩放：指定块参照是否按统一比例缩放。
- 允许分解：指定块参照是否可以被分解。

每个块定义必须包括块名、一个或多个对象、用于插入块的基点坐标值和所有相关的属性数据。插入块时，将基点作为放置块的参照。

> **技巧点拨：**
> 建议用户指定基点位于块中对象的左下角。在以后插入块时将提示指定插入点，块基点与指定的插入点对齐。

上机实践——块的创建

① 打开本例源文件 "ex-2.dwg"。
② 在【插入】选项卡的【块】面板中单击【创建】按钮，打开【块定义】对话框。
③ 在【名称】文本框中输入块的名称【齿轮】，然后单击【拾取点】按钮，如图 8-70 所示。

④ 程序将暂时关闭对话框，在绘图区域中指定图形的中心点作为块插入基点，如图 8-71 所示。

图 8-70 输入块名称

图 8-71 指定基点

⑤ 指定基点后，程序再打开【块定义】对话框。单击该对话框中的【选择对象】按钮，切换到图形窗口，使用窗口选择的方法全部选择窗口中的图形元素，然后按 Enter 键返回【块定义】对话框。

⑥ 此时，在【名称】文本框旁边生成块图标。接着在对话框的【说明】选项区中输入块的说明文字，如输入【齿轮分度圆直径12，齿数18，压力角20】等字样。其余选项保持默认设置，最后单击【确定】按钮，完成块的定义，如图8-72所示。

图 8-72 完成块的定义

> **技巧点拨：**
> 创建块时，必须先输入要创建块的图形对象，否则弹出【块-未选定任何对象】选择信息提示框，如图 8-73 所示。如果新块名与已有块重名，将弹出【块-重新定义块】信息提示框，要求用户更新块定义或参照，如图 8-74 所示。

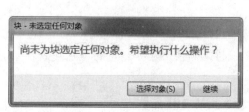
图 8-73 选择信息提示框

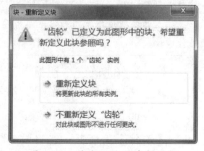
图 8-74 重定义块信息提示框

8.4.2 插入块

插入块时，需要创建块参照并指定它的位置、缩放比例和旋转度。插入块操作将创建一个称作块参照的对象，因为参照了存储在当前图形中的块定义。

用户可通过以下命令方式来执行此操作：

- 面板：在【插入】选项卡的【块】面板中单击【插入】按钮。
- 命令行：输入 IBSERT

执行 IBSERT 命令，打开【插入】对话框，如图 8-75 所示。

图 8-75　【插入】对话框

该对话框中各选项的含义如下：

- 【名称】下拉列表：在该下拉列表中指定要插入块的名称，或者指定要作为块插入的文件的名称。
- 【浏览】按钮：单击此按钮，打开【选择图形文件】对话框（标准的文件选择对话框），从中可选择要插入的块或图形文件。
- 路径：显示块文件的浏览路径。
- 【插入点】选项区：控制块的插入点。
  - 在屏幕上指定：用定点设备指定块的插入点。
- 【比例】选项区：指定插入块的缩放比例。如果指定负的 X、Y、Z 缩放比例因子，则插入块的镜像图像。

> **技巧点拨：**
> 如果插入的块所使用的图形单位与为图形指定的单位不同，则块将自动按照两种单位相比的等价比例因子进行缩放。

  - 在屏幕上指定：用定点设备指定块的比例。
  - 统一比例：为 X、Y、Z 坐标指定单一的比例值。为 X 指定的值也反映在 Y 和 Z 的值中。
- 【旋转】选项区：在当前 UCS 中指定插入块的旋转角度。
  - 在屏幕上指定：用定点设备指定块的旋转角度。

> 角度：设置插入块的旋转角度。
- 【块单位】选项区：显示有关块单位的信息。
  > 单位：显示块的单位。
  > 比例：显示块的当前比例因子。
- 分解：分解块并插入该块的各个部分。勾选【分解】复选框时，只可以指定统一的比例因子。

块的插入方法较多，主要有以下几种：通过【插入】对话框插入块、在命令行中输入-insert命令、在工具选项板中单击块工具。

1. 通过【插入】对话框插入块

凡是用户自定义的块或块库，都可以通过【插入】对话框插入到其他图形文件中。将一个完整的图形文件插入到其他图形中时，图形信息将作为块定义复制到当前图形的块表中，后续插入参照具有不同位置、比例和旋转角度的块定义，如图8-76所示。

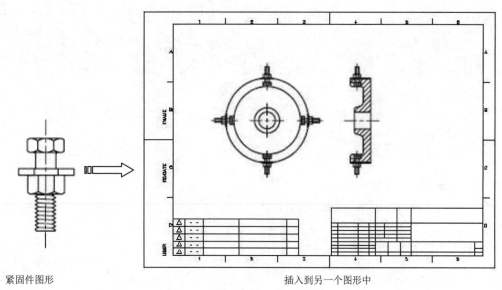

紧固件图形　　　　　　　　　　　　　　　插入到另一个图形中

图 8-76　作为块插入图形文件

2. 在命令行中输入 insert 命令

如果在命令行中输入 insert 命令，将显示以下命令操作提示：

```
命令: _insert
输入块名或 [?] <上一个>:                         //输入块名
单位: 毫米   转换: 1.00000000                    //显示转换单位和比例
指定插入点或 [基点(B)//比例(S)//X//Y//Z//旋转(R)]:        //指定插入点或输入选项
输入 X 比例因子，指定对角点，或 [角点(C)//XYZ(XYZ)] <1>:   //输入 X 缩放因子
输入 Y 比例因子或 <使用 X 比例因子>:              //输入 Y 缩放因子
指定旋转角度 <0>:                                //输入块旋转角度
```

操作提示下的选项含义如下：
- 输入块名：如果在当前编辑任务期间已经在当前图形中插入了块，则最后插入的块的名称作为当前块出现在提示中。

- 插入点：指定块或图形的位置，此点与块定义时的基点重合。
- 基点：将块临时放置到其当前所在的图形中，并允许在将块参照拖动到位时为其指定新基点。这不会影响为块参照定义的实际基点。
- 比例：设置 X、Y 和 Z 轴的比例因子。
- X//Y//Z：设置 X、Y、Z 的比例因子。
- 旋转：设置块插入的旋转角度。
- 指定对角点：指定缩放比例的对角点。

上机实践——插入块

下面以实例来说明在命令行中输入 insert 命令插入块的操作过程。

① 打开本例源文件"ex-3.dwg"。

② 在命令行中输入 insert 命令，并按 Enter 键执行命令。

③ 插入块时，将块放大为原来的 1.1 倍，并旋转 45°。命令行的操作提示如下：

```
命令：_insert
输入块名或 [?] <扳手>：✓
单位：毫米  转换：1.00000000                    //转换单位信息
指定插入点或 [基点(B)//比例(S)//X/Y/Z//旋转(R)]：s✓    //输入 S 选项
指定 XYZ 轴的比例因子 <1>：1.1✓                //输入比例因子
指定插入点或 [基点(B)//比例(S)//X/Y/Z//旋转(R)]：r✓    //输入 r 选项
指定旋转角度 <0>：45✓                          //输入旋转角度
指定插入点或 [基点(B)//比例(S)//X/Y/Z//旋转(R)]：       //指定插入点
```

④ 插入块的操作过程及结果如图 8-77 所示。

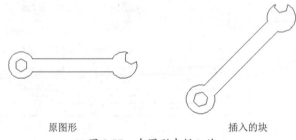

原图形　　　　　　　　　插入的块

图 8-77　在图形中插入块

3. 在工具选项板中单击块工具

在 AutoCAD 中，工具选项板中的所有工具都是定义的块，从工具选项板中拖动的块将根据块和当前图形中的单位比例自动进行缩放。例如，如果当前图形使用米作为单位，而块使用厘米，则单位比例为 1m//100cm。将块拖动至图形时，该块将按照 1//100 的比例插入。

对于从工具选项板中拖动来进行放置的块，必须在放置后经常旋转或缩放。从工具选项板中拖动块时可以使用对象捕捉，但不能使用栅格捕捉。在使用该工具时，可以为块或图案填充工具设置辅助比例来替代常规比例设置。

> **技巧点拨：**
> 如果源块或目标图形中的【拖放比例】设置为【无单位】，可以使用【选项】对话框的【用户系统配置】选项卡中的【源内容单位】和【目标图形单位】来设置。

8.4.3 创建块库

块库是存储在单个图形文件中的块定义的集合。在创建或插入块时，用户可以使用 Autodesk 或其他厂商提供的块库或自定义块库。

通过在同一图形文件中创建块，可以组织一组相关的块定义。使用这种方法的图形文件称为块、符号或库。这些块定义可以单独插入正在其中工作的任何图形。除块几何图形外，还包括提供块名的文字、创建日期、最后修改的日期，以及任何特殊的说明或约定。下面以实例来说明块库的创建过程。

上机实践——创建块库

① 打开本例源文件"ex-4.dwg"，如图 8-78 所示。

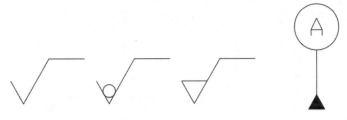

图 8-78 实例图形

② 首先为 4 个分别代表粗糙度符号及基准代号的小图形创建块定义，名称分别为【粗糙度符号-1】、【粗糙度符号-2】、【粗糙度符号-3】和【基准代号】。添加的说明分别是【基本符号，可用任何方法获得】、【基本符号，表面是用不去除材料的方法获得】、【基本符号，表面是用去除材料的方法获得】和【此基准代号的基准要素为线或面】。其中，创建的【基准代号】块图例如图 8-79 所示。

③ 在命令行中执行 ADCENTER（设计中心）命令，打开【设计中心】面板。在面板中可以看到创建的块库，块库中包含了先前创建的 4 个块以及说明，如图 8-80 所示。

图 8-79 创建【基准代号】块

图 8-80 设计中心查看定义的块库

8.4.4 定义动态块

向块中添加参数和动作可以使其成为动态块。如果向块中添加了这些元素，也就为块几何图形增添了灵活性和智能性。

动态块参照并非图形的固定部分，用户在图形中进行操作时可以对其进行修改或操作。

1. 动态块概述

动态块具有灵活性和智能性，用户在操作时可以轻松地更改图形中的动态块参照。这使得用户可以根据需要在位调整块，而不用搜索另一个块以插入或重定义现有的块。

通过【块编辑器】选项卡的功能，将参数和动作添加到块中，或者将动态行为添加到新的或现有的块定义中，如图 8-81 所示。块编辑器内显示了一个定义块，该块包含一个标有【距离】的线性参数，其显示方式与标注类似，此外还包含一个拉伸动作，该动作包含一个发亮螺栓和一个【拉伸】选项卡。

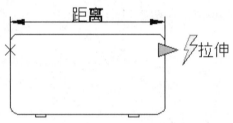

图 8-81　向块中添加参数和动作

2. 向块中添加元素

用户可以在块编辑器中向块定义中添加动态元素（参数和动作）。特殊情况下，除几何图形外，动态块中通常包含一个或多个参数和动作。

【参数】表示通过指定块中几何图形的位置、距离和角度来定义动态块的自定义特性。

【动作】表示定义在图形中操作动态块参照时，该块参照中的几何图形将如何移动或修改。

添加到动态块中的参数类型决定了添加的夹点类型，每种参数类型仅支持特定类型的动作。表 8-1 显示了参数、夹点和动作之间的关系。

表 8-1　参数、夹点和动作之间的关系

参数类型	夹点类型	说　　明	与参数关联的动作
点	■	在图形中定义一个 X 和 Y 位置。在块编辑器中，外观类似于坐标标注	移动、拉伸
线性	▶	可显示出两个固定点之间的距离。约束夹点沿预设角度的移动。在块编辑器中，外观类似于对齐标注	移动、缩放、拉伸、阵列
极轴	■	可显示出两个固定点之间的距离并显示角度值。可以使用夹点和【特性】选项板来共同更改距离值和角度值。在块编辑器中，外观类似于对齐标注	移动、缩放、拉伸、极轴拉伸、阵列

(续表)

参数类型	夹点类型	说　明	与参数关联的动作
XY	■	可显示出距参数基点的 X 距离和 Y 距离。在块编辑器中，显示为一对标注（水平标注和垂直标注）	移动、缩放、拉伸、阵列
旋转	●	可定义角度。在块编辑器中，显示为一个圆	旋转
翻转	➡	翻转对象。在块编辑器中，显示为一条投影线。可以围绕这条投影线翻转对象。将显示一个值，该值显示出了块参照是否已被翻转	翻转
对齐	▶	可定义 X 和 Y 位置以及一个角度。对齐参数总是应用于整个块，并且无须与任何动作相关联。对齐参数允许块参照自动围绕一个点旋转，以便与图形中的另一个对象对齐。对齐参数会影响块参照的旋转特性。在块编辑器中，外观类似于对齐线	无（此动作隐藏在参数中）
可见性	▽	可控制对象在块中的可见性。可见性参数总是应用于整个块，并且无须与任何动作相关联。在图形中单击夹点可以显示块参照中所有可见性状态的列表。在块编辑器中，显示为带有关联夹点的文字	无（此动作时隐含的，并且受可见性状态的控制）
查询	▽	定义一个可以指定或设置为计算用户定义的列表或表中的值的自定义特性。该参数可以与单个查寻夹点相关联。在块参照中单击该夹点可以显示可用值的列表。在块编辑器中，显示为带有关联夹点的文字	查询
基点	■	在动态块参照中相对于该块中的几何图形定义一个基点无法与任何动作相关联，但可以归属于某个动作的选择集。在块编辑器中，显示为带有十字光标的圆	无

注意：参数和动作仅显示在块编辑器中。将动态块参照插入到图形中时，将不会显示动态块定义中包含的参数和动作。

3. 创建动态块

在创建动态块之前，应当了解其外观以及在图形中的使用方式。确定当操作动态块参照时，块中的哪些对象会更改或移动。另外，还要确定这些对象将如何更改。

下面以实例来说明创建动态块操作过程。本例将创建一个可旋转、可调整大小的动态块。

上机实践——创建动态块

① 在【插入】选项卡的【块】面板中单击【块编辑器】按钮 ，打开【编辑块定义】对话框。在该对话框中输入新块名【动态块】，并单击【确定】按钮，如图 8-82 所示。

② 使用【默认】选项卡的【绘图】面板中的 LINE 命令绘制图形。然后使用【注释】面板中的【单行文字】命令在图形中添加单行文字，如图 8-83 所示。

图 8-82　输入动态块名

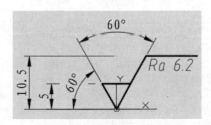

图 8-83　绘制图形并添加文字

技巧点拨：
在块编辑器处于激活状态时，仍然可使用功能区其他选项卡中的功能命令来绘制图形。

③ 添加点参数。在【块编写选项板】面板的【操作参数】选项卡中单击【点参数】按钮，命令行的操作提示如下：

```
命令：_BParameter 点
指定参数位置或 [名称(N)/标签(L)/链(C)/说明(D)/选项板(P)]: L↙    //输入选项
输入位置特性标签 <位置>: 基点↙                              //输入标签名称
指定参数位置或 [名称(N)/标签(L)/链(C)/说明(D)/选项板(P)]:      //指定参数位置
指定标签位置：                                              //指定标签位置
```

④ 操作过程及结果如图 8-84 所示。

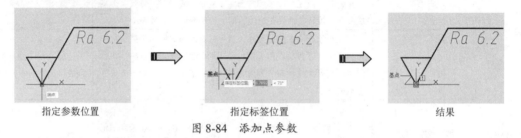

指定参数位置　　　　　　指定标签位置　　　　　　结果

图 8-84　添加点参数

⑤ 添加线性参数。在【块编写选项板】面板的【操作参数】选项卡中单击【线性参数】按钮，命令行的操作提示如下：

```
命令：_BParameter 线性
指定起点或 [名称(N)/标签(L)/链(C)/说明(D)/基点(B)/选项板(P)/值集(V)]: L↙
输入距离特性标签 <距离>: 拉伸↙
指定起点或 [名称(N)/标签(L)/链(C)/说明(D)/基点(B)/选项板(P)/值集(V)]:
指定端点：
指定标签位置：
```

⑥ 操作过程及结果如图 8-85 所示。

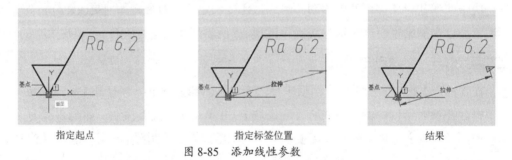

指定起点　　　　　　指定标签位置　　　　　　结果

图 8-85　添加线性参数

⑦ 添加旋转参数。在【块编写选项板】面板的【操作参数】选项卡中单击【旋转参数】按钮，命令行的操作提示如下：

```
命令：_BParameter 旋转
指定基点或 [名称(N)/标签(L)/链(C)/说明(D)/选项板(P)/值集(V)]: L↙
输入旋转特性标签 <角度>: 旋转↙
指定基点或 [名称(N)/标签(L)/链(C)/说明(D)/选项板(P)/值集(V)]:
指定参数半径: 3↙
指定默认旋转角度或 [基准角度(B)] <0>: 270↙
指定标签位置：
```

⑧ 操作过程及结果如图 8-86 所示。

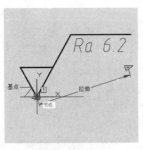 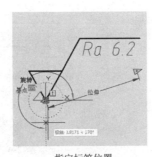 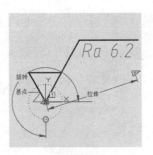

| 指定起点 | 指定标签位置 | 结果 |

图 8-86　添加旋转参数

⑨ 添加缩放动作。在【块编写选项板】面板的【操作参数】选项卡【动作】选项列表中单击【缩放】按钮，然后按命令行的如下操作提示进行操作：

```
命令：_BActionTool 缩放
选择参数：✓
指定动作的选择集                           //选择【拉伸】线性参数
选择对象：找到 1 个
选择对象：找到 1 个，总计 2 个
选择对象：找到 1 个，总计 3 个
选择对象：找到 1 个，总计 4 个
选择对象：找到 2 个，总计 6 个             //依次选取图形和线性参数
选择对象：✓
指定动作位置或 [基点类型(B)]：
```

⑩ 操作过程及结果如图 8-87 所示。

技巧点拨

双击【动作】选项卡，还可以继续添加动作对象。

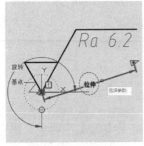 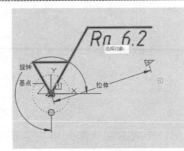 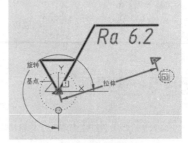

| 选择线性参数 | 选择动作对象 | 指定动作位置 |

图 8-87　添加缩放动作

⑪ 添加旋转动作。在【动作】选项列表中单击【旋转动作】按钮，然后按命令行的如下操作提示进行操作：

```
命令：_BActionTool 旋转
选择参数：✓                               //选择旋转参数
指定动作的选择集
选择对象：找到 1 个
选择对象：找到 1 个，总计 2 个
选择对象：找到 1 个，总计 3 个
选择对象：找到 3 个，总计 6 个             //选择动作对象，包括图形和旋转参数
选择对象：✓
指定动作位置或 [基点类型(B)]：             //指定动作位置
```

⑫ 操作过程及结果如图 8-88 所示。

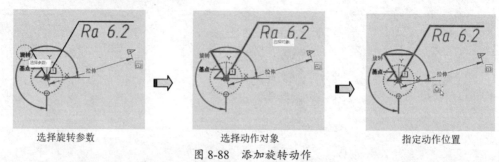

图 8-88　添加旋转动作

> **技巧点拨：**
> 用户可以通过自定义夹点和自定义特性来操作动态块参照。例如，选择一动作，执行右键菜单中的【特性】命令，打开【特性】选项板来添加夹点或动作对象。

⑬ 单击【打开/保存】面板中的【保存块】按钮 ，将定义的动态块保存，然后单击【关闭块编辑器】按钮退出块编辑器。

⑭ 使用【插入】选项卡的【块】面板中的【插入点】工具，在绘图区域中插入动态块。单击块，然后使用夹点来缩放块或旋转块，如图 8-89 所示。

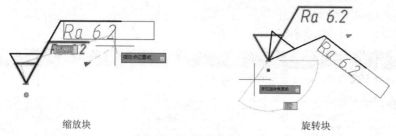

图 8-89　验证动态块

8.4.5　块属性

块属性是附属于块的非图形信息，是块的组成部分可包含在块定义中的文字对象。在定义一个块时，属性必须预先定义而后选定。通常属性用于在块的插入过程中进行自动注释。如图 8-90 所示的图中显示了具有四种特性（类型、制造商、型号和价格）的块。

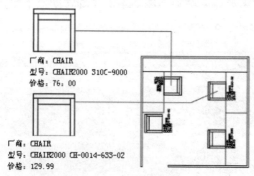

图 8-90　具有属性的块

CHAPTER 8 图层应用

1. 块属性特点

在 AutoCAD 中，用户可以在图形绘制完成后(甚至在绘制完成前)，使用 ATTEXT 命令将块属性数据从图形中提取出来，并将这些数据写入到一个文件中，这样就可以从图形数据库文件中获取块数据信息了。块属性具有以下特点：

- 块属性由属性标记名和属性值两部分组成。
- 定义块前，应先定义该块的每个属性，即规定每个属性的标记名、属性提示、属性默认值、属性的显示格式(可见或不可见)及属性在图中的位置等。
- 定义块时，应将图形对象和表示属性定义的属性标记名一起用来定义块对象。
- 插入有属性的块时，系统将提示用户输入需要的属性值。插入块后，属性用它的值表示。
- 插入块后，用户可以改变属性的显示可见性，对属性做修改，把属性单独提取出来写入文件，以供统计、制表使用，还可以与其他高级语言或数据库进行数据通信。

2. 定义块属性

要创建带有属性的块，可以先绘制希望作为块元素的图形，然后创建希望作为块元素的属性，最后同时选中图形及属性，将其统一定义为块或保存为块文件。

块属性是通过【属性定义】对话框来设置的。用户可通过以下命令方式打开该对话框：

- 菜单栏：执行【绘图】|【块】|【定义属性】命令
- 面板：在【插入】选项卡的【块定义】面板中单击【定义属性】按钮
- 命令行：输入 ATTDEF

执行 ATTDEF 命令，打开【属性定义】对话框，如图 8-91 所示。

该对话框中各选项含义如下：

- 【模式】选项区：在图形中插入块时，设置与块关联的属性值选项。
  - 不可见：指定插入块时不显示或打印属性值。

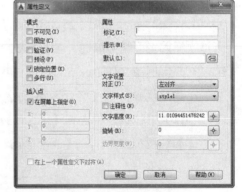

图 8-91 【属性定义】对话框

  - 固定：设置属性的固定值。
  - 验证：插入块时提示验证属性值是否正确。
  - 预设：插入包含预设属性值的块时，将属性设置为默认值。
  - 锁定位置：锁定块参照中属性的位置。解锁后，属性可以相对于使用夹点编辑的块的其他部分移动，并且可以调整多行文字属性的大小。
  - 多行：指定属性值可以包含多行文字。选定此选项后，可以指定属性的边界宽度。

> **提醒一下**
>
> 在动态块中，由于属性的位置包括在动作的选择集中，因此必须将其锁定。

- 【插入点】选项区：指定属性位置。输入坐标值或者选择【在屏幕上指定】，并使用定点设备根据与属性关联的对象指定属性的位置。
  - 在屏幕上指定：使用定点设备相对于要与属性关联的对象指定属性的位置。
- 【属性】选项区：设置块属性的数据。
  - 标记：标识图形中每次出现的属性。

> **技巧点拨：**
> 指定在插入包含该属性定义的块时显示的提示。如果不输入提示，属性标记将用作提示。

  - 默认：设置默认的属性值。
- 【文字设置】选项区：设置属性文字的对正、样式、高度和旋转。
  - 对正：指定属性文字的对正。
  - 文字样式：指定属性文字的预定义样式。
  - 注释性：勾选此复选框，指定属性为注释性。
  - 文字高度：设置文字的高度。
  - 旋转：设置文字的旋转角度。
  - 边界宽度：换行前，请指定多行文字属性中文字行的最大长度。
- 在上一个属性定义下对齐：将属性标记直接置于之前定义的属性的下面。如果之前没有创建属性定义，则此选项不可用。

上机实践——定义块属性

下面通过一个实例说明如何创建带有属性定义的块。在机械制图中，表面粗糙度的值有0.8、1.6、3.2、6.3、12.5、25、50等，用户可以在表面粗糙度图块中将粗糙度值定义为属性，当每次插入表面粗糙度时，AutoCAD 将自动提示用户输入表面粗糙度的数值。

① 打开本例源文件"ex-5.dwg"，如图 8-92 所示。

② 在菜单栏中执行【格式】|【文字样式】命令，在弹出的【文字样式】对话框中的【SHX 字体】下拉列表中选择【txt.shx】选项，并勾选【使用大字体】复选框，接着在【大字体】下拉列表中选择【gbcbig.shx】选项，最后依次单击【应用】与【关闭】按钮，如图 8-93 所示。

图 8-92 图形

图 8-93 设置文字样式

> **技巧点拨：**
> 如果你的 AutoCAD 中没有所需的 SHX 字体。可以将本例源文件夹中的"Fonts.rar"压缩文件解压到你安装 AutoCAD 2020 的路径中覆盖同名的文件夹，路径为：E:\Program Files\Autodesk\AutoCAD 2020。

③ 在【插入】选项卡的【块定义】面板中单击【定义属性】按钮，打开如图 8-94 所示的【属性定义】对话框。在【标记】和【提示】文本框中输入相关内容，并单击【确定】按钮关闭该对话框。最后在绘图区域图形上单击以确定属性的位置，结果如图 8-95 所示。

图 8-94　设置属性参数　　　　　　　图 8-95　定义块的属性

④ 在【块定义】面板中单击【创建块】按钮，打开【块定义】对话框。在【名称】文本框中输入【表面粗糙度符号】，并单击【选择对象】按钮，在绘图窗口选中全部对象（包括图形元素和属性），然后单击【拾取点】按钮，在绘图区的适当位置单击以确定块的基点，最后单击【确定】按钮，如图 8-96 所示。

 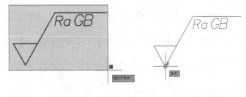

设置块参数　　　　　　　　选择对象　　　　　　拾取基点

图 8-96　创建块

⑤ 接着程序弹出【编辑属性】对话框。在该对话框的【表面粗糙度值】文本框中输入 3.2，单击【确定】按钮后，块中的文字 GB 则自动变成实际值 3.2，如图 8-97 所示。GB 属性标记已被此处输入的具体属性值所取代。

> **技巧点拨：**
> 此后，每插入一次定义属性的块，命令行中将提示用户输入新的表面粗糙度值。

263

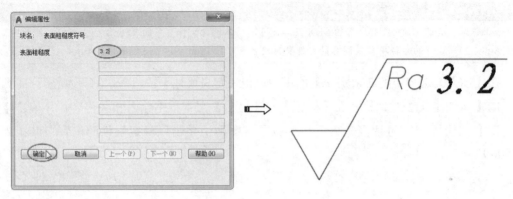

图 8-97　编辑属性

3. 编辑块属性

对于块属性，可以像修改其他对象一样对其进行编辑。例如，单击选中块后，系统将显示块及属性夹点，单击属性夹点即可移动属性的位置，如图 8-98 所示。

要编辑块的属性，可在菜单栏中执行【修改】|【对象】|【属性】|【单个】命令，然后在图形区域中选择属性块，弹出【增强属性编辑器】对话框，如图 8-99 所示。在该对话框中可以修改块的属性值、属性的文字选项、属性所在图层，以及属性的线型、颜色和线宽等。

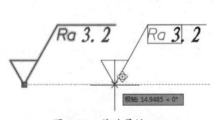

图 8-98　移动属性

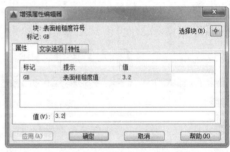

图 8-99　【增强属性编辑器】对话框

在菜单栏中执行【修改】|【对象】|【属性】|【块属性管理器】命令，然后在图形区域中选择属性块，将弹出【块属性管理器】对话框，如图 8-100 所示。

该对话框的主要特点如下：

- 可利用【块】下拉列表选择要编辑的块。
- 在属性列表中选择属性后，单击【上移】或【下移】按钮，可以移动属性在列表中的位置。
- 在属性列表中选择某属性后，单击【编辑】按钮，将打开如图 8-101 所示的对话框。可以在该对话框中修改属性模式、标记、提示与默认值，属性的文字选项，属性所在图层，以及属性的线型、颜色和线宽等。
- 在属性列表中选择某属性后，单击【删除】按钮，可以删除选中的属性。

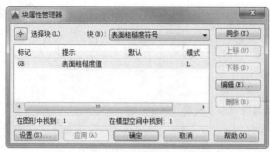
图 8-100 【块属性管理器】对话框

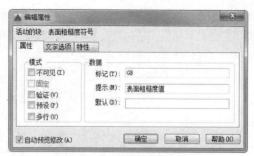
图 8-101 【编辑属性】对话框

8.4.6 块的编辑

在 AutoCAD 2020 中，可以使用【块编辑器】来创建块定义和添加动态行为。可通过以下命令方式来执行此操作：

- 菜单栏：执行【工具】|【块编辑器】命令
- 面板：在【插入】选项卡的【块定义】面板中单击【块编辑器】按钮
- 命令行：输入 BEDIT

执行 BEDIT 命令，弹出【编辑块定义】对话框，如图 8-102 所示。

在该对话框的【要创建或编辑的块】文本框中输入新的块名称，例如【A】，单击【确定】按钮，程序自动显示【块编辑器】选项卡，同时打开【块编写选项板】面板。

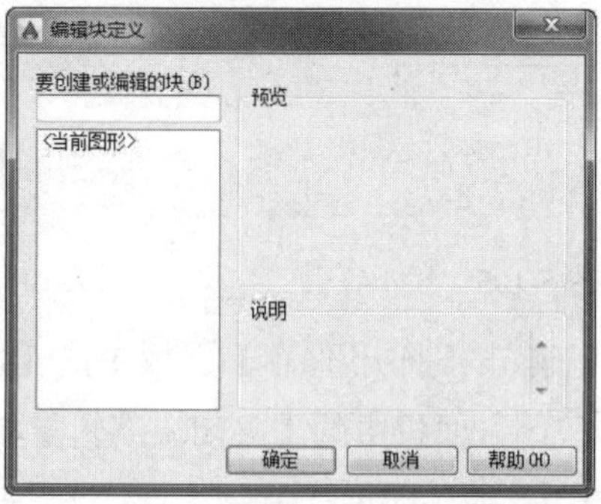

1.【块编辑器】选项卡

图 8-102 【编辑块定义】对话框

【块编辑器】选项卡和【块编写选项板】面板还提供了绘图区域，可以像在主绘图区域中一样在此区域绘制和编辑几何图形，并可以指定块编辑器绘图区域的背景色。【块编辑器】选项卡如图 8-103 所示，【块编写选项板】面板如图 8-104 所示。

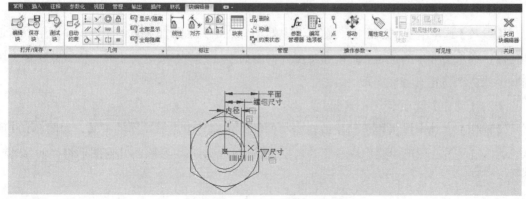
图 8-103 【块编辑器】选项卡

图 8-104 【块编写选项板】面板

上机实践——编辑粗糙度符号块

① 打开本例源文件 "ex-6.dwg"，在图形中插入的块如图 8-105 所示。

② 在【插入】选项卡的【块】面板中单击【块编辑器】按钮，打开【编辑块定义】对话框。在对话框的列表中选择【粗糙度符号-3】，并单击【确定】按钮，如图 8-106 所示。

③ 随后程序打开【块编辑器】选项卡。分别使用 LINE 命令和 CIRCLE 命令在绘图区域中原图形基础上绘制一条直线（长度为 10）和一个圆（直径为 2.4），如图 8-107 所示。

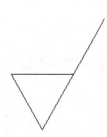
图 8-105 插入的块

图 8-106 选择要编辑的块

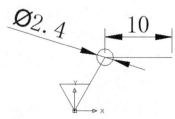
图 8-107 修改图形

④ 单击【打开/保存】面板中的【保存块】按钮，将编辑的块定义保存。然后单击【关闭】面板中的【关闭块编辑】按钮，退出块编辑器。

2. 块编写选项板

【块编写选项板】面板中有四个选项卡：【参数】、【动作】、【参数集】和【约束】，如图 8-108 所示。【块编写选项板】面板可通过单击【块编辑器】选项卡的【工具】面板中的【块编写选项板】按钮来打开或关闭。

（1）【参数】选项卡

【参数】选项卡提供用于向块编辑器中的动态块定义中添加参数的工具。参数用于指定几何图形在块参照中的位置、距离和角度。将参数添加到动态块定义中时，该参数将定义块的一个或多个自定义特性。

（2）【动作】选项卡

【动作】选项卡提供用于向块编辑器中的动态块定义中添加动作的工具，如图 8-109 所示。动作定义了在图形中操作块参照的自定义特性时，动态块参照的几何图形将如何移动或变化。

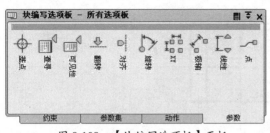
图 8-108 【块编写选项板】面板

图 8-109 【动作】选项卡

（3）【参数集】选项卡

【参数集】选项卡提供用于在块编辑器中向动态块定义中添加一个参数和至少一个动作的工具，如图 8-110 所示。将参数集添加到动态块中时，动作将自动与参数相关联。将参数集添加到动态块中后，双击黄色警告图标，然后按照命令提示将该动作与几何图形选择集相关联。

图 8-110 【参数集】选项卡

（4）【约束】选项卡

【约束】选项卡中的各选项用于图形的位置约束。这些选项与块编辑器的【几何】面板中的约束选项相同。

8.5 综合范例：标注零件图表面粗糙度

本例通过为零件标注粗糙度符号，对【属性定义】、【创建块】和【插入】等命令进行综合练习和巩固。

操作步骤

① 打开本例源文件"ex-7.dwg"，如图 8-111 所示。
② 启动【极轴追踪】功能，并设置增量角为 30°。

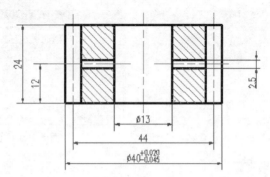

图 8-111　打开源文件

③ 在命令行中输入 PL 激活【多段线】命令，然后绘制如图 8-112 所示的粗糙度符号。

④ 执行菜单栏中的【绘图】|【块】|【定义属性】命令，打开【属性定义】对话框，然后设置属性参数，如图 8-113 所示。

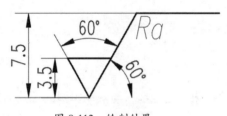

图 8-112　绘制结果

图 8-113　设置属性参数

⑤ 单击【确定】按钮，捕捉如图 8-114 所示的端点作为属性插入点，插入结果如图 8-115 所示。

⑥ 使用快捷键 M 激活【移动】命令，将属性垂直下移 0.5 个绘图单位，结果如图 8-116 所示。

图 8-114　指定插入点　　　　　图 8-115　插入结果　　　　　图 8-116　移动属性

⑦ 单击【块定义】面板中的【创建块】按钮，弹出【块定义】对话框。单击【拾取点】按钮，然后选取如图 8-117 所示的点作为块的基点，按 Enter 键返回【块定义】对话框中，再单击【选择对象】按钮，在图形区域中框选所有对象，再次按 Enter 键返回【块定义】对话框中单击【确定】按钮，完成块的定义，如图 8-118 所示。

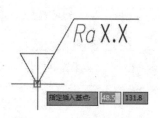

图 8-117 定义块的基点

图 8-118 块定义

⑧ 随后会弹出【编辑属性】对话框。输入粗糙度值后单击【确定】按钮，如图 8-119 所示。

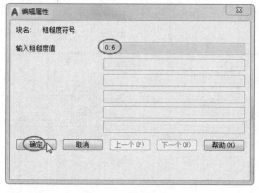

图 8-119 编辑属性

⑨ 可以直接将块拖到图形中相应的位置。也可以单击【块】面板中的【插入】按钮 ，在插入粗糙度属性块的同时，为其输入粗糙度值。命令行的操作提示如下：

```
命令：_insert
指定插入点或 [基点(B)/比例(S)/旋转(R)]：    //捕捉如图 8-120 所示中点作为插入点
输入属性值
输入粗糙度值：<0.6>:                       //按 Enter 键确认，结果如图 8-121 所示
```

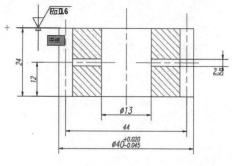

图 8-120 定位插入点

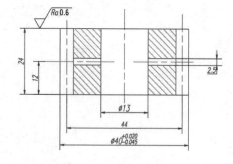

图 8-121 插入结果

⑩ 同理，将粗糙度值为 0.8 的粗糙度符号插入图中另一位置，如图 8-122 所示。插入图块前需要绘制引线箭头作为粗糙度符号水平放置的参考。

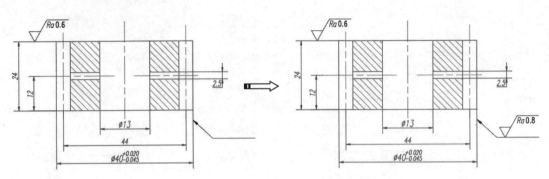

图 8-122 插入粗糙度符号图块

⑪ 调整视图，使图形全部显示，最终效果如图 8-123 所示。

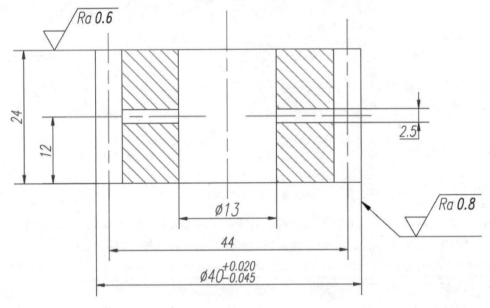

图 8-123 粗糙度符号最终标注效果

图纸布局与打印出图

本章导读

绘制好图形后，最终要将图形打印到图纸上，这样才能在机械零件加工生产或者建筑施工时应用。图形输出一般使用打印机或绘图仪，不同型号的打印机或绘图仪只是在配置上有区别，其他操作基本相同。

学习要点

- ☑ 添加和配置打印设备
- ☑ 布局空间的使用
- ☑ 输出设置

扫码看视频

9.1 添加和配置打印设备

要对绘制好的图形进行输出,首先要添加和配置打印图纸的设备。

 上机实践——添加绘图仪的操作方法

① 从菜单栏中执行【文件】|【绘图仪管理器】命令,弹出【Plotters】窗口,如图 9-1 所示。

图 9-1 【Plotters】窗口

② 在打开的【Plotters】窗口中双击【添加绘图仪向导】图标,弹出【添加绘图仪 - 简介】对话框,如图 9-2 所示,单击【下一步】按钮。

③ 随后弹出【添加绘图仪-开始】对话框,如图 9-3 所示。该对话框左侧是添加新的绘图仪中要进行的六个步骤,前面标有三角符号的是当前步骤,可按向导逐步完成。

图 9-2 【添加绘图仪–简介】对话框

图 9-3 【添加绘图仪-开始】对话框

④ 单击【下一步】按钮,弹出【添加绘图仪-绘图仪型号】对话框。在对话框中选择绘图仪的【生产商】和【型号】,如图 9-4 所示,或者单击【从磁盘安装】按钮,从设备的

驱动进行安装。

⑤ 单击【下一步】按钮，弹出【添加绘图仪-输入 PCP 或 PC2】对话框，如图 9-5 所示。在该对话框中单击【输入文件】按钮，可从原来保存的 PCP 或 PC2 文件中输入绘图仪特定信息。

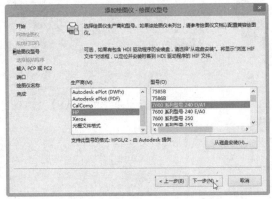

图 9-4 【添加绘图仪-绘图仪型号】对话框　　　图 9-5 【添加绘图仪-输入 PCP 或 PC2】对话框

⑥ 单击【下一步】按钮，弹出【添加绘图仪-端口】对话框，如图 9-6 所示。在该对话框中可以选择打印设备的端口。

⑦ 单击【下一步】按钮，弹出【添加绘图仪-绘图仪名称】对话框，如图 9-7 所示。在该对话框中可以输入绘图仪的名称。

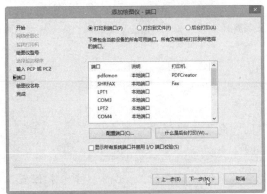
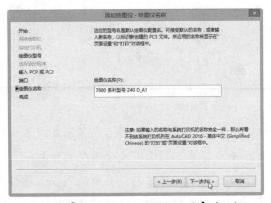

图 9-6 【添加绘图仪-端口】对话框　　　图 9-7 【添加绘图仪-绘图仪名称】对话框

⑧ 单击【下一步】按钮，弹出【添加绘图仪-完成】对话框，如图 9-8 所示，单击【完成】按钮完成绘图仪的添加。如图 9-9 所示，添加了一个【7600 系列型号 240 D_A1】新绘图仪。

⑨ 双击新添加的绘图仪【7600 系列型号 240 D_A1】图标，弹出【绘图仪配置编辑器】对话框，如图 9-10 所示。该对话框中有三个选项卡：【常规】、【端口】和【设备和文档设置】，可根据需要进行重新配置。

 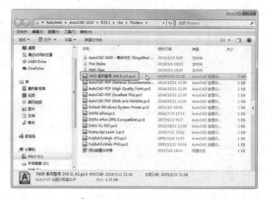

图 9-8 【添加绘图仪-完成】对话框　　　图 9-9 添加的【7600 系列型号 240 D_A1】绘图仪

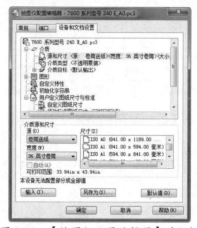

图 9-10 【绘图仪配置编辑器】对话框

1.【常规】选项卡

切换到【常规】选项卡，如图 9-11 所示。

选项卡中各选项含义如下：

- 绘图仪配置文件名：显示在"添加打印机"向导中指定的文件名。
- 说明：显示有关绘图仪的信息。
- 驱动程序信息：显示绘图仪驱动程序类型（系统或非系统）、名称、型号和位置、HDI 驱动程序文件版本号（AutoCAD 专用驱动程序文件）、网络服务器 UNC 名（如果绘图仪与网络服务器连接）、I/O 端口（如果绘图仪连接在本地）、系统打印机名（如果配置的绘图仪是系统打印机）、PMP（绘图仪型号参数）文件名和位置（如果 PMP 文件附着在 PC3 文件中）。

2.【端口】选项卡

切换到【端口】选项卡，如图 9-12 所示。

- 打印到下列端口：将图形通过选定端口发送到绘图仪。
- 打印到文件：将图形发送至在【打印】对话框中指定的文件。
- 后台打印：使用后台打印实用程序打印图形。

CHAPTER 9　图纸布局与打印出图

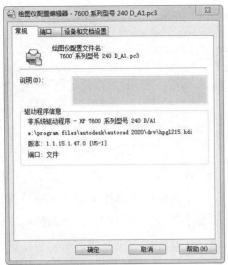
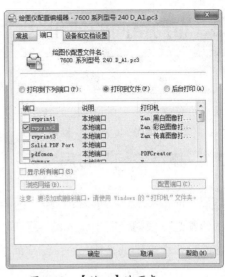

图 9-11　【常规】选项卡　　　　　图 9-12　【端口】选项卡

- 【端口】列表：显示可用端口（本地和网络）的列表和说明。
- 显示所有端口：显示计算机上的所有可用端口，不管绘图仪使用哪个端口。
- 浏览网络：显示网络选择，可以连接到另一台非系统绘图仪。
- 配置端口：打印样式显示【配置 LPT 端口】对话框或【COM 端口设置】对话框。

3.【设备和文档设置】选项卡

切换到【设备和文档设置】选项卡，控制 PC3 文件中的许多设置，如图 9-10 所示。

配置了新绘图仪后，应在系统配置中将该绘图仪设置为默认的打印机。

从菜单栏中执行【工具】|【选项】命令，弹出【选项】对话框，选择【打印和发布】选项卡，进行有关打印的设置，如图 9-13 所示。在【用作默认输出设备】下拉列表中选择要设置为默认输出设备的绘图仪名称，如【7600 系列型号 240 D_A1.pc3】，单击【确定】按钮后该绘图仪即为默认的打印机。

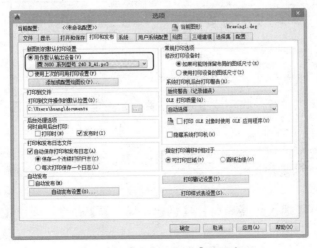

图 9-13　【打印和发布】选项卡

9.2 布局空间的使用

在 AutoCAD 2020 中，既可以在模型空间中输出图形，也可以在布局空间中输出图形，下面来介绍关于布局的知识。

9.2.1 模型空间与布局空间

在 AutoCAD 中，可以在模型空间和布局空间中完成绘图和设计工作，大部分设计和绘图工作都是在模型空间中完成的，而布局空间是模拟手工绘图的空间，它是为绘制平面图而准备的一张虚拟图纸，是一个二维空间的工作环境。从某种意义上来说，布局空间就是为布局图面、打印出图而设计的，还可以在其中添加诸如边框、注释、标题和尺寸标注等内容。

在绘图区域底部有【模型】选项卡和一个或多个【布局】选项卡，如图 9-14 所示。

分别单击这些选项卡，可以在空间之间进行切换，如图 9-15 所示是切换到【布局 1】选项卡的效果。

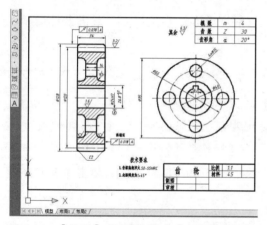 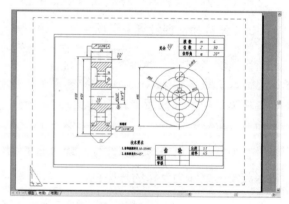

图 9-14 【模型】选项卡和多个【布局】选项卡　　　图 9-15 【布局 1】选项卡

9.2.2 创建布局

在布局空间中可以进行一些环境布局的设置，如指定图纸大小、添加标题栏、创建图形标注和注释。

💻 上机实践——创建布局

① 从菜单栏中执行【插入】|【布局】|【创建布局向导】命令，弹出【创建布局-开始】对话框。

> 提醒一下：
> 也可以在命令行中输入 LAYOUTWIZARD，按 Enter 键。

② 在【输入新布局的名称】文本框中输入新布局名称，如【机械零件图】，如图 9-16 所示，单击【下一步】按钮。

③ 弹出【创建布局-打印机】对话框，如图 9-17 所示。在该对话框中选择绘图仪，单击【下一步】按钮。

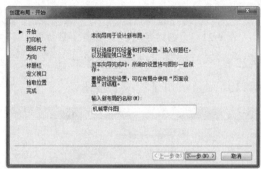

图 9-16　输入新布局名称　　　　　　　图 9-17　【创建布局-打印机】对话框

④ 弹出【创建布局-图纸尺寸】对话框，该对话框用于选择打印图纸的大小和所用的单位。选中【毫米】单选按钮，设置图纸尺寸，如图 9-18 所示，单击【下一步】按钮。

⑤ 弹出【创建布局-方向】对话框，用来设置图形在图纸上的方向，可以选择【纵向】或【横向】单选按钮，如图 9-19 所示，单击【下一步】按钮。

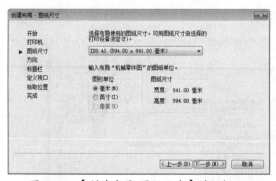

图 9-18　【创建布局-图纸尺寸】对话框　　图 9-19　【创建布局-方向】对话框

⑥ 弹出【创建布局-标题栏】对话框，如图 9-20 所示。选择【无】选项，单击【下一步】按钮。

⑦ 弹出【创建布局-定义视口】对话框，如图 9-21 所示，单击【下一步】按钮。

图 9-20 【创建布局-标题栏】对话框　　　　图 9-21 【创建布局-定义视口】对话框

⑧ 弹出【创建布局-拾取位置】对话框，如图 9-22 所示，再单击【下一步】按钮。

⑨ 最后弹出【创建布局-完成】对话框，如图 9-23 所示，单击【完成】按钮。

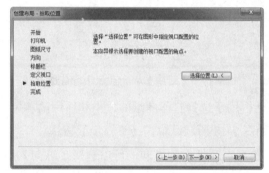
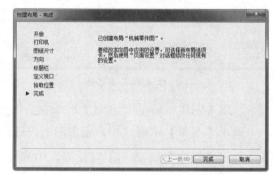

图 9-22 【创建布局-拾取位置】对话框　　　　图 9-23 【创建布局-完成】对话框

⑩ 创建好的【机械零件图】布局如图 9-24 所示。

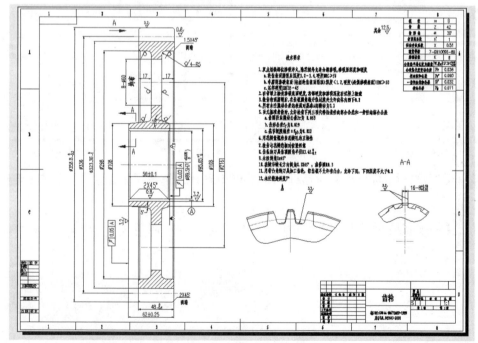

图 9-24 【机械零件图】布局

9.3 输出设置

AutoCAD 的输出设置包括页面设置和打印设置。页面设置及打印设置随着图形一起，保证了图形输出的正确性。

9.3.1 页面设置

页面设置是打印设备和其他影响最终输出的外观和格式的设置的集合。可以修改这些设置并将其应用到其他布局中。在模型空间中完成图形绘制后，可以通过单击【布局】选项卡开始创建要打印的布局。

上机实践——页面设置

① 从菜单栏中执行【文件】|【页面设置管理器】命令，或者在模型空间或布局空间中，用鼠标右键单击【模型】或【布局】切换按钮，在弹出的快捷菜单中选择【页面设置管理器】选项。

② 弹出【页面设置管理器】对话框，如图 9-25 所示。在该对话框中可以完成新建布局、修改原有布局、输入存在的布局和将某一布局置为当前等操作。

③ 单击【新建】按钮，弹出【新建页面设置】对话框。在【新页面设置名】文本框中输入新建页面的名称，如【机械图】，如图 9-26 所示。

图 9-25 【页面设置管理器】对话框

图 9-26 【新建页面设置】对话框

④ 单击【确定】按钮，弹出【页面设置】对话框，如图 9-27 所示。

⑤ 在该对话框中，可以指定布局设置和打印设备设置并预览布局的结果。对于一个布局，可利用【页面设置】对话框来完成它的设置，虚线表示图纸中当前配置的图纸尺寸和绘图仪的可打印区域。设置完毕后，单击【确定】按钮确认。

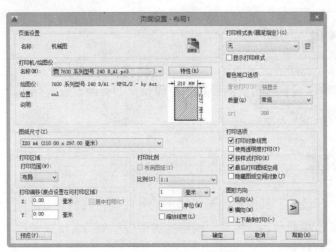

图 9-27 【页面设置】对话框

【页面设置】对话框中的各选项功能如下：

1. 【打印机/绘图仪】选项区

在【名称】下拉列表中列出了所有可用的系统打印机和 PC3 文件，从中选择一种打印机，指定为当前已配置的系统打印设备，以打印输出布局图形。

单击【特性】按钮，可弹出【绘图仪配置编辑器】对话框。

2. 【图纸尺寸】选项区

在【图纸尺寸】选项区中，可以从标准列表中选择图纸尺寸，列表中可用的图纸尺寸由当前为布局所选的打印设备确定。如果配置绘图仪进行光栅输出，则必须按像素指定输出尺寸。通过使用绘图仪配置编辑器可以添加存储在绘图仪配置（PC3）文件中的自定义图纸尺寸。

3. 【打印区域】选项区

在【打印区域】选项区中，可指定图形实际打印的区域。在【打印范围】下拉列表中有【显示】、【范围】、【窗口】和【图形界限】选项。选中【窗口】选项，系统将关闭对话框返回绘图区，这时通过指定区域的两个对角点或输入坐标值来确定一个矩形打印区域，然后再返回【页面设置】对话框。

4. 【打印偏移】选项区

在【打印偏移】选项区中，可指定打印区域自图纸左下角的偏移。在布局中，指定打印区域的左下角默认在图纸边界的左下角点，也可以在【X】【Y】文本框中输入一个正值或负值来偏移打印区域的原点。在【X】文本框中输入正值时，原点右移；在【Y】文本框中输入正值时，原点上移。

在模型空间中，选中【居中打印】复选框，系统将自动计算图形居中打印的偏移量，将图形打印在图纸的中间。

5.【打印比例】选项区

在【打印比例】选项区中,控制图形单位与打印单位之间的相对尺寸。打印布局时的默认比例是 1∶1,在【比例】下拉列表中可以定义打印的精确比例,选中【缩放线宽】复选框,将对有宽度的线也进行缩放。一般情况下,打印时,图形中的各实体按图层中指定的线宽来打印,不随打印比例缩放。

从【模型】选项卡打印时,默认设置为【布满图纸】。

6.【打印样式表】选项区

在【打印样式表】选项区中,可以指定当前赋予布局或视口的打印样式表。下拉列表中显示了可赋予当前图形或布局的当前打印样式。如果要更改包含在打印样式表中的打印样式定义,可单击【编辑】按钮 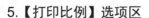,弹出【打印样式表编辑器】对话框,从中可修改选中的打印样式的定义。

7.【着色视口选项】选项区

在【着色视口】选项区中,可以选择若干用于打印着色和渲染视口的选项。可以指定每个视口的打印方式,并可以将该打印设置与图形一起保存。还可以从各种分辨率(最大为绘图仪分辨率)中进行选择,并可以将该分辨率设置与图形一起保存。

8.【打印选项】选项区

在【打印选项】选项区中,可确定线宽、打印样式以及打印样式表等的相关属性。选中【打印对象线宽】复选框,打印时系统将打印线宽;选中【按样式打印】复选框,以便使用在打印样式表中定义的、赋予几何对象的打印样式来打印;选中【隐藏图纸空间对象】复选框,不打印布局环境(图纸空间)对象的消隐线,即只打印消隐后的效果。

9.【图形方向】选项区

在【图形方向】选项区中,可设置打印时图形在图纸上的方向。选中【横向】单选按钮,将横向打印图形,使图形的顶部在图纸的长边;选中【纵向】单选按钮,将纵向打印,使图形的顶部在图纸的短边。如选中【反向打印】复选框,将颠倒打印图形。

9.3.2 打印设置

当页面设置完成并预览效果后,如果满意就可以着手进行打印设置了。下面以在模型空间出图为例,学习打印前的设置。

执行以下任何一个操作,都可以打开【打印】对话框,如图 9-28 所示。

- 在快速访问工具栏中单击【打印】按钮
- 从菜单栏中执行【文件】|【打印】命令
- 在命令行中输入 plot,按 Enter 键

1.【页面设置】选项区

在【页面设置】选项区中，列出了图形中已命名或已保存的页面设置，可以将这些保存的页面设置作为当前页面设置，也可以单击【添加】按钮，在弹出的【添加页面设置】对话框中基于当前设置创建一个新的页面设置，如图9-29所示。

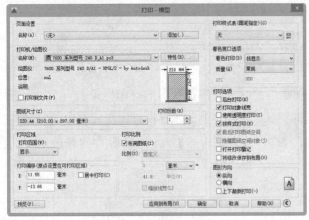

图9-28 【打印】对话框

图9-29 【添加页面设置】对话框

2.【打印机/绘图仪】选项区

在【打印机/绘图仪】选项区中，指定打印布局时使用已配置的打印设备。如果所选绘图仪不支持布局中选定的图纸尺寸，将显示警告，可以选择绘图仪的默认图纸尺寸或自定义图纸尺寸。

【名称】下拉列表中列出了可用的 PC3 文件或系统打印机，可以从中进行选择，以打印当前布局。设备名称前面的图标识别其为 PC3 文件还是系统打印机。PC3 文件图标：表示 PC3 文件；系统打印机图标：表示系统打印机。

3.【打印份数】文本框

在【打印份数】文本框中可指定要打印的份数。当打印到文件时，此选项不可用。

4.【应用到布局】按钮

单击【应用到布局】按钮，可将当前打印设置保存到当前布局中去。

其他选项与【页面设置】对话框中的选项相同，这里不再赘述。完成所有的设置后，单击【确定】按钮，开始打印。

9.3.3 输出图形

准备好打印前的各项设置后，下面就可以输出图形了。输出图形包括从模型空间输出图形和从布局空间输出图形。

9.3.4 从模型空间输出图形

从模型空间输出图形时,需要在打印时指定图纸尺寸。

> 上机实践——从模型空间输出图形

① 打开图形后,执行【打印】命令,弹出【打印】对话框,如图 9-30 所示。

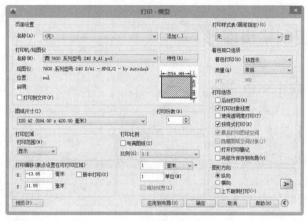

图 9-30 【打印】对话框

② 在【页面设置】下拉列表中,选择要应用的页面设置选项。选择后,该对话框将显示已设置后的【页面设置】各项内容。如果没有进行设置,可在【打印】对话框中直接进行打印设置。

③ 选择页面设置或进行打印设置后,单击【打印】对话框左下角的【预览】按钮,对图形进行打印预览,如图 9-31 所示。

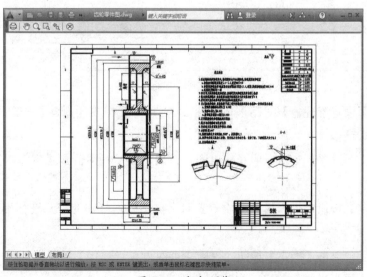

图 9-31 打印预览

> **提醒一下：**
> 当要退出时，在该预览界面上单击鼠标右键，在弹出的快捷菜单中选择【退出】选项，返回【打印】对话框，或按 Esc 键退出。

④ 单击【打印】对话框中的【确定】按钮，开始打印出图。当打印的下一张图样和上一张图样的打印设置完全相同时，打印时只需要直接单击【打印】按钮，在弹出的【打印】对话框中，将【页面设置名】设置为【上一次打印】，不必再进行其他的设置，就可以打印出图。

9.3.5 从布局空间输出图形

上机实践——从布局空间输出图形

① 切换到【布局1】选项卡，如图 9-32 所示。

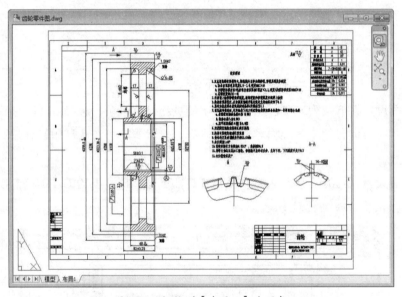

图 9-32 切换到【布局1】选项卡

② 打开【页面设置管理器】对话框，如图 9-33 所示，单击【新建】按钮，弹出【新建页面设置】对话框。

③ 在【新建页面设置】对话框的【新页面设置名】文本框中输入【零件图】，如图 9-34 所示。

④ 单击【确定】按钮，进入【页面设置】对话框，根据打印的需要进行相关参数的设置，如图 9-35 所示。

⑤ 设置完成后，单击【确定】按钮，返回【页面设置管理器】对话框。选中【零件图】选项，单击【置为当前】按钮，将其置为当前布局，如图 9-36 所示。

图 9-33 【页面设置管理器】对话框

图 9-34 创建【零件图】新页面

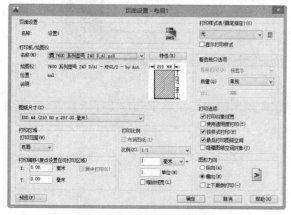

图 9-35 【页面设置】对话框

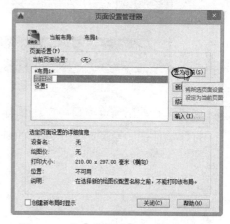

图 9-36 将【零件图】布局置为当前

⑥ 单击【关闭】按钮,完成【零件图】布局的创建。

⑦ 单击【打印】按钮,弹出【打印】对话框,如图 9-37 所示。不需要重新设置,单击左下方的【预览】按钮,打印预览效果如图 9-38 所示。

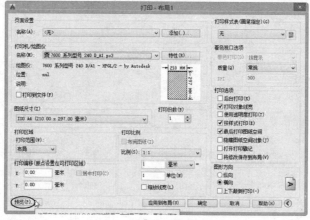

图 9-37 【打印】对话框

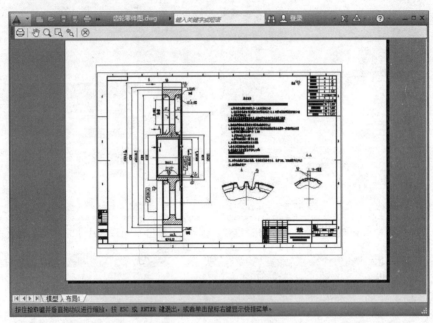

图 9-38　预览打印效果

⑧ 如果满意，在预览窗口中单击鼠标右键，在弹出的快捷菜单中选择【打印】命令，开始打印零件图。至此，输出图形的基本操作结束了。

CHAPTER 10

机械工程制图全案例

本章导读

机械制图是一门探讨绘制机械图样的理论、方法和技术的基础课程。用图形来表达思想、分析事物、研究问题、交流经验,具有形象、生动、轮廓清晰和一目了然的优点,弥补了有声语言和文字描述的不足。

本章对机械制图的相关知识和 AutoCAD 2020 软件在机械制图中的应用案例做详细介绍。

学习要点

- ☑ 绘制机械轴测图
- ☑ 绘制机械零件图
- ☑ 绘制机械装配图

扫码看视频

10.1 绘制机械轴测图

轴测图是将物体连同其参考直角坐标系,沿不平行于任一坐标面的方向,用平行投影法将其投射在单一投影面上所得到的具有立体感的三维图形。该投影面称为轴测投影面,物体的长、宽、高三个方向的坐标轴 OX、OY、OZ 在轴测图中的投影 O_1X_1、O_1Y_1、O_1Z_1 称为轴测轴。

轴测图根据投射线方向与轴测投影面的不同位置,可分为正轴测图(如图 10-1 所示)和斜轴测图(如图 10-2 所示)两大类,每类按轴向变形系数又分为三种,即正等轴测图、正二轴测图、正三轴测图;斜等轴测图、斜二轴测图和斜三轴测图。

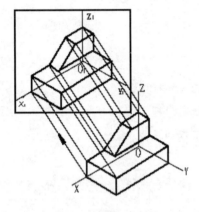
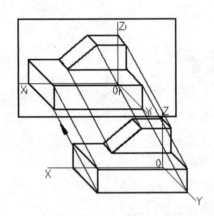

图 10-1　正轴测图　　　　图 10-2　斜轴测图

绘制轴测图一般可采用坐标法、切割法和组合法三种常用方法,具体如下:

- 坐标法:对于完整的立体,可采用沿坐标轴方向测量,按坐标轴画出各顶点位置之后,再连线绘图的方法,这种绘制测绘图的方法称为坐标法。
- 切割法:对于不完整的立体,可先画出完整形体的轴测图,再利用切割的方法画出不完整的部分。
- 组合法:对于复杂的形体,可将其分成若干个基本形状,在相应位置上逐个画出之后,再将各部分形体组合起来。

虽然正投影图能够完整、准确地表示实体的形状和大小,是实际工程中的主要表达图,但由于其缺乏立体感,使读图有一定的难度。而轴测图正好弥补了正投影图的不足,能够反映实体的立体形状。轴测图不能对实体进行完全的表达,也不能反映实体各个面的实形。在 AutoCAD 中所绘制的轴测图并非真正意义上的三维立体图形,不能在三维空间中进行观察,它只是在二维空间中绘制的立体图形。

10.1.1 设置绘图环境

在 AutoCAD 2020 中绘制轴测图，需要对制图环境进行设置，以便能更好地绘图。绘图环境的设置主要是轴测捕捉设置、极轴追踪设置和轴测平面的切换。

1．轴测捕捉设置

在 AutoCAD 2020 的【草图与注释】空间中，执行菜单栏中的【工具】|【绘图设置】命令，弹出【草图设置】对话框。

在该对话框的【捕捉和栅格】选项卡中设置【捕捉类型】为【等轴测捕捉】、【栅格 Y 轴间距】为 10，并打开光标捕捉，如图 10-3 所示。

单击【草图设置】对话框中的【确定】按钮，完成轴测捕捉设置。设置后光标的形状也发生了变化，如图 10-4 所示。

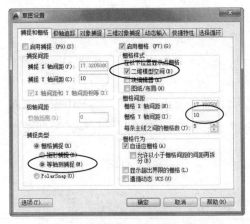
图 10-3　轴测捕捉设置

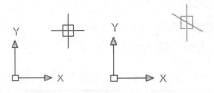
图 10-4　启动轴测捕捉的光标

2．极轴追踪设置

在【草图设置】对话框的【极轴追踪】选项卡中勾选【启用极轴追踪】复选框，在【增量角】下拉列表中选择【30】选项，单击【确定】按钮，如图 10-5 所示。

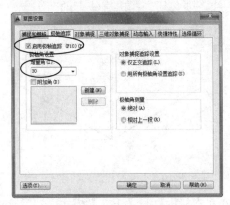
图 10-5　启用极轴追踪

3. 轴测平面的切换

在实际的轴测图绘制过程中，常会在轴测图的不同轴测平面上绘制所需要的图线，需要在轴测图的不同轴测平面中进行切换。例如，执行 ISOPLANE 命令或按 F5 键就可以在正等轴测图的轴测平面中进行切换，如图 10-6 所示。

> **技巧点拨：**
> 在绘制轴测图时，还可打开【正交】模式来控制绘图精度。

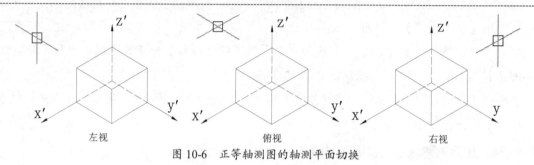

图 10-6　正等轴测图的轴测平面切换

10.1.2　轴测图的绘制方法

在 AutoCAD 中，用户可使用多种绘制方法来绘制正等轴测图的图元。如利用坐标输入或打开【正交】模式绘制直线、定位轴测图中的实体，在轴测平面内绘制平行线，绘制轴测圆的投影等。

1. 直线的绘制

可利用输入标注点的方式来绘制直线，也可打开【正交】模式来绘制直线。

输入标注点的方式：

- 绘制与 X 轴平行且长 50 的直线，极坐标角度应输入 30°，如@50<30。
- 绘制与 Y 轴平行且长 50 的直线，极坐标角度应输入 150°，如@50<150。
- 绘制与 Z 轴平行且长 50 的直线，极坐标角度应输入 90°，如@50<90。

所有不与轴测轴平行的线，则必须先找出直线上的两个点，然后连线，如图 10-7 所示。

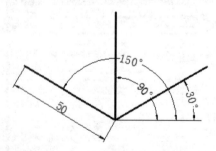

图 10-7　输入标注点的方式

例如，在轴测模式下，在状态栏中打开【正交】模式，然后绘制一个长度为 10 的正方体。

上机实践——绘制正方体

① 启用轴测捕捉模式。在状态栏中单击【正交模式】按钮，默认情况下，当前轴测平面为左视平面。

② 在命令行中执行 LINE 命令，在图形区中指定直线起点，然后按命令行提示进行操作，绘制的矩形如图 10-8 所示。

```
命令_line 指定第一点：                          //指定直线起点
指定下一点或 [放弃(U)]：<正交开><等轴测平面左视>：10↙  //输入第一条直线长度
指定下一点或 [放弃(U)]：10↙                     //输入第二条直线长度
指定下一点或 [闭合(C)//放弃(U)]：10↙             //输入第三条直线长度
指定下一点或 [闭合(C)//放弃(U)]：c↙
```

技巧点拨：
在直接输入直线长度时，需先指定直线方向。例如，绘制水平方向的直线，光标先在水平方向上移动，并确定好直线延伸方向，然后再输入直线长度。

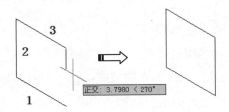

图 10-8 在左视平面中绘制矩形

③ 按 F5 键切换到俯视平面。执行 LINE 命令，指定矩形右上角顶点作为起点，并按命令行的提示来操作，绘制的矩形如图 10-9 所示。

```
命令：_line 指定第一点：<等轴测平面俯视>       //指定起点
指定下一点或 [放弃(U)]：10↙                    //输入第一条直线的长度
指定下一点或 [放弃(U)]：10↙                    //输入第二条直线的长度
指定下一点或 [闭合(C)//放弃(U)]：10↙            //输入第三条直线的长度
指定下一点或 [闭合(C)//放弃(U)]：c
```

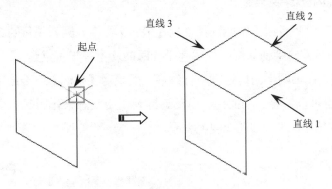

图 10-9 在俯视平面中绘制矩形

④ 再按 F5 键切换到右视平面。执行 LINE 命令，指定上平面矩形右下角顶点作为起点，并按命令行的提示来操作，绘制完成的正方体如图 10-10 所示。

```
命令：_line 指定第一点：<等轴测平面右视>       //指定起点
```

```
指定下一点或 [放弃(U)]：10↵              //输入第一条直线的长度
指定下一点或 [放弃(U)]：10↵              //输入第二条直线的长度
指定下一点或 [闭合(C)//放弃(U)]：10↵     //输入第三条直线的长度
指定下一点或 [闭合(C)//放弃(U)]：c
```

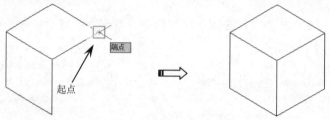

图 10-10　在右视平面中绘制矩形

2. 定位轴测图中的实体

如果在轴测图中定位其他已知图元，必须启用【极轴追踪】，并将角度增量设定为 30°，这样才能从已知对象开始沿 30°、90° 或 150° 方向追踪。

上机实践——定位轴测图中的实体

① 执行 L 命令，在正方体轴测图底边选取一点作为矩形的起点，如图 10-11 所示。
② 启用【极轴追踪】，然后绘制长度为 5 的直线，如图 10-12 所示。
③ 依次绘制三条直线，完成矩形的绘制，如图 10-13 所示。

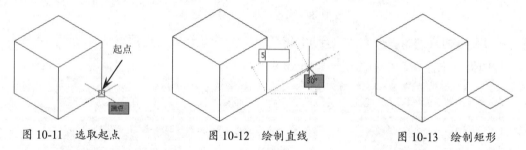

图 10-11　选取起点　　　　　图 10-12　绘制直线　　　　　图 10-13　绘制矩形

3. 在轴测平面内绘制平行线

在轴测平面内绘制平行线，不能直接使用【偏移】命令，因为偏移的距离是两线之间的垂直距离，而沿 30° 方向绘制的两平行线其平行距离却不等于垂直距离。

为了避免错误，在轴测平面内绘制平行线，一般采用【复制】命令或【偏移】命令中的 T 选项（通过）；也可以结合自动捕捉、自动追踪及正交状态来作图，这样可以保证所绘制的直线与轴测轴的方向一致，如图 10-14 所示。

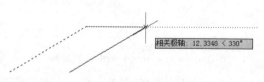

图 10-14　在轴测平面内绘制平行线

4. 绘制轴测圆的投影

圆的轴测投影是椭圆，当圆位于不同的轴测平面时，投影椭圆长、短轴的位置是不相同的。绘制轴测圆的方法与步骤：

① 打开轴测捕捉模式。
② 选择画圆的投影面，如左视平面、右视平面或俯视平面。
③ 使用绘制椭圆的【轴、端点】命令，并选择【等轴测图】选项。
④ 指定圆心或半径，完成轴测圆的创建。

> **技巧点拨：**
> 绘制圆之前一定要利用轴测平面转换工具，切换到与圆所在的平面对应的轴测平面，这样才能使椭圆看起来像是在轴测平面内，否则将显示不正确。

在轴测图中经常要绘制线与线间的圆滑过渡，如倒圆角，此时过渡圆弧也要变为椭圆弧。方法是：在相应的位置上绘制一个完整的椭圆，然后使用修剪工具剪除多余的线段，如图10-15所示。

图 10-15　圆角画法

5. 轴测图的文本书写

为了使某个轴测平面中的文本看起来像是在该轴测平面内，必须根据各轴测平面的位置特点将文字倾斜某个角度值，使它们的外观与轴测图协调起来，否则立体感不强。

在新建文字样式中，将文字的角度设为30°或-30°。

在轴测平面上各文本的倾斜规律是：

- 在左轴测平面上，文本需采用-30°倾斜角，同时旋转-30°。
- 在右轴测平面上，文本需采用30°倾斜角，同时旋转30°。
- 在顶轴测平面上，平行于 X 轴时，文本需采用-30°倾斜角，旋转角为30°；平行于 Y 轴时需采用30°倾斜角，旋转角为-30°。

> **技巧点拨：**
> 文字的倾斜角与文字的旋转角是不同的两个概念，前者是在水平方向左倾（0°～-90°）或右倾（0°～90°）的角度，后者是以文字起点为原点进行0°～360°的旋转，也就是在文字所在的轴测平面内旋转。

10.1.3　轴测图的尺寸标注

为了让某个轴测平面内的尺寸标注看起来像是在这个轴测平面中，需要将尺寸线、尺寸界线倾斜某一个角度，以使它们与相应的轴测平行。同时，标注文本也必须设置成倾斜某一角度的形式，才能使文本的外观具有立体感。

下面介绍几种轴测图尺寸标注的方法。

1. 倾斜 30°的文字样式设置方法

① 打开【文字样式】对话框，设置文字样式，如图 10-16 所示。
② 单击【新建】按钮，创建名为【工程图文字】的新样式。
③ 在【文字】对话框中选择【gbeitc.shx】字体，勾选【使用大字体】复选框后再选择 gbcbig.shx 大字体，在下方的【倾斜角度】文本框中输入值 30。
④ 单击【应用】按钮，即可创建倾斜 30°的文字样式。同理，倾斜-30°的文字样式设置方法与此相同。

图 10-16　设置倾斜 30° 的文字样式

2. 调整尺寸界线与尺寸线的夹角

一般轴测图的标注需要调整文字与标注的倾斜角度。标注轴测图时，首先使用【对齐】标注工具来标注。

- 当尺寸界线与 X 轴平行时，倾斜角度为 30°。
- 当尺寸界线与 Y 轴平行时，倾斜角度为-30°。
- 当尺寸界线与 Z 轴平行时，倾斜角度为 90°。

如图 10-17 所示，首先使用【对齐】标注工具来标注 30° 和-30° 的轴测尺寸（垂直角度则使用【线性标注】工具标注），然后再使用【编辑标注】工具设置标注的倾斜角度。将标注尺寸 30 倾斜 30°，将标注尺寸 40 倾斜-30°，即可得到如图 10-18 所示的结果。

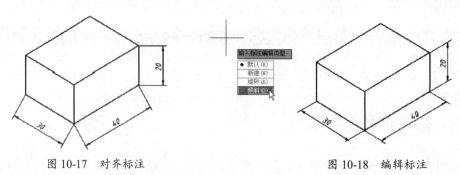

图 10-17　对齐标注　　　　　　　　图 10-18　编辑标注

3. 圆和圆弧的正等轴测图尺寸标注

圆和圆弧的正等轴测图为椭圆和椭圆弧，不能直接用半径或直径标注命令完成标注。可采用先画圆，然后标注圆的直径或半径，再修改尺寸数值的方法来处理，以此达到标注椭圆的直径或椭圆弧的半径的目的，如图 10-19 所示。

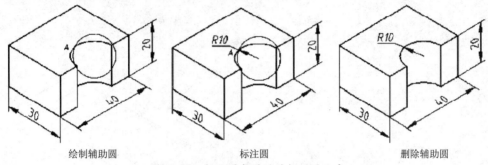

图 10-19 标注圆或圆弧的轴测图尺寸

上机实践——绘制固定座零件轴测图

固定座零件的零件视图与轴测图如图 10-20 所示。轴测图的图形尺寸将参考零件视图画出。

固定座零件是一个组合体，轴测图绘制可采用堆叠法，即从下往上叠加绘制。因此，绘制的步骤是首先绘制下面的长方体，接着绘制有槽的小长方体，最后绘制中空的圆柱体部分。

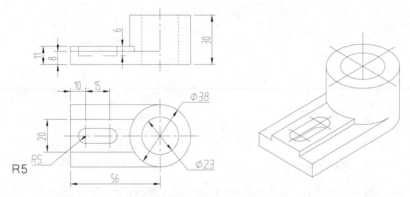

图 10-20 零件视图与轴测图

① 打开本例源文件"固定座零件图.dwg"。

② 启用轴测捕捉模式。在状态栏中单击【正交模式】按钮，默认情况下，当前轴测平面为左视平面。

③ 切换轴测平面至俯视平面，在状态栏中打开【正交】模式。使用【直线】命令在图形窗口中绘制长 56、宽 38 的矩形，如图 10-21 所示。命令行的操作提示如下：

```
命令：_line 指定第一点：              //指定直线起点，即第一点
指定下一点或 [放弃(U)]：56↙           //输入第二点，在第一点的 X 轴正方向
指定下一点或 [放弃(U)]：38↙           //输入第三点，在第二点的 Y 轴正方向
指定下一点或 [闭合(C)//放弃(U)]：56↙  //输入第四点，在第三点的 X 轴负方向
指定下一点或 [闭合(C)//放弃(U)]：c↙   //输入 C，闭合直线
```

④ 切换轴测平面至左视或右视平面。使用【复制】命令,将矩形复制并向 Z 轴正方向移动,移动距离为 8,如图 10-22 所示。命令行的操作提示如下:

```
命令:_copy
选择对象:指定对角点:找到 4 个✓              //框选矩形
选择对象:
当前设置:复制模式= 单个
指定基点或 [位移(D)//模式(O)//多个(M)] <位移>:✓ //指定移动基点
指定第二个点或<使用第一个点作为位移>:8✓      //输入移动距离
```

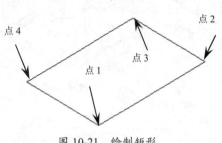

图 10-21 绘制矩形

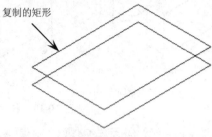

图 10-22 复制矩形

⑤ 使用【直线】命令,绘制三条直线将两个矩形连接,如图 10-23 所示。
⑥ 切换轴测平面至俯视平面。使用【直线】命令在复制的矩形上绘制一条中心线,长为 50。然后使用【复制】命令,在中心线两侧复制出移动距离为 10 的直线,如图 10-24 所示。

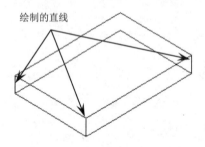

图 10-23 创建直线以连接矩形

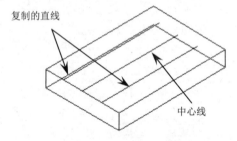

图 10-24 复制并移动中心线

⑦ 继续使用【复制】命令,将上方矩形左边上的一条边向右复制出两条直线,移动距离分别为 10 和 25。这两条直线为槽的圆弧中心线,如图 10-25 所示。
⑧ 使用椭圆工具的【轴、端点】命令,在中心线的交点上绘制半径为 5 的椭圆(仍然在俯视平面内),如图 10-26 所示。命令行的操作提示如下:

```
命令:_ellipse
指定椭圆轴的端点或 [圆弧(A)//中心点(C)//等轴测圆(I)]:I✓   //输入 I 选项
指定等轴测圆的圆心:                                      //指定椭圆圆心
指定等轴测圆的半径或 [直径(D)]:5✓                        //输入椭圆半径值
```

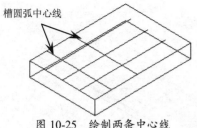
图 10-25 绘制两条中心线

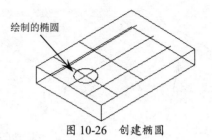
图 10-26 创建椭圆

⑨ 同理,在另一个交点上绘制相同半径的椭圆,如图 10-27 所示。

⑩ 使用【修剪】命令,将多余的线剪掉,修剪结果如图 10-28 所示。

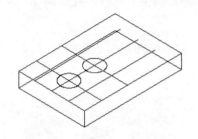
图 10-27 绘制第二个椭圆

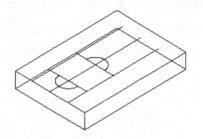
图 10-28 修剪多余图线

⑪ 使用【直线】命令,绘制两条直线,将椭圆弧连接,如图 10-29 所示。

⑫ 切换轴测平面至左视平面。使用【移动】命令,将连接起来的椭圆弧、复制线及中心线向 Z 轴的正方向移动 3。再使用【复制】命令,仅将连接的椭圆弧向 Z 轴负方向移动 6,并使用【修剪】命令将多余图线修剪,结果如图 10-30 所示。

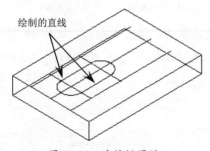
图 10-29 连接椭圆弧

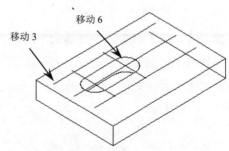
图 10-30 复制椭圆弧并修剪图线

⑬ 切换轴测平面至俯视平面。使用【直线】命令,在左侧绘制四条直线段以连接复制的直线,并修剪多余图线,如图 10-31 所示。

⑭ 使用【直线】命令,在下方矩形的右边中点上绘制长度为 50 的直线,此直线为大椭圆的中心线,如图 10-32 所示。

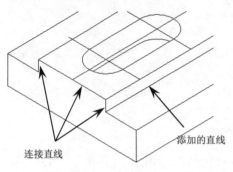
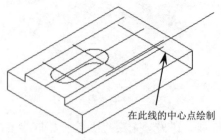

图 10-31 绘制连接线并修剪　　　　图 10-32 绘制中心线

⑮ 使用椭圆工具的【轴、端点】命令，并选择 I（等轴测图）选项，在如图 10-33 所示的中心线与边线交点上绘制半径为 19 的椭圆。

⑯ 切换轴测平面至左视平面。使用【复制】命令，将大椭圆和中心线向 Z 轴正方向移动 30，如图 10-34 所示。

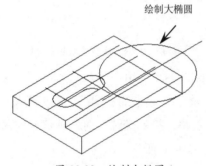
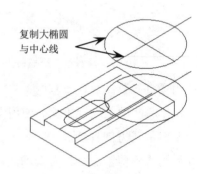

图 10-33 绘制大椭圆　　　　图 10-34 复制大椭圆与中心线

⑰ 使用【直线】命令，在椭圆的象限点上绘制两条直线以连接大椭圆，如图 10-35 所示。

⑱ 再使用【复制】命令，将下方的大椭圆向 Z 轴正方向分别移动 8 和 11，并得到两个复制的大椭圆，如图 10-36 所示。

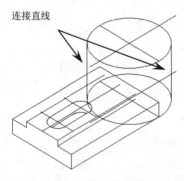
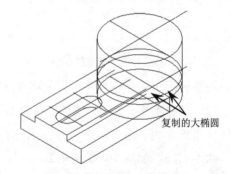

图 10-35 绘制连接直线　　　　图 10-36 复制大椭圆

⑲ 使用【修剪】命令，将图形中的多余图线修剪掉，结果如图 10-37 所示。

⑳ 使用【直线】命令，在修剪后的椭圆弧上绘制一条直线垂直连接两条椭圆弧。切换轴测平面至俯视平面，然后使用椭圆工具的【轴、端点】命令，在最上方的中心线交点上绘

制半径为 11.5 的椭圆，如图 10-38 所示。

图 10-37　修剪多余图线　　　　图 10-38　绘制直线和椭圆

㉑ 使用夹点来调整中心线的长度，然后将中心线的线型设为 CENTER，再将其余实线加粗 0.3，至此轴测图绘制完成，结果如图 10-39 所示。

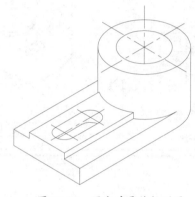

图 10-39　固定座零件轴测图

10.2　绘制机械零件图

表达零件的图样称为零件工作图，简称零件图，它是制造和检验零件的重要技术文件。在机械设计、制造过程中，人们常使用机械零件图来辅助制造、检验生产流程，并用作测量零件尺寸的参考。

10.2.1　零件图的作业及内容

作为生产技术文件的基本零件图，提供生产零件所需的全部技术资料，如结构形式、尺寸大小、质量要求、材料及热处理等，以便生产、管理部门据此组织生产和检验成品质量。
一张完整的零件图应包括下列基本内容：
- 一组图形：用视图、剖视、断面及其他规定画法来正确、完整、清晰地表达零件的各部分形状和结构。

- 尺寸：正确、完整、清晰、合理地标注零件的全部尺寸。
- 技术要求：用符号或文字来说明零件在制造、检验等过程中应达到的一些技术要求，如表面粗糙度、尺寸公差、形状和位置公差、热处理要求等。技术要求的文字一般注写在标题栏上方图纸空白处。
- 标题栏：标题栏位于图纸的右下角，应填写零件的名称、材料、数量、图的比例以及设计、描图、审核人的签字、日期等各项内容。

完整的零件图如图 10-40 所示。

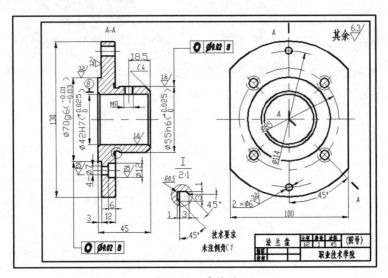

图 10-40　零件图

10.2.2　零件图的技术要求

现代化的机械工业要求机械零件具有互换性，必须合理地保证零件的表面粗糙度、尺寸精度以及形状和位置精度。为此，我国制定了相应的国家标准，在生产中必须严格执行和遵守。下面分别介绍国家标准《表面粗糙度》《极限与配合》《形状和位置公差》的基本内容。

1. 表面粗糙度

表面具有较小间距和峰谷所组成的微观几何形状的特征，称为表面粗糙度。评定零件表面粗糙度的主要评定参数是轮廓算术平均偏差，用 R_a 来表示。

1）表面粗糙度的评定参数

表面粗糙度是衡量零件质量的标志之一，它对零件的配合、耐磨性、抗腐蚀性、接触刚度、抗疲劳强度、密封性和外观都有影响。目前在生产中评定零件表面质量的主要参数是轮廓算术平均偏差。它是在取样长度 l 内，轮廓偏距 y 绝对值的算术平均值，用 R_a 表示，如图 10-41 所示。

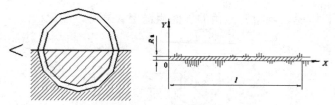

图 10-41 表面粗糙度

用公式可表示为：

$$R_a = \frac{1}{l}\int_0^l |y(x)|\,\mathrm{d}x \quad \text{或} \quad R_a \approx \frac{1}{n}\sum_{i=l}^n |y_i|$$

2）表面粗糙度符号

表面粗糙度的符号及其意义见表 10-1。

表 10-1 表面粗糙度符号

符号名称	符号样式	含义及说明
基本图形符号	∨	未指定工艺方法的表面；基本图形符号仅用于简化代号标注，当通过一个注释解释时可单独使用，没有补充说明时不能单独使用
扩展图形符号	∇	用去除材料的方法获得表面，如通过车、铣、刨、磨等机械加工的表面；仅当其含义是"被加工表面"时可单独使用
	∨○	用不去除材料的方法获得表面，如铸、锻；也可用于保持上道工序形成的表面，不管这种状况是通过去除材料还是不去除材料形成的
完整图形符号	√ ∇ ∨○	在基本图形符号或扩展图形符号的长边加一横线，用于标注表面结构特征的补充信息
工件轮廓各表面图形符号	√○ ∇○ ∨○	当在某个视图上组成封闭轮廓的各表面有相同的表面结构要求时，应在完整图形符号上加一圆圈，标注在图样中工件的封闭轮廓线上

3）表面粗糙度的标注

在图样上每一表面一般只标注一次；符号的尖端必须从材料外指向表面，其位置一般在可见轮廓线、尺寸界线、引出线或它们的延长线上；代号中数字方向应与国标规定的尺寸数字方向相同。当位置狭小或不便标注时，代号可以引出标注，如图 10-42 所示。

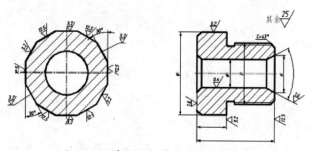

图 10-42 表面粗糙度代号的标注方法

在特殊情况下，键槽、倒角、圆角的表面粗糙度代号可以简化标注，如图10-43所示。

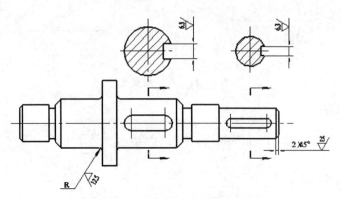

图10-43 键槽、倒角、圆角粗糙度的标注

2. 极限与配合

极限与配合是尺寸标注中的一项重要内容。由于加工制造的需要，要给尺寸一个允许变动的范围，这是需要极限与配合的原因之一。

1) 零件的互换性概念

在同一批规格相同的零件中，任取其中一件，不需加工就能装配到机器上去，并能保证使用要求，这种性质称为互换性。

2) 极限与配合的概念

每个零件制造都会产生误差，为了使零件具有互换性，对零件的实际尺寸规定一个允许的变动范围，这个范围要保证相互配合的零件之间形成一定的关系，以满足不同的使用要求，这就形成了极限与配合的概念。

3) 极限与配合的术语及定义

在加工过程中，不可能把零件的尺寸做得绝对准确。为了保证互换性，必须将零件尺寸的加工误差限制在一定的范围内，规定出加工尺寸的可变动量。说明公差的相关术语如图10-44所示。

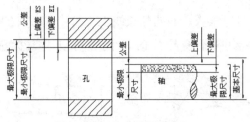

图10-44 公差的相关术语

- 基本尺寸：根据零件强度、结构和工艺性要求，设计确定的尺寸。
- 实际尺寸：通过测量所得到的尺寸。
- 极限尺寸：允许尺寸变化的两个界限值。它以基本尺寸为基数来确定。两个界限值中较大的一个称为最大极限尺寸；较小的一个称为最小极限尺寸。

- 尺寸偏差（简称偏差）：某一尺寸减其相应的基本尺寸所得的代数差。
- 尺寸公差（简称公差）：允许实际尺寸的变动量。

> **技巧点拨：**
> 尺寸公差=最大极限尺寸－最小极限尺寸=上偏差－下偏差

- 公差带和公差带图：公差带表示公差大小和相对于零线位置的一个区域。零线是确定偏差的一条基准线，通常以零线表示基本尺寸。为了便于分析，一般将尺寸公差与基本尺寸的关系按放大比例画成简图，称为公差带图。公差带图可以直观地表示公差的大小及公差带相对于零线的位置，如图10-45所示。
- 公差等级：确定尺寸精确程度的等级。国家标准将公差等级分为20级：IT01、IT0、IT1~IT18。【IT】表示标准公差，公差等级的代号用阿拉伯数字表示。IT01~IT18，精度等级依次降低。
- 标准公差：用于确定公差带大小的任一公差。标准公差是基本尺寸的函数。对于一定的基本尺寸，公差等级越高，标准公差值越小，尺寸的精确程度越高。基本尺寸和公差等级相同的孔与轴，它们的标准公差值相等。
- 基本偏差：用于确定公差带相对于零线位置的上偏差或下偏差。一般是指靠近零线的那个偏差，如图10-46所示。

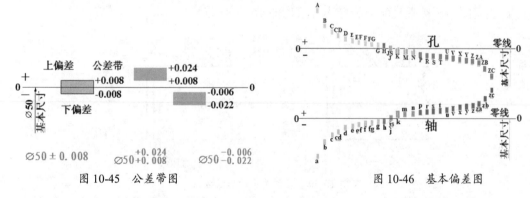

图10-45 公差带图　　　　　　　　图10-46 基本偏差图

- 孔、轴的公差带代号：由基本偏差与公差等级代号组成，并且要用同一号字母书写。

4）配合制

基本尺寸相同、相互结合的孔和轴公差带之间的关系称为配合。配合分以下三种类型：

- 间隙配合：具有间隙（包括最小间隙为0）的配合。
- 过盈配合：具有过盈（包括最小过盈为0）的配合。
- 过渡配合：可能具有间隙或过盈的配合。

国家标准规定了两种配合制：基孔制和基轴制。

基孔制配合是基本偏差为一定的孔的公差带与不同基本偏差的轴的公差带形成各种配合的一种制度。基孔制配合中的孔为基准孔，代号为H。基准孔的下偏差为零，只有上偏差，如图10-47所示。

基轴制配合是基本偏差为一定的轴的公差带与不同基本偏差孔的公差带形成各种配合的一种制度。基轴制配合中的轴为基准轴，代号为 h。基准轴的上偏差为零，只有下偏差，如图 10-48 所示。

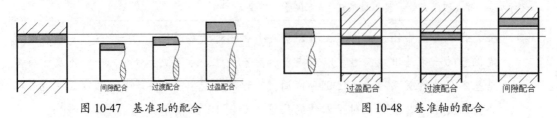

图 10-47　基准孔的配合　　　　　　　　图 10-48　基准轴的配合

5）极限与配合的标注

在零件图中，极限与配合的标注方法如图 10-49 所示。

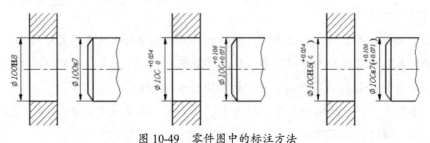

图 10-49　零件图中的标注方法

在装配图中，极限与配合的标注方法如图 10-50 所示。

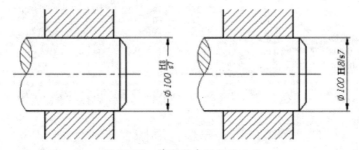

图 10-50　装配图中的标注方法

3. 形状和位置公差

零件加工时，不仅会产生尺寸误差，还会产生形状和位置误差。零件表面的实际形状对其理想形状所允许的变动量称为形状误差。零件表面的实际位置对其理想位置所允许的变动量称为位置误差。形状和位置公差简称形位公差。

1）形位公差代号

形位公差代号和基准代号如图 10-51 所示。若无法用代号标注时，允许在技术要求中用文字说明。

图 10-51　形位公差代号和基准代号

2）形位公差的标注

标注形状公差和位置公差时，标准中规定应用框格标注。公差框格用细实线画出，可画成水平或垂直的，框格高度是图样中尺寸数字高度的两倍，它的长度视需要而定。框格中的数字、字母、符号与图样中的数字等高。如图 10-52 所示给出了形状公差和位置公差的框格形式。

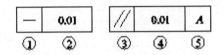

①形状公差符号；②公差值；③位置公差符号；④位置公差带的形状及公差值；⑤基准

图 10-52　形状公差和位置公差的框格形式

当基准或被测要素为轴线、球心或中心平面时，基准符号、箭头应与相应要素的尺寸线对齐，如图 10-53 所示。

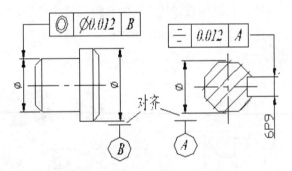

图 10-53　形位公差的标注形式

用带基准符号的指引线将基准要素与公差框格的另一端相连，如图 10-54a 所示。当标注不方便时，基准代号也可由基准符号、圆圈、连线和字母组成。基准符号用加粗的短画表示；圆圈和连线用细实线绘制，连线必须与基准要素垂直。

当基准要素为素线或表面时，基准符号应靠近该要素的轮廓线或引出线标注，并应明显地与尺寸线箭头错开，如图 10-54a 所示。

当基准要素为轴线、球心或中心平面时，基准符号应与该要素的尺寸线箭头对齐，如图 10-54b 所示。

当基准要素为整体轴线或公共中心面时，基准符号可直接靠近公共轴线（或公共中心线）标注，如图 10-54c 所示。

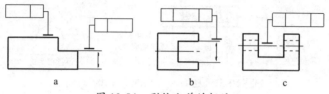

图 10-54 形位公差的标注

3）形位公差的标注实例

如图 10-55 所示是在一张零件图上标注形状公差和位置公差的实例。

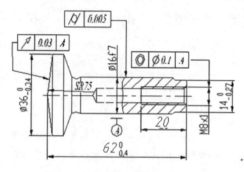

图 10-55 形位公差标注实例

上机实践——绘制齿轮零件图

齿轮类零件主要包括圆柱和圆锥形齿轮，其中直齿圆柱齿轮是应用非常广泛的齿轮，它常用于传递动力、改变转速和运动方向。如图 10-56 所示为直齿圆柱齿轮的零件图，图纸幅面为 A3，按比例 1:1 进行绘制。

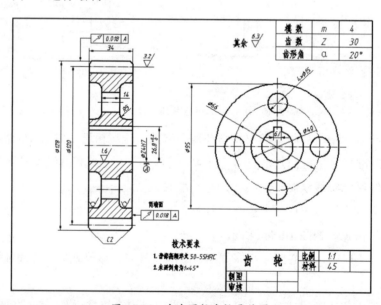

图 10-56 直齿圆柱齿轮零件图

对于标准的直齿圆柱齿轮的画法，按照国家标准规定，在剖视图中，齿顶线、齿根线用粗实线绘制，分度线用点画线绘制。

1. 齿轮零件图的绘制

① 打开【A3 横向.dwg】样板文件。

② 将【中心线】图层置为当前图层，选择【直线】命令，绘制出中心线。选择【偏移】命令，指定偏移距离为60，画出分度线。选择【圆】命令，画出直径为66的定位圆，如图10-57所示。

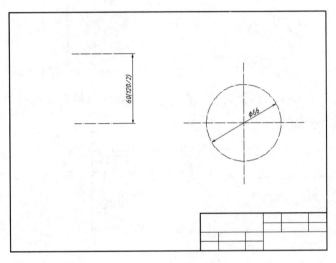

图 10-57　绘制齿轮的基准线、分度线

③ 将【粗实线】图层置为当前图层，选择【圆】命令，绘制出齿轮的结构圆，如图10-58所示。

④ 选择【直线】命令，绘制出键槽结构。选择【修剪】命令，修剪掉多余图线，效果如图10-59所示。

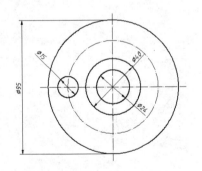

图 10-58　绘制齿轮的结构圆

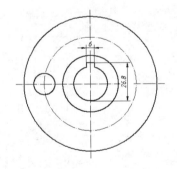

图 10-59　绘制键槽结构

⑤ 选择【复制】命令，利用【对象捕捉】中捕捉【交点】功能捕捉圆孔的位置（中心线与定位圆的交点），绘制另外三个直径为15的圆孔，如图10-60所示。

⑥ 选择【直线】命令，在轴线上指定起点，按尺寸绘制出齿轮轮齿部分图形的上半部分，如图10-61所示。

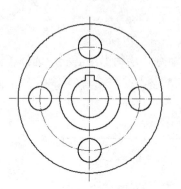
图 10-60 绘制圆孔

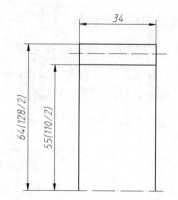
图 10-61 绘制齿轮轮齿部分图形的上半部分

⑦ 利用【对象捕捉】和【极轴】功能，在主视图上按尺寸绘制结构圆的投影，如图 10-62 所示，完成效果如图 10-63 所示。

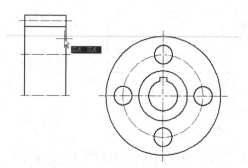
图 10-62 绘制主视图上结构圆的投影

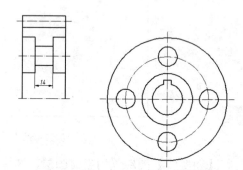
图 10-63 投影效果

⑧ 选择【圆角】命令，绘制半径为 5 的圆角。选择【倒角】命令，绘制 2×45°的角，如图 10-64 所示。

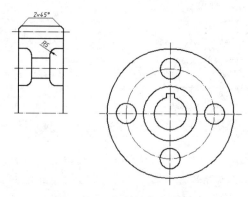
图 10-64 绘制倒角和圆角

⑨ 重复执行【圆角】和【倒角】命令，完成圆角和倒角的绘制。
⑩ 选择【镜像】命令，通过镜像操作得到对称的下半部分图形，如图 10-65 所示。
⑪ 选择【直线】命令，利用【对象捕捉】功能，绘制出轴孔和键槽在主视图上的投影，如图 10-66 所示。

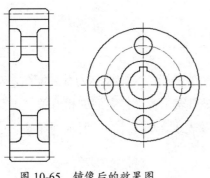
图 10-65 镜像后的效果图

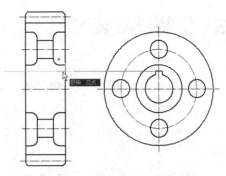
图 10-66 绘制轴孔和键槽的投影

⑫ 选择【图案填充】命令，弹出【图案填充创建】对话框，选择填充图案【ANSI31】，绘制出主视图的剖面线，如图 10-67 所示。

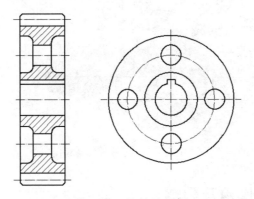
图 10-67 绘制剖面线

2. 标注尺寸和文本注写

① 在【标注】工具栏的【样式名】下拉列表中，将【直线】标注样式设置为当前样式；选择【标注】工具栏中的【直径】工具，标注尺寸【$\phi95$、$\phi66$、$\phi40$、$\phi15$】；选择【标注】工具栏中的【半径】工具，标注尺寸【$R15$】。

② 选择【标注】工具栏中的【线性】工具，标注出线性尺寸。

③ 使用替代标注样式的方法，标注带公差的尺寸。

④ 使用定义属性并创建块的方法，标注粗糙度。不去除材料方法的表面粗糙度代号可单独绘制。

⑤ 标注倒角尺寸。根据国家标准规定：45°倒角用字母【C】表示，标注形式如【C2】。

⑥ 使用【快速引线】命令，标注形位公差的尺寸。

⑦ 齿轮的零件图不仅要用图形来表达，而且要把有关齿轮的一些参数用列表的形式注写在图纸的右上角，用【汉字】文本样式进行文本注写。

> **技巧点拨：**
> 零件图中的齿轮参数只是需要注写的一部分，用户可根据国家标准进行绘制。

⑧ 用【汉字】文本样式注写技术要求和填写标题栏，完成齿轮零件图的绘制。

10.3 绘制机械装配图

表示机器或部件的图样称为装配图。表示一台完整机器的装配图称为总装配图，表示机器某个部件的装配图称为部件装配图。总装配图一般只表示各部件之间的相对关系以及机器（设备）的整体情况。装配图可以用投影图或轴测图表示。如图 10-68 所示为球阀的总装配结构图。

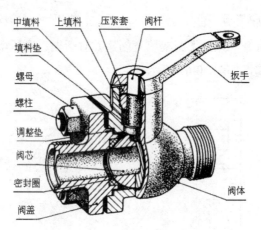

图 10-68　球阀总装配结构图

10.3.1 装配图的作用及内容

装配图是机器设计中设计意图的反映，是机器设计、制造过程中的重要技术依据。装配图的作用有以下几方面：

- 进行机器或部件设计时，首先要根据设计要求画出装配图，表示机器或部件的结构和工作原理。
- 生产、检验产品时，是依据装配图将零件装成产品，并按照图样的技术要求检验产品。
- 使用、维修时，要根据装配图了解产品的结构、性能、传动路线、工作原理等，从而决定操作、保养和维修的方法。
- 在技术交流时，装配图也是不可缺少的资料。因此，装配图是设计、制造和使用机器或部件的重要技术文件。

从球阀的装配图中可知装配图应包括以下内容：

- 一组视图：表达各组成零件的相互位置、装配关系和连接方式，部件（或机器）的工作原理和结构特点等。
- 必要的尺寸：包括部件或机器的规格（性能）尺寸、零件之间的配合尺寸、外形尺寸、部件或机器的安装尺寸和其他重要尺寸等。

- 技术要求：说明部件或机器的性能、装配、安装、检验、调整或运转的技术要求，一般用文字写出。
- 标题栏、零部件序号和明细栏：同零件图一样，无法用图形或不便用图形表示的内容需要用技术要求加以说明。如有关零件或部件在装配、安装、检验、调试以及正常工作中应当达到的技术要求，常用符号或文字进行标注。

例如，在球阀装配结构中，装配各密封件之前必须浸透油；装配滚动轴承允许采用机油加热进行组装，油的温度不得超过100℃；零件在装配前必须清洗干净；装配后应按设计和工艺规定进行空载试验。试验时不应有冲击、噪声，温升和渗漏不得超过有关标准规定；齿轮装配后，齿面的接触斑点和侧隙应符合GB10095和GB11365的规定等。球阀的装配图如图10-69所示。

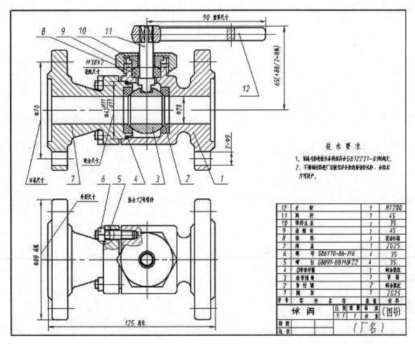

图10-69 球阀装配图

10.3.2 装配图的尺寸标注

装配图上的尺寸应标注清晰、合理，零件上的尺寸不一定全部标出，只要求标注与装配有关的几种尺寸。一般常标注的有性能（规格）尺寸、装配尺寸、安装尺寸、外形尺寸，以及其他重要尺寸等。

1. 性能（规格）尺寸

规格尺寸或性能尺寸是机器或部件设计时要求的尺寸，如图10-69中的尺寸$\phi 20$，它关系到阀体的流量、压力和流速。

2. 装配尺寸

装配尺寸包括保证有关零件间配合性质的尺寸、保证零件间相对位置的尺寸、装配时进行加工的尺寸，如图 10-70 所示的装配剖视图中，φ13F8/h6 表明转子与轴的配合为间隙配合，采用的是基轴制。

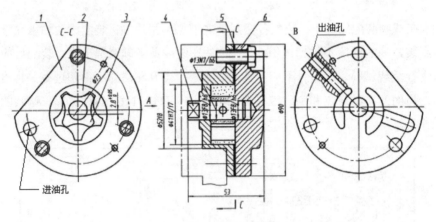

图 10-70　装配剖视图

3. 安装尺寸

机器或部件安装到基础或其他设备上时所必需的尺寸，如图 10-69 中的尺寸 M38×2，它是阀与其他零件的连接尺寸。

4. 外形尺寸

机器或部件整体的总长、总高、总宽。它是运输、包装和安装必须提供的尺寸，如厂房建设、包装箱的设计制造、运输车辆的选用都涉及机器的外形尺寸。外形尺寸也是用户选购的重要数据之一。

5. 其他重要尺寸

在设计中经过计算而确定的尺寸，如运动零件的极限位置尺寸、主要零件的重要尺寸等。

上述五种尺寸在一张装配图上不一定同时都有，有时一个尺寸也可能包含几种含义。应根据机器或部件的具体情况和装配图的作用具体分析，从而合理地标注出装配图的尺寸。

上机实践——绘制千斤顶装配图

千斤顶装配体结构比较简单，包括固定座、顶杆、顶杆套和旋转杆四个部件。本例将利用 Windows 的复制、粘贴功能来绘制千斤顶的装配图。绘制步骤与前面装配图的绘制步骤相同。

1. 绘制零件图

由于千斤顶的零件较少，可以绘制在一张图纸中，如图 10-71 所示。

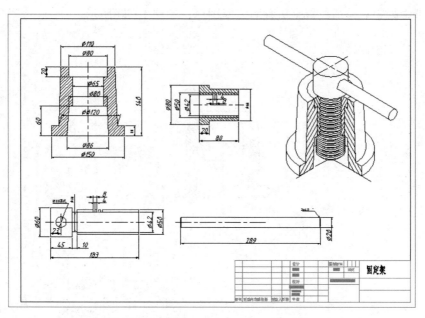

图 10-71 千斤顶零件图

2. 利用 Windows 剪贴板复制、粘贴对象

利用 Windows 剪贴板复制、粘贴功能来绘制装配图的过程是，首先将零件图中的主视图复制到剪贴板，然后选择创建好的样板文件并将其打开，最后将剪贴板上的图形用【粘贴为块】工具粘贴到装配图中。

⑨ 打开本例源文件"固定架零件图.dwg"。

⑩ 在打开的零件图形中，按 Ctrl+C 组合键将固定座视图的图线完全复制（尺寸不复制）。

⑪ 在快速访问工具栏中单击【新建】按钮，在打开的【选择样板】对话框中，选择用户自定义的【A4 竖放】文件并将其打开。

⑫ 在新图形文件的窗口中，选择右键菜单中的【粘贴为块】工具，如图 10-72 所示。

图 10-72 选择右键菜单中的工具

⑬ 在图纸中指定一合适位置来放置固定座图形，如图10-73所示。

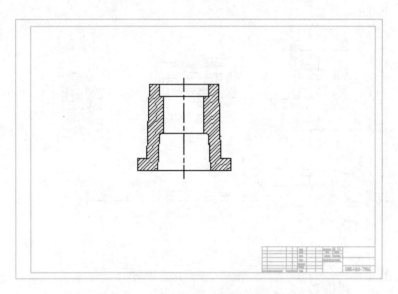

图10-73　放置固定座图形

技巧点拨：
在图纸中可任意放置零件图形，然后使用【移动】命令将图形移动至合适位置即可。

⑭ 同理，通过菜单栏中的【窗口】菜单，将固定座零件图打开，并复制其他的零件图到剪贴板上，粘贴为块时，可以任意放置在图纸中，如图10-74所示。

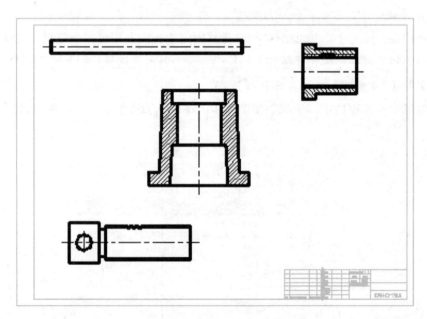

图10-74　任意放置粘贴的块

⑮ 使用【旋转】和【移动】工具，将其余零件移动到固定座零件上，完成结果如图10-75所示。

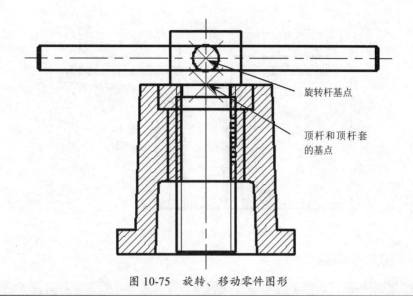

图 10-75 旋转、移动零件图形

技巧点拨：

在移动零件图形时，移动基点与插入块基点是相同的。

3. 修改图形和填充图案

在装配图中，外部零件的图线遮挡了内部零件图形，需要使用【修剪】工具对其修剪。顶杆和顶杆套螺纹配合部分的线型也要进行修改。另外，装配图中剖面符号的填充方向一致，也要进行修改。

① 使用【分解】工具，将装配图中所有的图块分解成单个图形元素。

② 使用【修剪】工具，修剪后面装配图形与前面装配图形的重叠部分图线，结果如图 10-76 所示。

③ 将顶杆套的填充图案删除。然后使用【样条曲线】工具，在顶杆的螺纹结构上绘制样条曲线，并重新填充【ANSI31】图案，如图 10-77 所示。

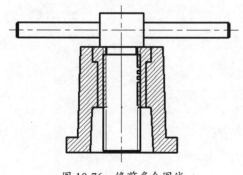

图 10-76 修剪多余图线

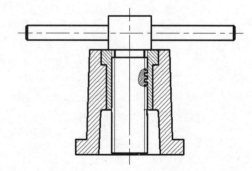

图 10-77 修改图形和填充图案

4. 编写零件序号和标注尺寸

本例固定架装配图的零件序号编写与机座装配图是完全一样的，因此详细过程就不过多介绍了。编写的零件序号和完成标注尺寸的固定座装配图如图 10-78 所示。

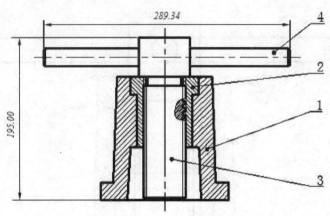

图 10-78 编写零件序号和标注尺寸

5. 填写明细栏和标题栏

创建明细栏表格，在表格中填写零件的编号、零件名称、数量、材料及备注等。明细栏绘制后，为装配图中的图线指定图层，最后再填写标题栏及技术要求，完成的结果如图 10-79 所示。

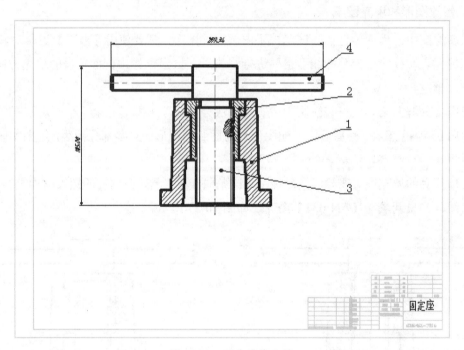

图 10-79 固定座装配图

CHAPTER 11

建筑工程制图全案例

本章导读

在国内，AutoCAD 软件在建筑设计中的应用是最广泛的，掌握好该软件，是每个建筑学子必不可少的技能。为了读者能够顺利地学习和把握这些知识和技能，本章将详细介绍 AutoCAD 中建筑制图的尺寸标注方法，并以建筑平面图、建筑立面图和建筑剖面图的绘制为例，详解利用 AutoCAD 绘制建筑图纸的方法。

学习要点

- ☑ 建筑制图的尺寸标注方法
- ☑ 绘制建筑平面图
- ☑ 绘制建筑立面图
- ☑ 绘制建筑剖面图

扫码看视频

11.1 建筑制图的尺寸标注方法

建筑图样上标注的尺寸具有以下独特的元素：尺寸界线、尺寸线、尺寸起止符号和标注文字（尺寸数字），对于圆标注还有圆心标记和中心线，如图 11-1 所示。

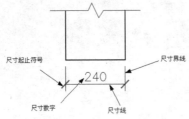

图 11-1 尺寸组成基本要素

《房屋建筑制图统一标准》GB/T50001—2001 中对建筑制图中的尺寸标注有着详细的规定。下面分别介绍规范对尺寸界线、尺寸线、尺寸起止符号和标注文字（尺寸数字）的一些要求。

1. 尺寸界线、尺寸线及尺寸起止符号

- 尺寸界线应用细实线绘制，一般应与被注长度垂直，其一端应离开图样轮廓线不小于 2mm，另一端宜超出尺寸线 2~3mm。图样轮廓线可用作尺寸界线，如图 11-2 所示。
- 尺寸线应用细实线绘制，应与被注长度平行。图样本身的任何图线均不得用作尺寸线，因此尺寸线应调整好位置，避免与图线重合。
- 尺寸起止符号一般用中粗斜短线绘制，其倾斜方向应与尺寸界线成顺时针 45°角，长度宜为 2~3mm。半径、直径、角度与弧长的尺寸起止符号宜用箭头表示，如图 11-3 所示。

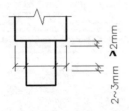

图 11-2 尺寸标注范例　　　　图 11-3 尺寸起止符号——箭头

2. 尺寸数字

图样上的尺寸应以尺寸数字为准，不得从图上直接量取。但建议按比例绘图，这样可以减少绘图错误。图样上的尺寸单位，除标高及总平面以米为单位外，其他必须以毫米为单位。

尺寸数字的方向按左图规定注写；若尺寸数字在 30°斜线区内，宜按右图形式注写，如图 11-4 所示。

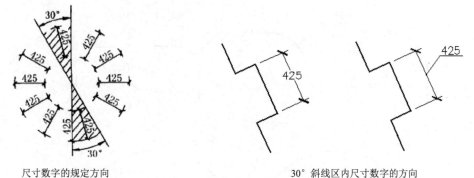

尺寸数字的规定方向　　　　　30°斜线区内尺寸数字的方向

图 11-4　尺寸数字方向

尺寸数字一般应依据其方向注写在靠近尺寸线的上方中部。如没有足够的注写位置，最外边的尺寸数字可注写在尺寸界线的外侧，中间相邻的尺寸数字可错开注写，如图 11-5 所示。

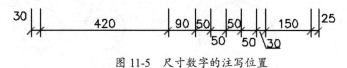

图 11-5　尺寸数字的注写位置

3. 尺寸的排列与布置

尺寸宜标注在图样轮廓以外，不宜与图线、文字及符号等相交，如图 11-6 所示。

互相平行的尺寸线，应从被注写的图样轮廓线由近及远整齐排列，较小尺寸应离轮廓线较近，较大尺寸应离轮廓线较远，如图 11-7 所示。

图样轮廓线以外的尺寸线，距图样最外轮廓之间的距离不宜小于 10mm。平行排列的尺寸线的间距宜为 7～10mm，并应保持一致。

总尺寸的尺寸界线应靠近所指部位，中间分尺寸的尺寸界线可稍短，但其长度应相等。

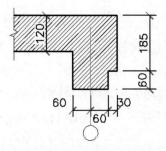 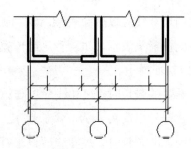

图 11-6　尺寸数字的注写　　　　图 11-7　尺寸的排列

4. 半径、直径、球的尺寸标注

半径的尺寸线应一端从圆心开始，另一端画箭头指向圆弧。半径数字前应加注半径符号 "R"。标注圆的直径尺寸时，直径数字前应加直径符号 "ϕ"。在圆内标注的尺寸线应通过圆心，两端画箭头指至圆弧。

如图 11-8 所示为圆、圆弧的半径与直径尺寸标注方法。

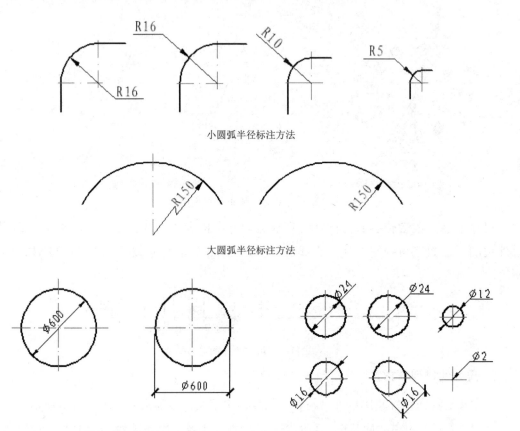

图 11-8　半径与直径的尺寸标注方法

标注球的半径尺寸时，应在尺寸前加注符号"SR"。标注球的直径尺寸时，应在尺寸数字前加注符号"Sϕ"。注写方法与圆弧半径和圆直径的尺寸标注方法相同。

5. 角度、弧度、弧长的标注

角度的尺寸线应以圆弧表示。该圆弧的圆心应是该角的顶点，角的两条边为尺寸界线。起止符号应以箭头表示，如没有足够位置画箭头，可用圆点代替，角度数字应按水平方向注写，如图 11-9a 所示。

标注圆弧的弧长时，尺寸线应以与该圆弧同心的圆弧线表示，尺寸界线应垂直于该圆弧的弦，起止符号用箭头表示，弧长数字上方应加注圆弧符号"⌒"，如图 11-9b 所示。

标注圆弧的弦长时，尺寸线应以平行于该弦的直线表示，尺寸界线应垂直于该弦，起止符号用中粗斜短线表示，如图 11-9c 所示。

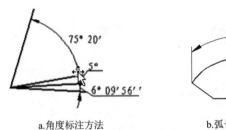 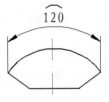 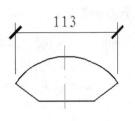

a.角度标注方法　　　　　b.弧长标注方法　　　　　c.弦长标注方法

图 11-9　角度、弧度、弧长的标注

6. 薄板厚度、正方形、坡度、非圆曲线等尺寸标注

- 薄板厚度、网格法标注曲线、正方形的尺寸标注样式如图 11-10～图 11-12 所示。

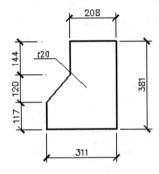 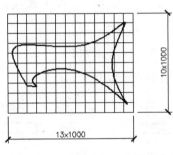 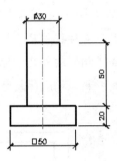

图 11-10　薄板厚度标注　　　图 11-11　网格法标注曲线尺寸标注　　　图 11-12　正方形尺寸标注

- 坡度尺寸标注如图 11-13 所示。

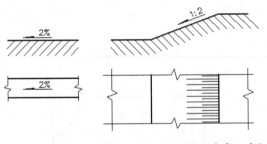 

图 11-13　坡度尺寸标注

- 坐标法标注曲线尺寸如图 11-14 所示。

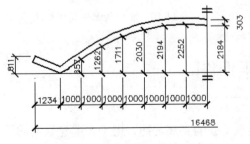

图 11-14　坐标法标注曲线尺寸

7. 尺寸的简化标注

建筑制图中的简化尺寸标注方法如下：

- 等长尺寸简化标注方法如图 11-15 所示。
- 相同要素尺寸标注方法如图 11-16 所示。

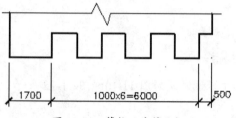

图 11-15　等长尺寸简化标注

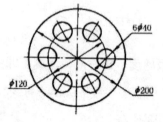

图 11-16　相同要素尺寸标注

- 对称构件尺寸标注方法如图 11-17 所示。
- 相似构件尺寸标注方法如图 11-18 所示。
- 相似构配件尺寸标注方法如图 11-19 所示。

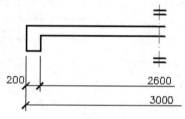

图 11-17　对称构件尺寸标注

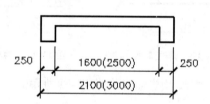

图 11-18　相似构件尺寸标注

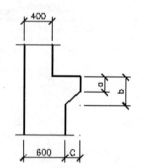

构件编号	a	b	c
Z-1	200	200	200
Z-2	250	450	200
Z-3	200	450	250

图 11-19　相似构配件尺寸标注

11.2　绘制建筑平面图

建筑平面图是整个建筑平面的真实写照，用于表现建筑物的平面形状、布局、墙体、柱子、楼梯以及门窗的位置等。

11.2.1 建筑平面图绘制规范

用户在绘制建筑平面图，如底层平面图、楼层平面图、大详平面图、屋顶平面图等时，应遵循国家制定的相关规定，使绘制的图形更加符合规范。

1. 比例、图名

绘制建筑平面图的常用比例有 1:50、1:100、1:200 等，而实际工程中则常用 1:100 的比例进行绘制。

平面图下方应注写图名，图名下方应绘制一条短粗实线，右侧应注写比例，比例字高宜比图名的字高小，如图 11-20 所示。

图 11-20　图名及比例的标注

> **技巧点拨：**
> 如果几个楼层平面布置相同时，也可以只绘制一个"标准层平面图"，其图名及比例的标注如图 11-21 所示。

图 11-21　相同平面布置楼层的图名标注

2. 图例

建筑平面图由于比例小，各层平面图中的卫生间、楼梯间、门窗等投影难以详尽表示，可采用国家标准规定的图例来表达，而相应的详尽情况则另用较大比例的详图来表达。

3. 图线

线型比例大致取出图比例倒数的一半左右（在 AutoCAD 的模型空间中应按 1：1 进行绘图）。

- 用粗实线绘制被剖切到的墙、柱断面轮廓线。
- 用中实线或细实线绘制没有剖切到的可见轮廓线（如窗台、梯段等）。
- 尺寸线、尺寸界线、索引符号、高程符号等用细实线绘制。
- 轴线用细单点长画线绘制。

4. 字体

汉字字型优先考虑采用 Hztxt.shx 和 Hzst.shx；西文优先考虑 Romans.shx 和 Simplex 或 txt.shx。所有中英文标注宜按照表 11-1 所示的字型执行。

表 11-1　建筑平面图中常用字型

用　途	图纸名称	说明文字标题	标注文字	说明文字	总说明	标注尺寸
	中文	中文	中文	中文	中文	中文
字型	St64f.shx	St64f.shx	Hztxt.shx	Hztxt.shx	St64f.shx	Romans.shx
字高	10mm	5mm	3.5mm	3.5mm	5mm	3mm
宽高比	0.8	0.8	0.8	0.8	0.8	0.7

5. 尺寸标注

建筑平面图的标注包括外部尺寸、内部尺寸和标高。

- 外部尺寸：在水平方向和竖直方向各标注三道。
- 内部尺寸：标出各房间长、宽方向的净空尺寸，墙厚及与轴线之间的关系、柱子截面、房屋内部门窗洞口、门垛等细部尺寸。
- 标高：平面图中应标注不同楼地面的房间及室外地坪等标高，且是以米为单位，精确到小数点后两位。

6. 剖切符号

剖切位置线长度宜为 6～10mm，投射方向线应与剖切位置线垂直，画在剖切位置线的同一侧，长度应短于剖切位置线，宜为4～6mm。为了区分同一形体上的剖面图，在剖切符号上宜用字母或数字，并注写在投射方向线一侧。

7. 详图索引符号

图样中的某一局部或构件，如需另见详图，应以索引符号标出。索引符号由直径为 10mm 的圆和水平直径组成，圆及水平直径均以细实线绘制。详图的位置和编号应以详图符号表示。详图符号的圆应以直径为 14mm 的粗实线绘制。

8. 引出线

引出线应以细实线绘制，宜采用水平方向的直线，与水平方向成 30°、45°、60°、90°的直线，或经上述角度再折为水平线。文字说明宜注写在水平线的上方，也可注写在水平线的端部。

9. 指北针

指北针是用来指明建筑物朝向的。圆的直径宜为 24mm，用细实线绘制，指针尾部的宽度宜为 3mm，指针头部应标示【北】或【N】。需用较大直径绘制指北针时，指针尾部宽度宜为直径的 1/8。

10. 高程

高程符号用细实线绘制的等腰直角三角形表示，其高度控制在 3mm 左右。在模型空间中绘图时，等腰直角三角形的高度值应是 30mm 乘以出图比例的倒数。

高程符号的尖端指向被标注高程的位置。高程数字写在高程符号的延长线一端，以米为单位，注写到小数点的第 3 位。零点高程应写成【±0.000】，正数高程不用加【+】，但负数高程应注上【－】。

11. 定位轴线及编号

确定房屋主要承重构件（墙、柱、梁）位置及标注尺寸的基线称为定位轴线，如图 11-22 所示。

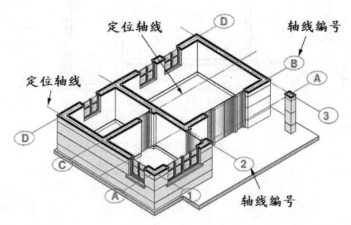

图 11-22　定位轴线

定位轴线用细单点长画线表示。定位轴线的编号注写在轴线端部的直径为 8～10 的细线圆内。

- 横向轴线：从左至右，用阿拉伯数字进行标注。
- 纵向轴线：从下向上，用大写拉丁字母进行标注，但不用 I、O、Z 三个字母以免与阿拉伯数字 0、1、2 混淆。一般承重墙柱及外墙编为主轴线，非承重墙、隔墙等编为附加轴线（又称分轴线）。

如图 11-23 所示为定位轴线的编号注写。

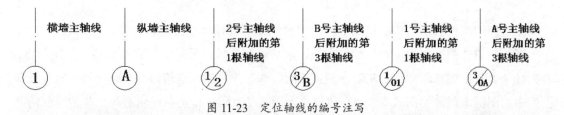

图 11-23　定位轴线的编号注写

> **技巧点拨：**
> 在定位轴线的编号中，分数形式表示附加轴线编号。其中分子为附加编号，分母为前一轴线编号。1 或 A 轴前的附加轴线分母为 01 或 0A。

为了让读者便于理解，下面用图形来表达定位轴线的编号形式。

定位轴线的分区编号如图 11-24 所示，圆形平面定位轴线编号如图 11-25 所示，折线形平面定位轴线编号如图 11-26 所示。

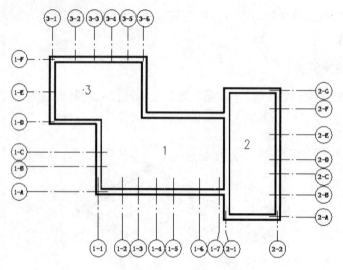

图 11-24 定位轴线的分区编号

图 11-25 圆形平面定位轴线编号

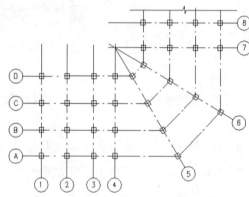

图 11-26 折线形平面定位轴线编号

11.2.2 上机实践：绘制建筑平面图

本实例的制作思路：依次绘制墙体、门窗，最后进行尺寸标注和文字说明。

在绘制墙体的过程中，首先绘制主墙，然后绘制隔墙，最后进行合并调整。绘制门窗，首先在墙上开出门窗洞，然后在门窗洞上绘制门和窗户。绘制建筑设备，充分利用建筑设备图库中的图例来提高绘图效率。对于建筑平面图，尺寸标注和文字说明是一个非常重要的部分，建筑各个部分的具体大小和材料做法等都以尺寸标注、文字说明为依据，在本实例中充分体现了这一点。如图 11-27 所示为某建筑平面图。

CHAPTER 11 建筑工程制图全案例

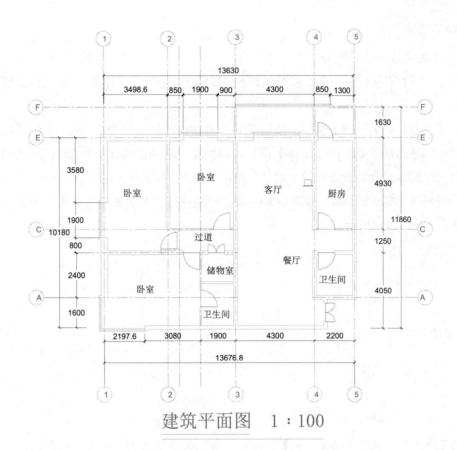

图 11-27 建筑平面图

操作步骤

1. 绘制轴线

① 打开建筑样板文件。

② 单击【图层】工具栏中的【图层控制】下拉按钮，选取【轴线】，使得当前图层是【轴线】。

③ 单击【绘图】面板中的【构造线】按钮，在正交模式下绘制一条竖直构造线和水平构造线，组成十字轴线网。

④ 单击【绘图】面板中的【偏移】按钮，将水平构造线连续向上偏移 1 600、2 400、1 250、4 930、1 630，得到水平方向的轴线。将竖直构造线连续向右偏移 3 480、1 800、1 900、4 300、2 200，得到竖直方向的轴线。它们和水平辅助线一起构成正交的轴线网格，如图 11-28 所示。

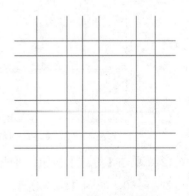

图11-28 底层建筑轴线网格

327

2. 绘制墙体

（1）绘制主墙。

① 单击【图层】工具栏中的【图层控制】下拉按钮，选取【墙体】，使得当前图层是【墙体】。

② 单击【绘图】面板中的【偏移】按钮，将轴线向两边偏移 180，然后通过【图层】工具栏把偏移的线条更改到【墙体】图层，得到宽 360 的主墙体，如图 11-29 所示。

③ 采用同样的办法绘制宽 200 的主墙体。单击【绘图】面板中的【偏移】按钮，将轴线向两边偏移 100，然后通过【图层】工具栏把偏移得到的线条更改到【墙体】图层，绘制结果如图 11-30 所示。

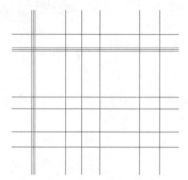

图 11-29　绘制主墙体

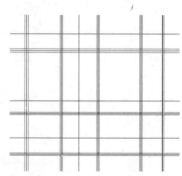

图 11-30　绘制主墙体

④ 单击【修改】工具栏中的【修剪】按钮，把墙体交叉处多余的线条修剪掉，使得墙体连贯，修剪结果如图 11-31 所示。

（2）绘制隔墙。

隔墙宽为 100，主要通过多线来绘制，绘制的具体步骤如下：

① 执行菜单栏中的【格式】|【多线样式】命令，弹出【多线样式】对话框，单击【新建】按钮，弹出【创建新的多线样式】对话框，在【新样式名】文本框中输入 100，如图 11-32 所示。

图 11-31　主墙绘制结果

图 11-32　【创建新的多线样式】对话框

② 单击【继续】按钮，弹出【新建多线样式：100】对话框，把其中的图元偏移量设为 50、-50，如图 11-33 所示。单击【确定】按钮，返回【多线样式】对话框，选取多线样式【100】，单击【置为当前】按钮，然后单击【确定】按钮完成隔墙墙体多线的设置。

图 11-33 【新建多线样式:100】对话框

③ 执行菜单栏中的【绘图】|【多线】命令,根据命令提示设定多线样式为【100】,比例为1,对正方式为【无】,根据轴线网格绘制如图 11-34 所示的隔墙。

```
命令: mline↙
当前设置: 对正 = 上, 比例 = 20.00, 样式 = 100
指定起点或 [对正(J)/比例(S)/样式(ST)]: st↙
输入多线样式名或 [?]: 100↙
当前设置: 对正 = 上, 比例 = 20.00, 样式 = 100
指定起点或 [对正(J)/比例(S)/样式(ST)]: s↙
输入多线比例 <20.00>: 1↙
当前设置: 对正 = 上, 比例 = 1.00, 样式 = 100
指定起点或 [对正(J)/比例(S)/样式(ST)]: j↙
输入对正类型 [上(T)/无(Z)/下(B)] <上>: z↙
当前设置: 对正 = 无, 比例 = 1.00, 样式 = 100
指定起点或 [对正(J)/比例(S)/样式(ST)]: (选取起点)
指定下一点: (选取端点)
指定下一点或 [放弃(U)]: ↙
```

(3) 修改墙体。

目前的墙体还是不连贯的,而且根据功能需要还要进行必要的改造,具体步骤如下:

① 单击【绘图】面板中的【偏移】按钮,将右下角的墙体分别向内偏移 1 600,结果如图 11-35 所示。

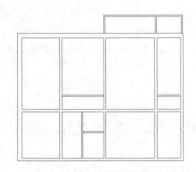

图 11-34 隔墙绘制结果

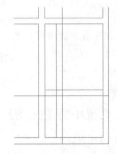

图 11-35 墙体偏移结果

② 单击【修改】工具栏中的【修剪】按钮,把墙体交叉处多余的线条修剪掉,使得墙体连贯,修剪结果如图 11-36 所示。

③ 单击【修改】工具栏中的【延伸】按钮，把右侧的一些墙体延伸到对面的墙线上，如图 11-37 所示。

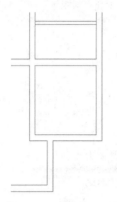
图 11-36　右下角的修改结果

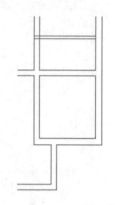
图 11-37　延伸操作结果

④ 单击【修改】工具栏中的【分解】按钮和【修剪】按钮，把墙体交叉处多余的线条修剪掉，使得墙体连贯，右侧墙体的修剪结果如图 11-38 所示。其中分解命令操作如下：

命令：explode↙
选择对象：（选取一个项目）
选择对象：↙

⑤ 采用同样的方法修剪整个墙体，使得墙体连贯，符合实际功能需要，修剪结果如图 11-39 所示。

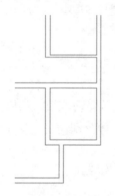
图 11-38　右边墙体的修剪结果

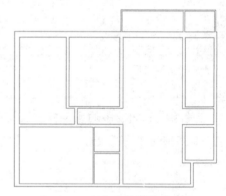
图 11-39　全部墙体的修剪结果

3. 绘制门窗

（1）开门窗洞。

① 单击【绘图】面板中的【直线】按钮，根据门和窗户的具体位置，在对应的墙上绘制出这些门窗的一边。

② 单击【修改】工具栏中的【偏移】按钮，根据各个门和窗户的具体大小，将前边绘制的门窗边界偏移对应的距离，就能得到门窗洞在图上的具体位置，绘制结果如图 11-40 所示。

③ 单击【修改】工具栏中的【延伸】按钮，将各个门窗洞修剪出来，就能得到全部的门窗洞，绘制结果如图 11-41 所示。

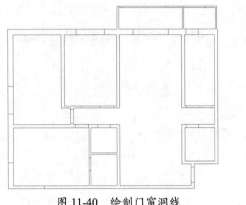
图 11-40　绘制门窗洞线

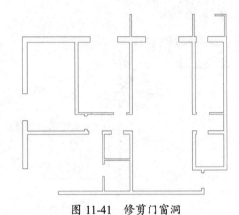
图 11-41　修剪门窗洞

（2）绘制门。

① 单击【图层】工具栏中的【图层控制】下拉按钮，选取【门】，使得当前图层是【门】。

② 单击【绘图】面板中的【直线】按钮，在门上绘制出门板线。

③ 单击【绘图】面板中的【圆弧】按钮，绘制圆弧表示门的开启方向，就能得到门的图例。双扇门的绘制结果如图 11-42 所示，单扇门的绘制结果如图 11-43 所示。

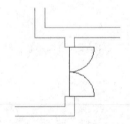
图 11-42　双扇门的绘制结果

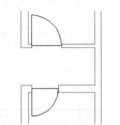
图 11-43　单扇门的绘制结果

④ 继续按照同样的方法绘制所有的门，结果如图 11-44 所示。

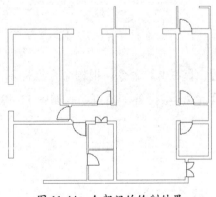
图 11-44　全部门的绘制结果

（3）绘制窗。

① 单击【图层】工具栏中的【图层控制】下拉按钮，选取【窗】，使得当前图层是【窗】。

② 执行菜单栏中的【格式】|【多线样式】命令,将新建的多线样式名称设为【150】,如图 11-45 所示;将图元偏移量分别设为 0、50、100、150,其他选项采用默认设置,如图 11-46 所示。

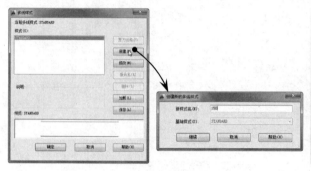
图 11-45 【多线样式】对话框

图 11-46 【新建多线样式】对话框

③ 单击【绘图】面板中的【矩形】按钮□,绘制一个 100×100 的矩形。然后单击【修改】工具栏中的【复制】按钮,把该矩形复制到各个窗户的外边角上,作为凸出的窗台,结果如图 11-47 所示。

④ 单击【修改】工具栏中的【修剪】按钮,修剪掉窗台和墙重合的部分,使得窗台和墙合并连通,修剪结果如图 11-48 所示。

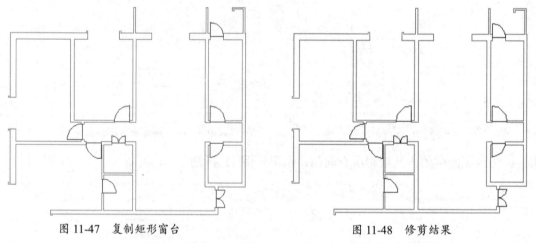

图 11-47 复制矩形窗台　　　　　　图 11-48 修剪结果

⑤ 执行菜单栏中的【绘图】|【多线】命令,根据命令行提示,设定多线样式为【150】、比例为 1、对正方式为【无】,根据各个角点绘制如图 11-49 所示的窗户。

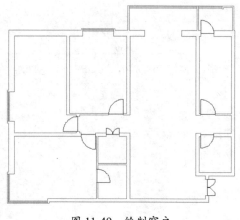

图 11-49　绘制窗户

4. 尺寸标注和文字说明

① 单击【图层】工具栏中的【图层控制】下拉按钮，选取【标注】，使得当前图层是【标注】。

② 执行菜单栏中的【标注】|【对齐】命令，进行尺寸标注。

③ 利用【单行文字】或【多行文字】命令，标注房间名，如图 11-50 所示。

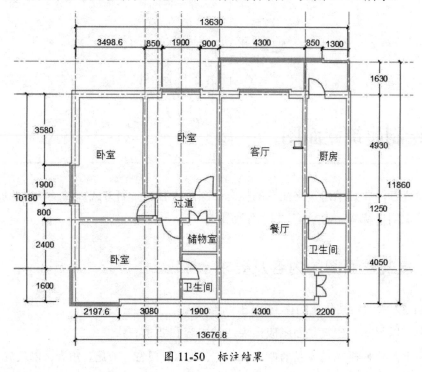

图 11-50　标注结果

5. 轴线编号

要进行轴线间编号，先要绘制轴线，建筑制图规定使用点画线来绘制轴线。最终绘制完成的建筑平面图如图 11-51 所示。

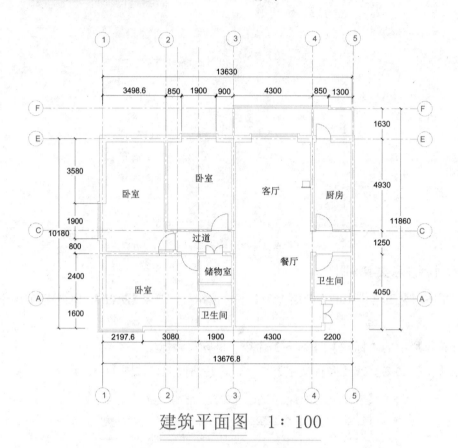

图 11-51　建筑平面图

11.3　绘制建筑立面图

本节向读者简要归纳建筑立面图的概念、图示内容、命名方式，以及一般绘制步骤，为下一步结合实例讲解 AutoCAD 绘制操作做准备。

11.3.1　建筑立面图的内容及要求

如图 11-52 所示为某住宅的南立面图。
从图中可以得知，建筑立面图应该表达的内容和要求有：

- 画出室外地面线及房屋的踢脚、台阶、花台、门窗、雨篷、阳台，以及室外的楼梯、外墙、柱、预留孔洞、檐口、屋顶、流水管等。
- 注明外墙各主要部分的标高，如室外地面、台阶、窗台、阳台、雨篷、屋顶等处的标高。
- 一般情况下，立面图上可不注明高度方向尺寸，但对于外墙预留孔洞除注明标高尺寸外，还应注明其大小和定位尺寸。
- 标注出立面图中图形两端的轴线及编号。
- 标注出各部分构造、装饰节点详图的索引符号。用图例或文字来说明装修材料及方法。

图 11-52　住宅的南立面图

11.3.2　上机实践：绘制办公楼立面图

如图 11-53 所示，办公大楼立面图比较复杂，主要由一个底层、四个标准层和一个顶层组成。

绘制立面图的一般原则是自下而上。由于现在建筑物的立面越来越复杂，需要表现的图形元素也就越来越多。在绘制的过程中，建筑物立面相似或是相同的图形对象很多，一般需要灵活应用复制、镜像、阵列等操作，才能快速绘制出建筑立面图。

正立面图 1:100

说明：
1. 屋顶三角装饰　　墙面细部线条装饰见各详图
2. 大面积墙面为土红色瓷片，线条为白色瓷片
3. 一层为暗红色瓷片，檐口刷白色外墙涂料

图 11-53　办公楼立面图

操作步骤

1．绘制底层立面图

① 打开本例源文件"立面图样板.dwg"。

② 单击【图层】工具栏中的【图层控制】下拉按钮，选取【轴线】，使得当前图层是【轴线】。

③ 单击【绘图】面板中的【构造线】按钮，在正交模式下绘制一条竖直构造线和水平构造线，组成十字轴线网。

④ 单击【绘图】面板中的【偏移】按钮，将竖直构造线连续向右偏移 3 500、2 580、3 140、1 360、1 170、750；将水平构造线连续向上偏移 100、2 150、750、800、350、350，它们和水平辅助线一起构成正交的轴线网，如图 11-54 所示。

⑤ 单击【图层】工具栏中的【图层控制】下拉按钮，选取【墙】，使得当前图层是【墙】。

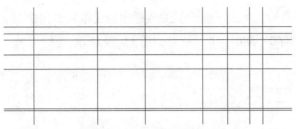

图 11-54　底层的轴线网

⑥ 单击【绘图】面板中的【偏移】按钮，把左边的两根竖直线往左右两边各偏移 120，得到墙的边界线，如图 11-55 所示。

⑦ 单击【绘图】面板中的【多段线】按钮，设定多段线的宽度为 50，根据轴线绘制出墙轮廓，结果如图 11-56 所示。

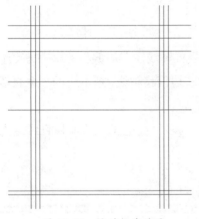

图 11-55　偏移轴线结果

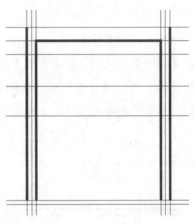

图 11-56　绘制墙轮廓

⑧ 单击【绘图】面板中的【多段线】按钮，根据轴线绘制出中间的墙轮廓，结果如图 11-57 所示。

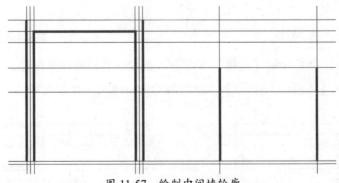

图 11-57　绘制中间墙轮廓

⑨ 单击【绘图】面板中的【直线】按钮，沿着中间墙边界绘制两条长 1520 的竖直线。然后单击【修改】工具栏中的【移动】按钮，把左边的线往右边移动 190，把右边的直线往左边移动 190，得到中间的墙体，结果如图 11-58 所示。

⑩ 单击【绘图】面板中的【多段线】按钮，设定多段线的宽度为 20，根据右边的轴线

绘制出一条水平直线。单击【修改】工具栏中的【偏移】按钮，把刚才绘制的直线连续向上偏移 100、60、580、60，结果如图 11-59 所示。

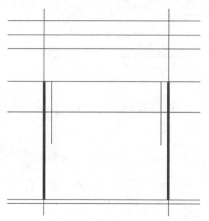

图 11-58 中间墙体的绘制结果

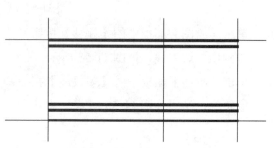

图 11-59 绘制直线

⑪ 单击【修改】工具栏中的【偏移】按钮，把竖直轴线往左边偏移 40，往右边偏移 60。然后使用夹点编辑命令把上边的四条直线拉到左边偏移轴线，把下边的一条直线拉到右边偏移轴线，结果如图 11-60 所示。

⑫ 单击【绘图】面板中的【多段线】按钮，绘制多段线把左边的偏移直线连上，结果如图 11-61 所示。

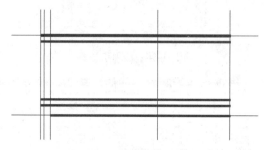

图 11-60 夹点编辑结果

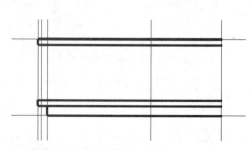

图 11-61 多线段连接结果

⑬ 单击【修改】工具栏中的【偏移】按钮，把墙边的轴线往外偏移 900。然后单击【绘图】面板中的【多段线】按钮，绘制剖切的斜地面（共四段），如图 11-62 所示。

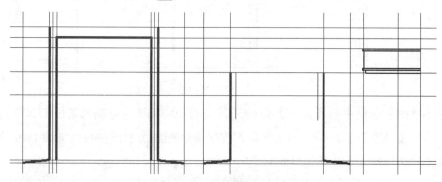

图 11-62 绘制地面剖切线

⑭ 单击【图层】工具栏中的【图层控制】下拉按钮，选取【屋板】，使得当前图层是【屋板】。

⑮ 单击【绘图】面板中的【多段线】按钮，设定多段线的宽度为 0，在墙上绘制出如图 11-63 所示的檐边线。

⑯ 单击【修改】工具栏中的【镜像】按钮，镜像得到另一端的檐边线，绘制结果如图 11-64 所示。

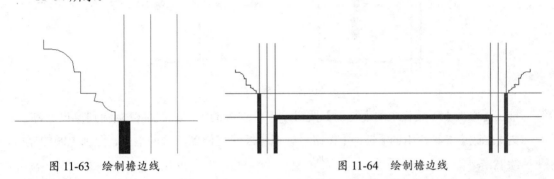

图 11-63　绘制檐边线　　　　　　　图 11-64　绘制檐边线

⑰ 单击【绘图】面板中的【直线】按钮，捕捉两边檐边线的对称点绘制直线，将绘制结果放大显示，如图 11-65 所示，屋板整体绘制结果如图 11-66 所示。

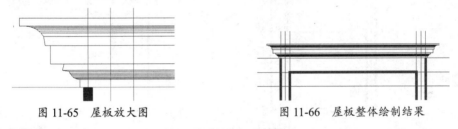

图 11-65　屋板放大图　　　　　　　图 11-66　屋板整体绘制结果

⑱ 单击【图层】工具栏中的【图层控制】下拉按钮，选取【窗户】，使得当前图层是【窗户】。

⑲ 单击【绘图】面板中的【直线】按钮，绘制三个不同规格的窗户，各个窗户的具体规格如图 11-67 所示。

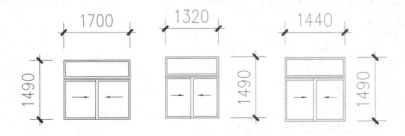

图 11-67　绘制三个不同的窗户

⑳ 单击【修改】工具栏中的【复制】按钮，将窗户复制到立面图中，如图 11-68 所示。其中最左边的是宽为 1 700 的窗户，中间的两个都是宽 1 320，最右边的是宽为 1 440 的窗户。

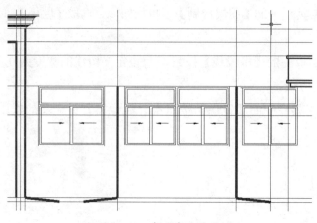

图 11-68 复制窗户结果

㉑ 单击【修改】工具栏中的【复制】按钮，将屋板的中间直线部分复制到窗户上方。单击【修改】工具栏中的【延伸】按钮，把屋板线延伸到两边的墙上，得到中间的屋板，绘制结果如图 11-69 所示。

图 11-69 绘制中间的屋板

㉒ 单击【绘图】面板中的【直线】按钮，在入口屋板上绘制一个冒头的窗户，结果如图 11-70 所示。

㉓ 单击【图层】工具栏中的【图层控制】下拉按钮，选取【门】，使得当前图层是【门】。

㉔ 单击【绘图】面板中的【直线】按钮，根据辅助线绘制入口的大门，绘制结果如图 11-71 所示。

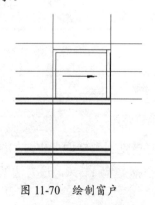

图 11-70 绘制窗户

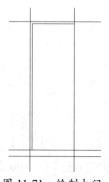

图 11-71 绘制大门

㉕ 单击【绘图】面板中的【直线】按钮，按照辅助线把地面线绘制出来。

㉖ 单击【绘图】面板中的【多段线】按钮，指定线的宽度为 50，在各个窗户上方和下方绘制矩形窗台。这样底层立面就绘制好了，绘制结果如图 11-72 所示。

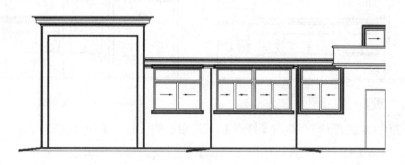

图 11-72　底层立面绘制效果

2. 绘制标准层立面图

① 标准层高为 2 900。单击【绘图】面板中的【多段线】按钮，绘制一根竖直的多段线（长 2 900）作为墙的边线。单击【修改】工具栏中的【复制】按钮，复制多段线到各个墙边处。然后单击【绘图】面板中的【直线】按钮，绘制两条直线在墙的端部作为顶边上边线。单击【修改】工具栏中的【偏移】按钮，将顶板上边线向下连续偏移 140、20、140，即可得到楼板线。这样标准层框架就绘制好了，绘制结果如图 11-73 所示。

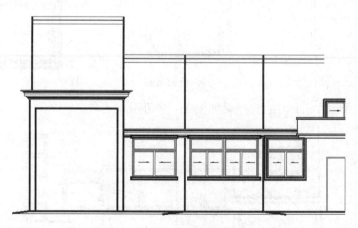

图 11-73　绘制标准层框架

② 单击【修改】工具栏中的【复制】按钮，将宽 1700 的窗户复制到左边的房间立面上，绘制结果如图 11-74 所示。

③ 单击【修改】工具栏中的【复制】按钮，把底层的四个窗户复制到标准层对应位置，结果如图 11-75 所示。

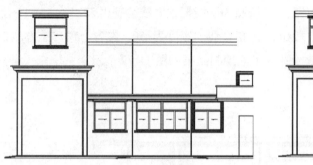
图 11-74 复制窗户

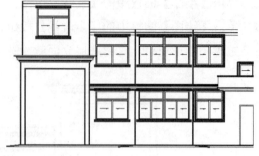
图 11-75 复制窗户

④ 绘制标准层右边的窗户。单击【修改】工具栏中的【复制】按钮，复制下边只有一半的窗户。单击【修改】工具栏中的【偏移】按钮，将窗户里边的最下边的水平直线向下连续偏移 625、40、30，结果如图 11-76 所示。

⑤ 使用夹点编辑命令把窗户里边的直线闭合。单击【绘图】面板中的【多段线】按钮，使用多段线把窗户包围起来，得到窗框，绘制结果如图 11-77 所示。

⑥ 单击【修改】工具栏中的【镜像】按钮，对前边的绘制结果进行镜像操作，即可得到标准层右边的窗户，绘制结果如图 11-78 所示。

图 11-76 偏移操作结果

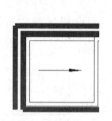
图 11-77 绘制窗框

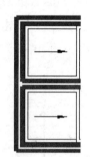
图 11-78 窗户绘制结果

⑦ 至此，标准层绘制好了，绘制结果如图 11-79 所示。

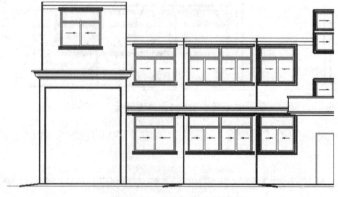
图 11-79 标准层绘制结果

⑧ 单击【修改】工具栏中的【复制】按钮，选中标准层作为复制对象，如图 11-80 所示。

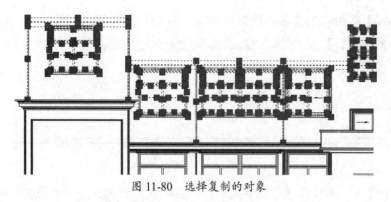

图 11-80　选择复制的对象

⑨ 捕捉标准层的最左下角点作为基准点,不断把标准层复制到标准层的最左上角点,总共复制四个标准层,加上原来的一个标准层,共有五个标准层,绘制结果如图 11-81 所示。

图 11-81　复制标准层结果

3. 绘制顶层立面图

① 单击【修改】工具栏中的【删除】按钮 ,删除掉顶层立面不需要的图形元素,如右边的窗户和楼板等,结果如图 11-82 所示。

图 11-82　删除多余线条

② 单击【绘图】面板中的【多段线】按钮，在顶层上部绘制墙体框架。单击【修改】工具栏中的【复制】按钮，把底层的檐口边线复制到墙边处，结果如图 11-83 所示。

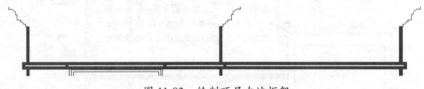

图 11-83 绘制顶层左边框架

③ 单击【修改】工具栏中的【复制】按钮，复制底层的顶板图案到顶层对应位置。单击【修改】工具栏中的【延伸】按钮，把所有直线延伸到最远的两端，结果如图 11-84 所示。

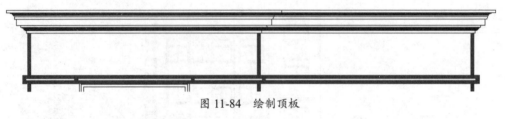

图 11-84 绘制顶板

④ 采用同样的办法绘制下一级的顶板，绘制结果如图 11-85 所示。

⑤ 单击【绘图】面板中的【直线】按钮，绘制一个三角屋顶，绘制结果如图 11-86 所示。

图 11-85 绘制顶板

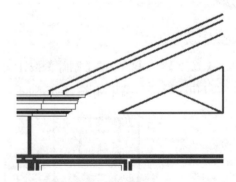

图 11-86 绘制三角屋顶

⑥ 单击【修改】工具栏中的【镜像】按钮，选中所有的图形，进行镜像操作，结果如图 11-87 所示。

图 11-87 镜像操作结果

⑦ 单击【修改】工具栏中的【删除】按钮 ，删除掉右下角的墙线，然后单击【修改】工具栏中的【复制】按钮 ，将两个小窗户复制到对应的墙面上。现在，整个墙的立面最终绘制好了，绘制结果如图 11-88 所示。

图 11-88 正立面图绘制结果

4. 尺寸标注和文字说明

① 单击【图层】工具栏中的【图层控制】下拉按钮 ，选中【标注】图层，使得当前图层是【标注】。

② 单击【绘图】面板中的【直线】按钮 ，在立面上引出折线。单击【绘图】面板中的【多行文字】按钮 ，在折线上标出各个立面的材料，这样就得到建筑外立面图，如图 11-89 和图 11-90 所示。

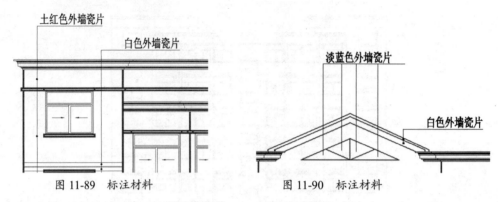

图 11-89 标注材料　　　图 11-90 标注材料

③ 执行菜单栏中的【标注】|【对齐】命令，进行尺寸标注，立面图的内部标注结果如图 11-91 所示。

图 11-91 立面图的内部标注

④ 执行菜单栏中的【标注】|【对齐】命令，进行尺寸标注，立面图的外部标注结果如图 11-92 所示。

图 11-92 立面图的外部标注

⑤ 单击【绘图】面板中的【直线】按钮 ∕，绘制一个标高符号。单击【修改】工具栏中的【复制】按钮 ⊙⊙，把标高符号复制到各个需要处。单击【绘图】面板中的【多行文字】按钮 A，在标高符号上方标出具体高度值，标注结果如图 11-93 所示。

图 11-93　标高标注结果

⑥ 绘制两边的定位轴线编号：单击【绘图】面板中的【圆】按钮 ⊘，绘制一个小圆作为轴线编号的圆圈。然后单击【绘图】面板中的【多行文字】按钮 A，在圆圈内标上文字【1】，得到 1 轴的编号。单击【修改】工具栏中的【复制】按钮 ⊙⊙，复制一个轴线编号到 15 轴处，并双击其中的文字，把其中的文字改为【15】。轴线标注结果如图 11-94 所示。

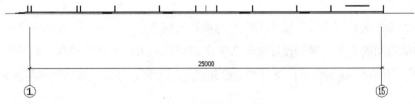

图 11-94　轴线标注结果

⑦ 单击【绘图】面板中的【多行文字】按钮 A，在右下角标注如图 11-95 所示的文字。

⑧ 单击【绘图】面板中的【多行文字】按钮 A，在图纸正下方标注图名，如图 11-96 所示。

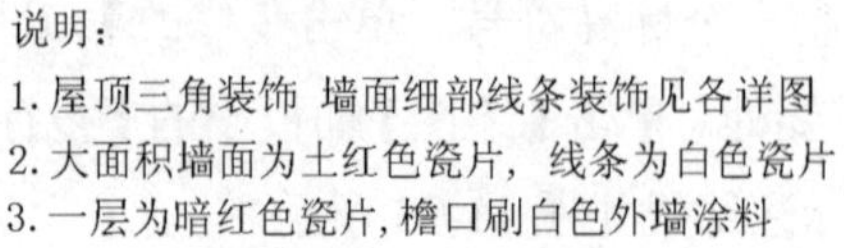

说明：
1. 屋顶三角装饰 墙面细部线条装饰见各详图
2. 大面积墙面为土红色瓷片，线条为白色瓷片
3. 一层为暗红色瓷片，檐口刷白色外墙涂料

图 11-95　文字说明

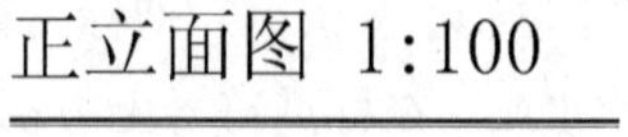

正立面图 1:100

图 11-96　绘制图名

⑨　立面图的最终绘制效果如图 11-97 所示。

土红色外墙瓷片
白色外墙瓷片
白色外墙瓷片
白色外墙瓷片
暗红色外墙瓷片
19.650
18.900
16.000
13.100
10.200
7.300
4.400
1.500
±0.000
-0.450
28137
正立面图 1:100
说明：
1. 屋顶三角装饰 墙面细部线条装饰见各详图
2. 大面积墙面为土红色瓷片，线条为白色瓷片
3. 一层为暗红色瓷片，檐口刷白色外墙涂料

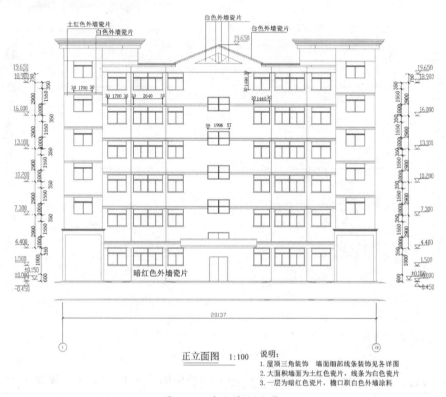

图 11-97　办公楼立面图

11.4　绘制建筑剖面图

建筑剖面图作为建筑设计、施工图纸中的重要组成部分，与平面图是从两个不同的方面来反映建筑内部空间的关系，平面设计着重解决内部空间的水平方向的问题，而剖面设计则主要研究竖向空间的处理，两种设计同样都涉及建筑的使用功能、技术经济条件和周围环境等问题。

11.4.1　建筑剖面图的形成与作用

假想用一个或多个垂直于外墙轴线的铅垂副切面，将房屋剖开所得的投影图，称为建筑剖面图，简称剖面图，如图 11-98 所示。

剖面图主要是用来表达室内内部结构、墙体、门窗等的位置、做法、结构和空间关系的

图样。

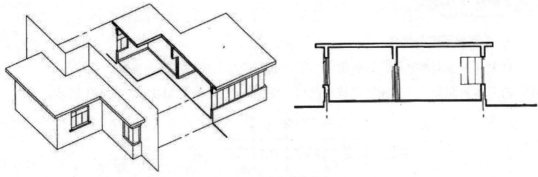

图 11-98 剖面图的形成

11.4.2 上机实践：绘制居民楼建筑剖面图

本实例绘制的建筑剖面图是一个居民楼的剖面，主要由墙体、门窗、楼梯、阳台、雨篷、尺寸标注和标高等元素组成，效果如图 11-99 所示。

居民楼剖面图的绘制方法是：利用建筑平面图做出剖切符号并测得建筑在剖面中的总宽度；利用建筑立面图得出剖面图中建筑的总高度及各层标高；依据平面图中楼梯、门窗的长与宽来确定平面图中的尺寸。

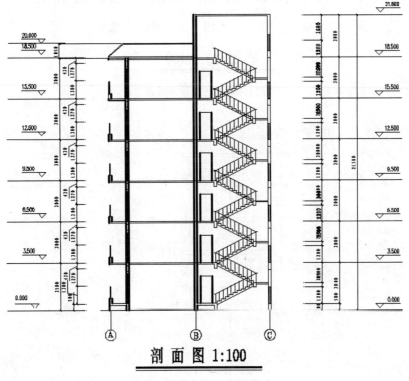

图 11-99 居民楼剖面图

🔧 操作步骤

1. 绘制建筑剖面墙体

绘制建筑剖面图之前,首先需要参照平面图绘制出建筑剖面的框架。

① 打开本例源文件"居民楼建筑平面与立面图.dwg",如图 11-100、11-101 所示。

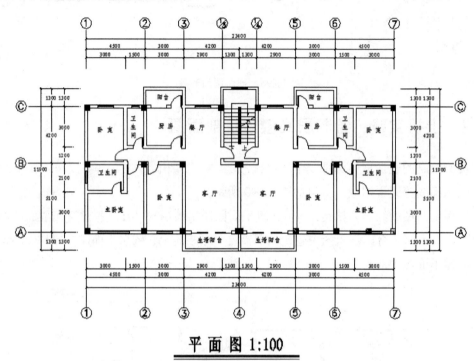

图 11-100　居民楼平面图

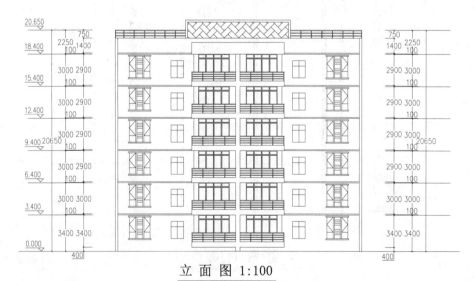

图 11-101　居民楼立面图

② 从要画的剖面图中可以知道，剖切位置应该是平面图对剖的中轴线上，因此复制平面图，然后删除中轴线一侧的所有图线，结果如图 11-102 所示。

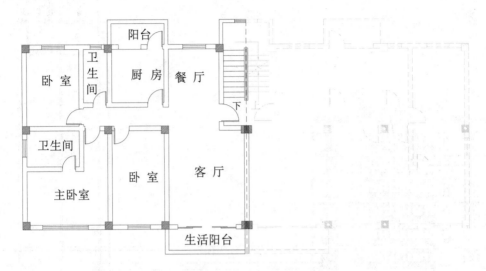

图 11-102　删除中轴线一侧的所有图线

③ 删除图形后使用【旋转】命令，将余下的图形旋转-90°，如图 11-103 所示。

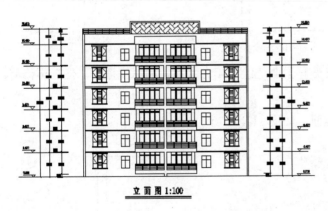

图 11-103　旋转图形

④ 分别从旋转图形和立面图形中拉长墙体轮廓线，结果如图 11-104 所示。

技巧点拨：

拉长墙体轮廓线，是为了确定底层中墙体、栏杆的位置。由于 1~6 层的结构是相同的，这里只绘制底层的剖面图即可，其余层的剖面图采用复制的方法来进行操作。

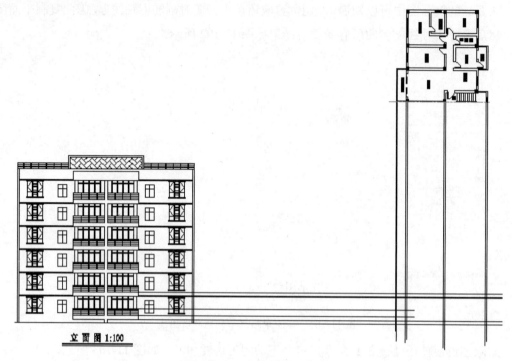

图 11-104　拉长墙体轮廓线

⑤ 使用【修剪】命令，将多余的图线删除，结果如图 11-105 所示。

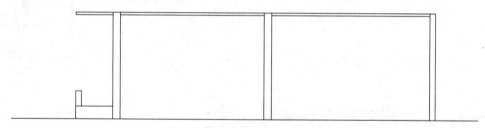

图 11-105　修剪图形

⑥ 首先处理阳台的剖面图。使用【偏移】命令绘制阳台水泥板的厚度直线，然后再修剪，如图 11-106 所示。

⑦ 使用【直线】命令，绘制栏杆剖面，如图 11-107 所示。

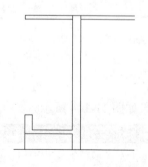

图 11-106　绘制直线

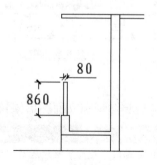

图 11-107　绘制栏杆

2. 绘制门窗剖面

在绘制建筑门窗剖面图时，需要使用【矩形】、【偏移】和【阵列】等命令。

① 绘制阳台门窗剖面。执行【直线】和【偏移】命令，绘制如图 11-108 所示的水平直线。

② 使用【直线】命令，绘制三等分前面偏移的直线，如图 11-109 所示。

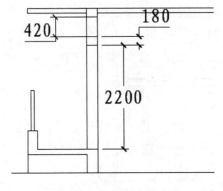

图 11-108　绘制水平直线

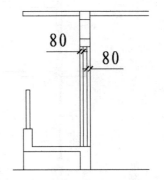

图 11-109　绘制三等分的竖直直线

③ 同理，在楼梯间也绘制出如图 11-110 所示的门窗剖面。

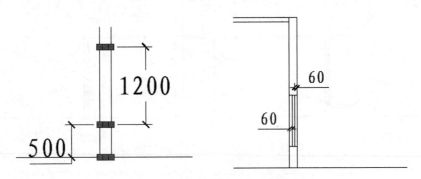

图 11-110　绘制楼梯间的门窗剖面

3. 绘制楼梯间剖面

① 从旋转的半边建筑平面图中，拉长楼梯起步线和门边线，结果如图 11-111 所示。

② 使用【直线】命令，绘制如图 11-112 所示的两条直线。

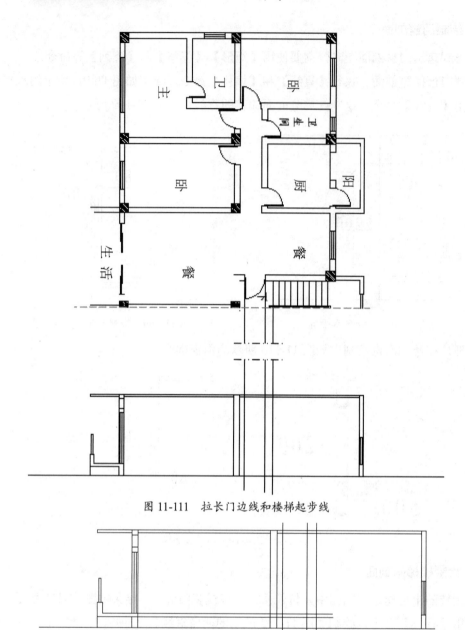

图 11-111 拉长门边线和楼梯起步线

图 11-112 绘制两条直线

③ 使用【修剪】命令修剪直线,如图 11-113 所示。

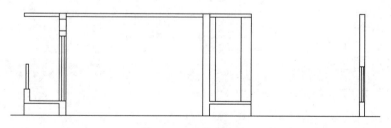

图 11-113 修剪直线

④ 使用【偏移】命令，绘制两条偏移直线，然后进行修剪，结果如图 11-114 所示。

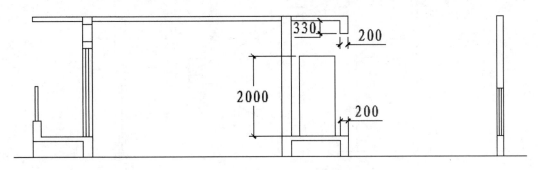

图 11-114 偏移并修剪直线

⑤ 使用【多段线】命令，绘制楼梯步剖面线，如图 11-115 所示。

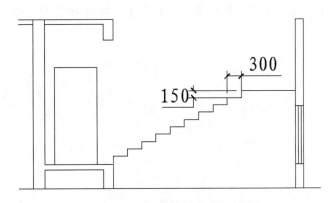

图 11-115 绘制梯步剖面线

⑥ 使用【直线】和【偏移】命令，补充楼梯转台的剖面线和楼梯底板斜线，如图 11-116 所示。

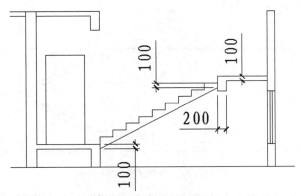

图 11-116 绘制楼梯转台的剖面线和楼梯底板斜线

⑦ 同理，绘制第二转楼梯梯步图形，结果如图 11-117 所示。

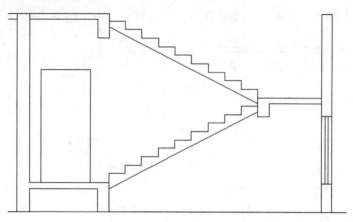

图 11-117 绘制第二转楼梯图形

⑧ 使用【偏移】、【直线】、【复制】和【修剪】命令，绘制如图 11-118 所示的第一转的楼梯栏杆。

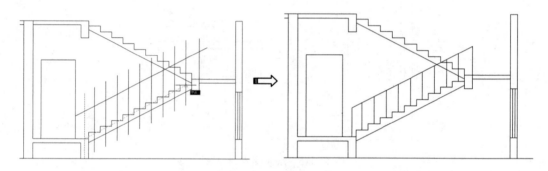

图 11-118 绘制栏杆剖面

⑨ 同理，绘制出第二转楼梯上的栏杆，然后使用【直线】命令在栏杆各端点绘制长度为 100 的水平直线，如图 11-119 所示。

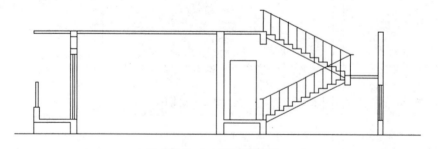

图 11-119 绘制其余栏杆剖面

⑩ 使用【复制】命令，将第一层的图形进行多次复制，得到其余楼层的剖面图形，如图 11-120 所示。

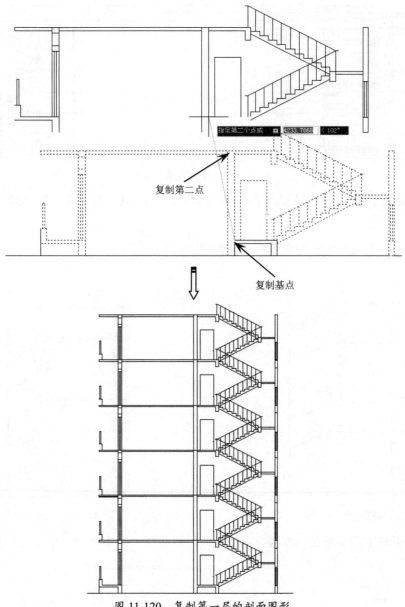

图 11-120 复制第一层的剖面图形

⑪ 将阳台栏杆缺少的图线进行补充。

4. 绘制建筑屋顶剖面

在绘制建筑屋顶剖面图时，需要使用【偏移】、【修剪】和【延伸】等多个命令。

① 拉长立面图中顶棚外轮廓的水平直线，如图 11-121 所示。

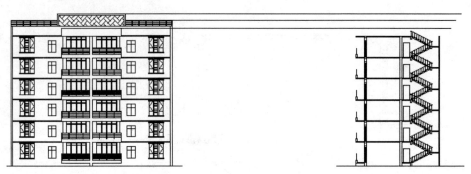

图 11-121 拉长顶棚轮廓线

② 使用【复制】命令，绘制顶棚部分楼梯间的门窗剖面，然后拉长中间墙体线，如图 11-122 所示。

③ 使用【修剪】命令，修剪图形，结果如图 11-123 所示。

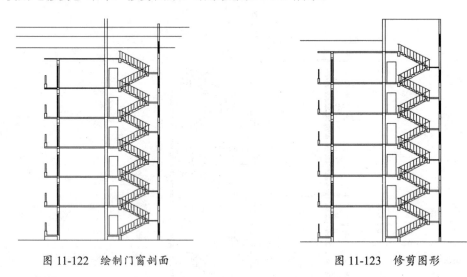

图 11-122 绘制门窗剖面　　　　　　　图 11-123 修剪图形

④ 使用【偏移】命令绘制顶棚楼板厚度直线，偏移厚度为 100，如图 11-124 所示。

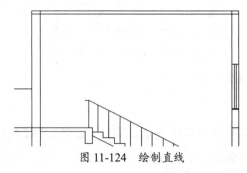

图 11-124 绘制直线

⑤ 使用【直线】和【偏移】命令，绘制如图 11-125 所示的雨篷剖面。

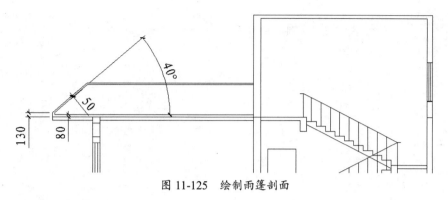

图 11-125 绘制雨篷剖面

5. 标注建筑剖面图形

使用线性标注、连续标注、文字标注等工具,对居民楼建筑平面图进行标注,结果如图 11-126 所示。

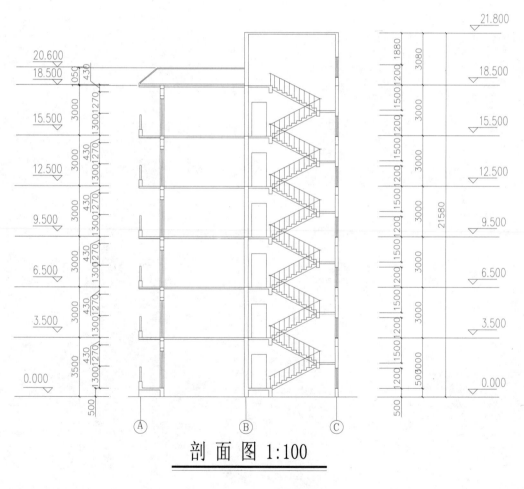

图 11-126 居民楼建筑剖面图